JN067977

化学×考古学×現代クラフトビールが醸しだす
世界古代ビールを辿る旅

再現! 古代ビールの考古学

パトリック・E・マクガヴァン［著］
きはらちあき［訳］

築地書館

現在と過去の、ホモ・インビベンス《酒を呑む人》にこの本を捧ぐ。

Ancient Brews: Rediscovered and Re-Created
© Patrick E. McGovern 2017

Japanese translation rights arranged
with ProLiterary Consultants
through Japan UNI Agency, Inc.
Japanese translation by Chiaki Kihara
Published in Japan by Tsukiji-Shokan Publishing Co., Ltd., Tokyo

はしがき

サム・カラジョーネ

パット〔「パトリック」の愛称〕・マクガヴァン博士に初めて会ったのは一九九九年、博士の拠点であるペンシルベニア大学の博物館で催されたビール祭りだった。イギリス出身の評論家で現代ビアジャーナリズムの重鎮マイケル・ジャクソンから紹介されて、一緒にビールを何杯か飲んだのである。その後「ミダス・タッチ」醸造で初めて協働することになり、その一回目の仕込みに向けて、博士は朝早く我がブリュー・パブ〔パブを併設する醸造所〕へやってきた。共にコーヒーを飲みつつ雑談するうち、今回のバッチ〔一回分の仕込み量〕に使うハチミツはどこ産のものにすべきか、という話になった。トルコ産か、それともイタリア産か？　すると博士は、なんの断りもなくつかつかとバーカウンターの内側に回り、持っていたコーヒーカップへ、まだ朝の九時だというのに我が醸造所のビール「チコリ・スタウト」をなみなみと注いだのである。そして歴史上どちらのハチミツが使われたはずかについて熱弁を振るったかと思えば、今度はどちらが一番美味しそうな香りをほのりとビールにつけられるかを自分で反論している。そんな博士の話を聞きながら、「専門的な知識が半端ないだけじゃなく、朝から堂々とビールを飲めるこの男との付き合いはきっと面白くなるぞ」と直感した。以来ずっと、パット博士とは馬が合う。それは恐らく我々の視点や個性が重なるのではなく、足りない部分を補い合うからだろう。博士の関心事は過去で、自分のは現代、と評した博士の言葉は実に言い得て妙だ。

ドッグフィッシュ・ヘッド醸造所で行なう日々の作業は現代、さらに言えば未来に向けたクラフトビール造りではありつつも、パット博士と一緒に過去を見つめる作業では、公私ともに得るものが多いのはもう間違いない。ドッグフィッシュ・ヘッドの醸造チーム・リーダーであるマーク・サファリク、シェフのケビン・ダウニングといった独創的でかけがえのない我が同僚たちのみならず、自家醸造用品店「エクストリーム・ブリューイング」経営者のダグ・グリフィスなど、パット博士と仕事をした経験のある者は皆同じ意見ではなかろうか。それに自家醸造家も商業的醸造従事者も、あるいは単なるビール好きも、我々の祖先が発酵飲料をどう造りどう消費していたのかを知るべく過去を振り返ってみると、未来を向いて自分ひとりの想像力のみに頼るのと同じくらい、あるいはもっと多くの新たな発想のひらめきが得られるはずだと確信している。

自分は大学卒業後一カ月で自家醸造《ホームブリューイング》を始め、その数カ月後にはもう醸造所開設を目指して事業計画書を書き始めた。まだ二四歳の若造としては極めて小規模の醸造所から始めるのは織り込み済みで、更に英文科専攻とあっては、それまでの経験といってもバーテンダーかウェイターが関の山だ。そのため一九八〇年代にアメリカ各地で創設され、当時既にある程度名が通っていた第一世代クラフトビール醸造所（当時はマイクロブリュワーと呼ばれた）の数々に対抗して一目置かれるには、明確な差別化を図って独自性の高いビジネスモデルを作らねばならないのはわかっていた。これは一九九〇年代の始め頃の話で、インターネット時代の黎明《れいめい》期だったにもかかわらず、自分は古臭くニューヨーク市立公共図書館に足を運んでいろいろリサーチした。そしてアメリカで地産地消運動が始まった頃に焦点を定め、西海岸の有名レストラン「シェ・パニース」のアリス・ウォーターズから、東海岸の偉大なローカルフード提唱者のジェームズ・ビアードまで、あらゆる人物を調べ上げたのである。

現代アメリカの地産地消運動を調べるうち、ドイツのビール純粋令「ラインハイツゲボット」という概念に出くわした。これはビール醸造の原料を水とオオムギとホップに限定すると宣言した法律（のちに酵母の役割がより深く理解され、酵母も含めると改定された）で、皮肉にもこの「はしがき」執筆中の今はちょうどめでたく当該法令の制定五〇〇周年となる。この法令の話を読んだ時、これは戦いへの呼び声だ、これをドッグフィッシュ・ヘッドの大きな差別化要因にしよう、と心に決めた。つまり我がブリュワリーは、この純粋令の枠を超えた世界中の食材を、我々の作るビールのほとんどに使っていく初の醸造所になるのだ。そして一九九五年、最初に作ったビールのひとつは「チコリ・スタウト」、もうひとつはレーズン（干しブドウ）とてんさい糖を使った「レーゾン・デートル」（フランス語の「存在意義《レゾン・デートル》」に干しブドウのレーズンをかけている）であった。その後ハチミツと木の葉を使ったエチオピアの「タッジ」や、ハチミツとオオムギを一緒に発酵させた中世イギリスの「ブラゴット」など、自分としては「歴史シリーズ」と分類したいビールにも幅を広げた。しかし当初は、酵母とホップとオオムギ以外の普通の食材でビールを作るなんてビール造りの伝統を冒瀆している、と思われていた。だからこそ、パット博士に出会えて本当に良かったと思う。なぜなら本書を読めばわかる通り、あの五〇〇年前の法律の裏にある考え方は、実は割と現代的な制約だったと判明したからだ。

パット博士と協働作業を開始し、「液状タイムカプセル」とふたりで呼んでいる一連の飲み物を醸造して、眠っていた伝統を現代に蘇らせ始めてからやっと、自分のやり方を誇れるようになった。ビール純粋令は、ビール造りを取り締まろうとする比較的最近の試みに過ぎないのだと、歴史と科学が証明し味方してくれる。世界のあちこちに散らばる数多くの多様な文明社会でずっと実践されてきたビール造りを制約したのは、単に作り手の発想力と、その人たちの住む地に育つ自然産物の種類だけだった、とパット博士との作業を通じて学んだ。博士と知り合う前に我流で造った歴史シリーズ・ビールや、歴史的要素は皆無の単なる思いつきから普通の食材を使って造ったビールなどで自分が既に実践し始めていたやり方を、博士は科学と実際の古代酒の残渣《ざんさ》を再現レシピ作りの裏づけにして、かなり本格的なレベルに引き上げてくれたのである。

とはいえ、古代レシピの再現に創作的要素がまったく必要ないわけではない。パット博士の研究からは多すぎるほどの材料候補がリストアップされてくるので、それを現代版に解釈してまとめ上げるのは我々ドッグフィッシュ・ヘッドの仕事になる。現代の醸造家としては、パット博士の発見に忠実でありつつも、現代ビール愛飲家の期待を裏切ってはならない。そして本書に出てくるほとんどの自家醸造用レシピで、現代ビール愛飲家のためにあえて通させてもらった主張が少なくともひとつある。それはほぼ全てのレシピで、ビールを煮沸して無菌状態を作り、純粋培養された単一酵母のみを使ったことだ。本書に載っているどのレシピも、それがもともと実際に作られて飲まれていた時代では、自然に存在する天然の細菌や酵母で発酵していた可能性がかなり高い。ほぼ間違いなく、現在でも天然の酵母や細菌を使って醸造して意図的に酸味を強くしているベルギービールのランビックによく似た味だっただろう。我を通させてもらったその一点を除き、あとはできるだけ本物に近づけるよう尽力した。

試験的に造ったバッチをパット博士と一緒に飲んでみる時間の大切さと、そこで得られる情報の多さは、全工程のどの段階にも引けを取らない。博士は優秀な科学者であると同時に、ビールの飲み手としても卓越しているのだ。味覚が非常に鋭く、ドッグフィッシュ・ヘッドのメンバーで行なう再現レシピ開発にも積極的に関わってくる。だがやはり仕事のやり方は、博士と自分とでは根本的に違う。自分は起業家なだけに、危機に直面したり、危ない橋を渡ったりする場面で俄然やる気が出る。また、とにかく何もかもまず壁に投げつけてみて、何がくっつくのか、どの組み合わせが一番うまくいくのかを試すようなやり方が好きだ。一方、パット博士は科学的手法を使う。考えられる要素をひとつずつ順番に入れ変えて、得られたデータの細かい部分をつぶさに研究していくのを好む。ありがたいことに、こんなにも違うふたりのやり方は、協働の精神で実践するとなぜか見事にうまくいく。レシピの詳細を決める中で意見が食い違う場合も、常に互いの言い分に耳を傾けた。事業を一から起こした身としては、自分とは少し違う分野での造詣がここまで深い人物とともに過ごせる時間はとてつもなく貴重だ。そして本書の一番いいところは、こんなふたりの知識がひとつにまとまっているため、歴史学者にも科学者にも自家醸造マニアにも、等しく何かを提供できることだ。それに、博士と自分が互いの意見を聞いて、相手の専門分野に鑑みてから決断するやり方のおかげで、最終的なレシピの完成度もより高くなっている。本書に載っているどのレシピを取っても、その裏には我々がパイントグラス〔米国のパイントは四七三ミリリットル〕で何杯もビールを飲みつつ交わした何百通ものメールや度重なる議論があるのだと、本書を読んでいる自家醸造家（あるいはドッグフィッシュ・ヘッドのミダス・タッチを酒屋まで買いに行こうとしている読者）諸君には知っておいていただきたい。我々の異なる視点が織り込まれたこうしたレシピの数々は、歴史と現代のどちらの観点からしても、かなりしっかりしたものになっている。

パット博士と仕事をするまで、人の唾液にはデンプンを糖に変える酵素が含まれているなど想像だにしなかった。世界の様々な地域で作られているその土地発祥のビールの多くは、デンプン質たっぷりの穀類や植物を噛んで、デンプンの糖化を促してから醸造されていたという。博士と一緒にそんなビールを初めて造った時、ブリューハウスのあちこちでひっくり返したバケツに座って、午後から半日かけて皆でトウモロコシを噛んでは唾液とともに吐き出し続けた。その途中、ぼんやりと自分の世界に入り込み、こう思ったのを覚えている。「これ本気《マジ》ですごすぎるぞ。おまけにあまりにも普通じゃない。皆でここに座ってビールを作っていて、その材料がトウモロコシってだけじゃなく、唾まで使うなんて」。しかし唾液をビール造りに使うのは別に斬新でも酔狂でもない。歴史が蘇っただけの話だ。

自分という存在について深く考えさせられたのは、古代エジプト王朝の貴族だったティの墳墓にパット博士といた時だ。その考古遺跡の壁には、現在知られている限り最古の、アルコール醸造工程を芸術的に描いた図がある（4章）。自分にとってビール造りは生計を立てる手段だ。そんな自分の存在意義《レゾン・デートル》が壁に刻み込まれたあの図を目前にして、何かとても感慨深いものがあった。あの壁と、あの図と、アルコール醸造技術が今も存在している（加えて自分が最古の醸造者たちを理解できる）のは、物語を語り伝える力と、その揺るぎなさのたまものだ。研究論文で自分の発見を発表しようとする科学者であれ、同業者のせめぎ合う市場で新製品をうち出そうとする起業家であれ、その試みが成功するか否かは、自分の物語をどれだけ上手く語り伝えられるかにかかっている。例えば本書を読む自家醸造家たちは、この惑星に動物が現れる前にもう宇宙の銀河に存在していたガス状星雲のアルコールから、我々が今日作っては消費するアルコールまで、アルコールがいかに我々人間の営みとは切り離せないものなのかを知って、まず大きな驚きを覚えるだろう。パット博士は巧みな語り口で、このふたつを繋ぐ線を描き出していく。だから自家醸造家諸君には、ぜひ語り部のひとりになって、同じように語り伝えてほしい。ビールとは、世界の大規模ブリュワリーの多くが消費者に信じ込ませようとしているものよりずっと幅広くもっと面白く、遥かに奥深いものと認識されてしかるべきだと、人々に広めていく伝道師になってくれるよう願っている。

現在、世界中の飲酒体験を画一化し、商品化しようとする強烈な圧力がある。よって、あの暗い部屋の壁に描かれた古代エジプトの醸造家から現代のパット博士と自分までずっと続いてきたこの系譜を永続させられるかどうかは、本書のレシピを再現する自家醸造家諸君にかかっている。そこでまずは、本書掲載レシピをその通りに再現して、腕を磨くようお勧めしたい。そこから始めて、やがて将来的には自己流で思いつくまま好きに造ってみてほしい。この本は、各レシピをできるだけ本格的に再現するための定石集でありつつも、組み合わせをくるくる変えられる、ある意味醸造家のルービックキューブとしても使えるのだ。例えば本書掲載のペアリング料理レシピにある食材を、ビールレシピに加えてみてはどうだろう？　もしくはアメリカ大陸系のレシピ材料を北欧ビールのレシピに盛り込んでみるとか？　我々現代の醸造家は、最高の材料を世界中からすぐ簡単に入手できる。思いっきり古代に遡って、複数地域の自家醸造レシピをひとつのレシピにまとめ合わせ、古代の超大陸パンゲアを象徴的に復元することだってできるのだ。本書に掲載されている様々な材料を恐れずどんどん使って、自分だけのまったく新しい飲み物や料理を作ってみよう。ありとあらゆる食材を試してみてほしい。

あの事業計画書を初めて書いた二二年以上前と変わらずに、今も日々ワクワクしながら創意溢れるクラフトビール造りを続けられているのは本当にありがたいと思う。ビール醸造家（自家醸造としても商業醸造としても）でいること、もしくはビールの愛飲家でいることがこんなにも面白い時代は未だかつてなかった。世界中のビールのスタイルも伝統も、これまでにないほど多様化している。そして自分と博士が行なってきた共同作業に触発されて、いろんな人がそれぞれの解釈で古代飲料を実際に作っているのを見ると嬉しくなる。たとえそれが、他の商業的なビール醸造所も独自の古代酒や歴史的なアルコール飲料を醸造するようになって、この分野の競争をさらに激化させているのだとしても、結局 古《いにしえ》の発酵飲料の再現を先駆けたパット博士の草分けとしての功績をより際立たせるだけだ。

そうした流れとともに、比較的小規模ながらも最高に独創的なクラフトビール醸造所の数々に奪われた消費者を取り戻そうと、世界最大級のビール会社たちは躍起になっている。そこで世界中の創造性豊かな商業的ビール醸造所を代表し、本書の読者諸君にはぜひこの本に掲載されているレシピを自分で作ってみて、それを家族や友人との食事や語らいの場で分かち合っていただくようお願いしたい。そうすればパット博士が果敢に学者人生を捧げて現代に存続させようとしている遠い昔の伝統を、皆で繋いでいけるのだ。本書は世界の科学・

歴史・考古学・社会学など、驚くほど幅広い情報を面白く且つわかりやすくまとめている。この本が醸造家たちへの刺激となって、パット博士と自分の灯した独創的なビール醸造のともし火を、過ぎ去った遠い過去に敬意を払いつつ、さらに未来へと運んでいってくれれば幸いである。

目次

6章　クヴァシル　凍える夜に沁《し》みる熱き北欧グロッグ　193

7章　テオブロマ　ロマンスをかきたてる甘いブレンド　233

attention

・本書は、古代飲料の歴史とその再現、そしてそんな飲み物と一緒に食されたかもしれない食事に関心のある読者にとって、一般的な情報源となるように書かれたものです。出版社および著者は、すべての読者が本書に書かれた指示に基づいてどの飲料や食事も必ず再現できるとか、いずれの再現飲料を飲んでも誰にも何の悪影響も及ぼさないと保証するものではありません。
・本文中の〔　〕は訳者による注です。
・日本の酒税法では、アルコール分一度以上の酒類を無免許で製造すると罰せられます。
・本書内の地図と年表は邦訳版オリジナルです。

サム・カラジョーネ（右）と「パット博士」（左）

「語られた物語の裏には、実際の物語があり、
なぜその物語を語るに至ったのかの物語がある。
そして物語では言わなかった話もある。
それもまた、物語の一部なのだ」

マーガレット・アトウッド著『マッドアダム』より

序章

ドッグフィッシュ・ヘッド・クラフトビール醸造所の創始者サム・カラジョーネと、私へのよくある質問は、いったいどのように知り合い、どうして科学的証拠を基に古代発酵アルコール飲料を再現しようなどと思いつき、どうやってドッグフィッシュ・ヘッドで古代ビールや古代蒸溜酒シリーズを作り始めたのか？　である。その答えのいくつかをこの本に書いてみた。

我々の物語はまだ終わっていない。これまで私は、考古学遺跡の発掘と同じように、人類が遥か昔に醸造した酒の遺物（実際に作られ飲まれていた量のうちほんのけし粒ほどだが）を探し出し、それを解析してきた。アルコール飲料に関する文献も、過去のものから現在のものまでくまなく調べている。そしてある特定の古代酒には何が入っていてどう作られたのか、ありえそうな仮説をサムと一緒に編み出して、実際に作ってみるのだ。ふたりの意見が常に一致するわけではないけれども、まあそんなものだ。人は誰しも、自分の経験と感覚と感情の色眼鏡を通して世の中を見るのだから。

ふたりで物語の大筋は合意しても、そこからお互いに追加していく詳細がかなり異なることもたまにある。一例を紹介すると、我々の冒険の船出となった本書２章「ミダス・タッチ」の物語で、トルコの首都アンカラにあるレストランで遭遇した催涙弾事件について触れている。あの熱と混乱の中で、撮影隊のひとりが現金のぎっしり詰まった鞄を椅子の上に置き忘れた。そして皆でぞろぞろとレストランに戻った時には、もちろんそんなものはなくなっていた。後にあの事件について語り合ったとき、私はなくなった鞄のことはぼんやり思い出せる程度だったが、サムは細かい点までつぶさに覚えていた。きっとそれは、サムの抜け目ない商売感覚のなせる業だろう。

私の興味の矛先は過去で、サムのは現在。そんなふたりが力を合わせて、一緒に素晴らしい飲み物を再現している。

古代発酵アルコール飲料を発見する——まずは発掘現場で

古代発酵アルコール飲料の再現など単純な話だろう、と読者諸君は思うかもしれない。まずは、その昔ビールやワインやミード《ハチミツ酒》、あるいは「超絶発酵アルコール飲料《エクストリーム・ビバレッジ》」（詳しくは1章で）などの酒を、醸《かも》したり貯蔵したり注いだり飲んだりしたことがありそうな容器を入手し、その内側の残渣をただこそぎとる。そうしたら今度は、できるだけ高性能の解析機器を使って、その残渣を検査する。すると、ジャジャーン、古代発酵アルコール飲料の再現に必要な答えが出ました！

……などと、そんなに単純だったらどんなに良かったか。そんなわけがないことは、一九八〇年代の初めに残存有機物分析の分野を考古学で開拓したとき存分に思い知らされた。以来、出だしから躓《つまず》いたり実験に失敗したりは多々ありつつも、世界最古と化学的に証明されたブドウのワインやオオムギのビール、チョコレートの「ワイン」（「テオブロマ」、7章）に中国の超絶発酵アルコール飲料（「シャトー・ジアフー《賈湖城》」、3章）など、ここ三〇年の間にいろんな発見があった。私が始めに分析していたのはブドウのワインと大麦のビールで、その物語は拙著『*Ancient Wine*（古代のワイン）』と『*Uncorking the Past*（邦題：酒の起源）』に綴っている。そして最終的に行き着いたのが、超絶発酵アルコール飲料である。これは糖度の高い果物やハチミツ、根菜、穀物、ハーブ、または樹脂など、身の回りにあるものを手当たり次第に混ぜ合わせ、飲み口が良くてパンチの効いた酒にしたものだ。この手の飲み物の研究が一番やりがいを感じる。

私は考古学者と化学者を混ぜ合わせたようなもので、「生体分子考古学者」、或いは「考古生化学者」と呼ばれる。どちらにせよ、いにしえの発酵アルコール飲料を発見して再現する一連の流れの出発点は、考古学の方だ。ここでまずできる限り最高の試料（正確な年代測定がなされ、保存状態も素晴らしく、汚染も最小限のもの）を入手できていなければ、あらゆる人々の時間とお金の無駄になる。

一番の狙い目は、きちんと発掘調査が行なわれた考古遺跡だ。骨董市で買った器などは偽物かもしれないし、出自も定かでないのでやめておこう。欲しいのは有機物試料、それも年代の明らかな何らかの考古資料に関係するものだ。運が良ければ、穀物用の貯蔵庫や、発酵飲料を作っていた工房、あるいはそんな飲み物を人々が享受していた神殿や墓や家だったり、神々に捧げたであろう礼拝堂や神殿だったりを発見できるかもしれない。

その試料が、劣化や破壊の原因となる水や酸素にさらされていなければさらに喜ばしい。一番良いのは、砂漠に埋もれた未盗掘の墓や集落だ。海面から何百（理想的には何千）メートルも下の、無酸素状態の海底に丸ごと沈んでしまった難破船もいい。同様に、湿原や氷河も残存有機物に優しいのだが、こうした環境は得てして年代も状況も不明な単独の遺体や遺物だけを残してしまう。例えばイタリアのアルプス山中で発見された「エッツィ」と呼ばれるアイスマンは、非常に興味深い発見で保存状態も大変良かった。しかしもっと全体的な考古学的背景情報がないため、この男が行こうとしていたのは北なのか南なのか、誰かに殺されたのか吹雪の中で迷ったのかは誰にもわからない。さらに、旅の供に持っていてもおかしくなかったはずの発酵アルコール飲料入りの水筒なども、未だ氷の中から発見されないでいる。そんな容器は、遺体から何千メートルも離れた深いクレバスの奥底に眠っているのかもしれない。

アメリカで最も優れた考古学博物館のひとつに数えられるペンシルベニア大学考古学人類学博物館（以下「ペン博物館」）を拠点に研究している私は、誰もが羨《うらや》む立場にある。ここにはきちんと発掘調査のなされた世界各地の考古資料が収蔵されており、最高の試料がよりどりみどりだ。ワインの神ディオニュソスを描いた数多くの古代ギリシアの壺や、トウモロコシ酒「チチャ」（8章）を飲むためと一般的に捉えられている形状のペルー古代から現代までの器など、発酵アルコール飲料関連と推定される容器が収蔵品の大半を占めている。

こうした遺物のほとんどは由緒正しきものとはいえ、油断はできない。ある時、博物館のエジプト遺物収蔵庫に古代のワイン差しがいくつかあるのに気づいた。紀元前約三一〇〇年から前二七〇〇年頃のものと推定されたその酒器は、エジプト初期王朝時代、ちょうどナイル川デルタで王室によるワイン製造産業が始まった頃（4章）のものであった。非常に見込みがありそうな気がして、中を覗いた瞬間、それはあり得ないと確信した。なんと、その底にはタバコの吸殻が捨てられていたのだ。世界恐慌時代にＷＰＡ（雇用促進局）からこの博物館に配属され、考古資料の登録作業をしていたインターンにとって、ちょうど良い灰皿だったのである。

私は残存有機物分析のコンサルタントとして発掘現場に招かれることもよくある。この場合、遺物が掘り出される様子を実際に我が目で確認できるだけでなく、地下水の状態から遺物の汚染状況を評価したり、目当ての人工遺物（人間が作為的に作り上げたもの）や自然遺物（自然のもの、特に古代発酵飲料案件では植物由来の物質）に関連する別の出土品を調査したりも自分で直接行なえるので、理想的なお膳立てと言える。発掘調査がどれだけ正しく行なわれているか、また人工遺物や自然遺物が適切に扱われているかもチェックできる。最良の試料は、未盗掘の墓や古代住居の床など、「イン・サイチュ《本来の場所》」（ラテン語、文字通り「その場所で」の意）で破壊されやすい位置より下に閉ざされていたものだ。そして炎は有機物を破壊してしまうため、何か燃やすとしても最小限に留めるのが望ましい。

分析対象の人工遺物や自然遺物は、それを水で洗いすぎるのも、分析の邪魔になるような化学物質で保存するのも避けるべきだ。また、遺物のあった場所が、我々の目当てとする化合物と同じものを生み出す微生物に大きく影響されていた可能性もあるため、その環境の化学物質を評価するべく、現場の土壌サンプルも採取しておく。こうしたサンプルは、全てアルミホイルで包んでからポリ袋に梱包して、米国に持ち帰る。ここで使うポリ袋は、サンプルに含まれる古代の有機化合物の検出を阻害しかねない可塑剤（どこにでもよく使われているフタル酸エステルなど）のような汚染物質を含まない、高品質のものを選ばねばならない。

考古学者は時に手に入れた試料を処理しすぎて、目に見えぬ化合物を探り出すチャンスを自ら潰してしまうなどと、自分が自分の最悪の敵になる場合もある。しかし幸いにも、我々の着る服や住む家から摂取する飲み物や食べ物まで、人間としての営みのほとんどが有機物で埋め尽くされているという情報は周知のものとなってきた。実に我々の体そのものも、有機物の世界に属するのだ。

そうした苦労を経てやっと最高のサンプルを選び取っても、今度は考古学遺跡を監督する現地の政府機関からその試料の輸出に必要な許可を得なければならず、これが結構な難関になったりもする。金製や銀製の角杯《かくはい》〔獣の角《つの》をかたどった酒杯〕などをそうたやすく引き渡してくれないのは想像に難くないだろう。そういう時に考古学者であることは役に立つ。また、古代の発酵アルコール飲料は往々にしてほぼどんな国でも重要な文化遺産としての役割を担う場合も多く、そうした飲料への興味の高まりが有利に働くケースもよくある。

私の研究分野の認知度があがってくると、試料を片手に我が研究室を訪れる考古学者も増えてきた。そんな時、私自身はあまり知見がない世界地域を知るその研究者の知識をもとに、分析へと駒を進めるべきかどうか決断できるのである。

お次は化学——研究室にて

私の肩書きのもう半分は、発掘された容器に残っていた物が何なのかを解明する化学分析の領域になる。私立博物館付属で、どちらかというと資金に乏しい研究室で働く我がスタッフは、基本中の基本とも言える分析装置しか使えていないのが現状だ。そんな我々の主力分析ツールは、当初よりフーリエ変換赤外分光光度計（FT−IR）である。これは人工遺物なり自然遺物なりの試料が、どれだけ豊富に有機物を含むのかを見極める初期評価に長けている。また、目星をつけた化合物の「フィンガープリント（分子指紋）」やバイオマーカー（生物指標化合物）〔人工的ではなく生物が作り出したと認められる特徴的有機化合物〕を正確に同定できたりもする。

だが私にとって何よりもありがたい長年の財産は、ひたむきで熱意溢れる分析化学博士集団である。産業界で活躍中の面々が、考古化学の分野で第二のキャリアを築こうと、皆自ら志願して無償で協力してくれている。そしてそんな専門家たちと同じくらい聡明で献身的な学部生や大学院生諸君も、共に作業してくれている。考古学に発酵アルコール飲料！　とくれば、どれほど学生たちが熱中するかは容易に想像いただけると思う。後にこの分野で名を揚げた者も少なくない。

どんな試料も、まずは湿式化学分析から始める。サンプルが一見汚染されてなさそうな物理的残留物であっても、有機溶媒を使った抽出法を用いると、そのマトリックス〔分析対象以外の共存物質〕から目的化合物を分離させやすく、またより濃縮もできるとわかった。加えて我々の目当てとする「残留物」の多くは、土器の細孔に存在するイオンや極性の特性によって何千年もの間細孔内に吸収されているいくばくかの有機物であり、そのほとんどは裸眼では見えない。吸収された化合物よりも比較的極性が高いメタノールと極性が低いクロロホルムに入れて沸騰させると、保存されている有機物群を取り出せるのである。

そうして抽出した残留物をまずはＦＴ－ＩＲにかけて、今度はその結果をもとに、どんどん精度の高い化学分析へと進んでいく。例えばガスクロマトグラフィー質量分析（ＧＣ－ＭＳ）、液体クロマトグラフィータンデム質量分析（ＬＣ－ＭＳ－ＭＳ）、そしてＧＣ－ＭＳと組み合わせたヘッドスペース固相マイクロ抽出（ＳＰＭＥ）などだ。化学はあまり詳しくないという方に解説すると、こういった技術は、未知試料に含まれる様々な化合物を沸点の違いによって分離していくのである。それぞれの化合物が異なるタイミングでクロマトグラフィー（精製分離）用のカラム（筒）から出てくると、それを今度は質量分析計に送ってさらにフラグメント化し、プリカーサーイオンとプロダクトイオンの質量を測定する。このようなデータをもとにして、我々の入手したサンプルにはどういう化合物が含まれているのかを特定できるのだ。

こんな研究を何年も続けるうち、協力してくれる外部団体とのネットワークもできた。こうした人々は、古代の発酵アルコール飲料を再現できるかもしれないという期待に強く動機付けられているため、最新の装置を寄付してくれたり、装置の操作やデータ解釈に極めて重要となる専門性を提供してくれたりする。そんなふうに我が博物館付属研究所の分析では及ばない部分を埋めてくれた政府系・産業系・大学系・民間系の組織のうち、ごく最近協働させてもらった団体をいくつか挙げると、アメリカ航空宇宙局（ＮＡＳＡ）のゴダード宇宙飛行センター、米国財務省アルコール・タバコ税貿易管理局（ＴＴＢ）のScientific Services Division（科学サービス部）、デラウェア州ウィンターサー博物館のScientific Research and Analysis Laboratory（科学調査分析研究室）、モネル化学感覚研究所などがある。

ひとつの試料に含まれる化合物をできるだけ多く同定する「ショットガン」法と呼ばれる分析法があり、我々にとってＦＴ－ＩＲやＧＣ－ＭＳを使った試料分析はそれに一番近いやり方になる。通常は、サンプルにまつわる補助的な科学データを基に、その容器に入っていたものについての暫定的な作業仮説を既に立てている。前述した通り、人工遺物や自然遺物にまつわる考古学的な背景はとても重要で、その情報を手がかりに、どういう類の発酵アルコール飲料だったのかを絞り込めるケースも多い。

発酵アルコール飲料は基本的に植物由来の素材を加工したものなので、植物考古学的な発見は化学的に見つかりそうなものを予測する時の大事なヒントとなりうる。土壌サンプルを網目の異なるふるいにかけていくと、小さな種や、植物の大きめな部分などを取り出すのに役立つ。ふるいでは選別できない植物遺存体は、比重の異なる様々な液体を使う重液分離法で液面に浮かせて集めて分析する。花粉は顕微鏡で同定できる。プラント・オパール（植物の細胞組織に存在する特徴的な珪酸体）や残存デンプン粒も同様だ。残存デンプン粒は特に、磨石《すりいし》に埋め込まれていたり歯石に含まれていたり、発酵飲料の残渣そのものに入っていたりすると、いろんな情報を伝えてくれる。

さらに視野を広げて——様々な角度からデータを分析する

さらに、この取り組みは分野横断的でもあり、時には美術評論家や文献学者のようにもならなくてはいけない。古代の絵画や碑文や銘文などは、その発酵飲料がどのように作られて飲まれていたのかを図や言葉で説明して、ある意味、もの言わぬ科学的データに命を吹き込んでくれる。とはいえ、そうした情報を現実そのものと思い込むのは禁物だ。内容が恣意的だったり、現実とは異なっていたりするかもしれない。絵や文章は事実の後で人間が作り出すものだ。我々の扱う試料のように、飲まれていた飲料と時を同じくするものではないのだから。

図や文字で残された証拠がいかに謎を解き明かす鍵になるのかを示す最良の例として際立っているのは、古代エジプトである。エジプトでは最古のもので紀元前三〇〇〇年という、古代世界の他地域でやっと匹敵しそうなものが現れ始める何千年も前に、もうワインやビールを造る様子（それも工程をひとつずつ順番に描いたもの）やそんな飲み物を男女問わず味わう光景が墓・神殿・宮殿などに描かれているのだ。図の内容がよくわからなければ傍に刻まれている注釈を読めばいい。ただし、あるモチーフがエジプト芸術のパターンとして確立されると、長年にわたり何度も繰り返し使われてきた問題はある。初めは見たままを捉えて描いたのかもしれないが、やがて使い古された陳腐な表現となり、おそらく実際の時代のやり方とはほとんど関係なくなっていったのだろう。しかし当時のエジプト人たちは、そのおきまりの図柄さえ使えば、確実にナイルを越えて永遠の国へ無事に渡っていけると考えたのである。

前近代、そして近代の人々が発酵アルコール飲料をどう造りどう味わってきたのかについての文化人類学的な考察も、また別の切り口を見せてくれる。その土地で生まれた飲み物は通常その社会の要でもあるため、時を越えてほぼずっと同じ形で受け継がれているからだ。さらに、何か普通と違う考古学的な特徴や予想外の科学的な結果で分析が行き詰まったとしても、民族学的・民族史学的な研究のおかげで謎が解けたりもする。

考古生化学者は、このように多岐にわたる専門分野からの貴重なヒントを全てかき集めて、古代の発酵アルコール飲料醸造にいったいどんな植物や加工方法が使われたのかを、知識と経験に基づいて推測しなくてはならない。まずは対象地域に関する化学文献にできるだけ目を通して、その地域固有の産物が持つ特徴的なバイオマーカーの目星を付ける。最近は検索エンジンのおかげでこの手順を素早く行なえるものの、肝心の論文が外国語で書かれている場合もある。例えば「シャトー・ジアフー」（3章）の再現では、中国と日本出身の学生や博物館スタッフの助けを借りて、それぞれの言語で書かれた化学報告書を「解読」したのであった。

目当てとする化合物のリストができたら、最適な抽出法はどれなのかを考える。対象化合物を最も高感度に検出できる分析法や複数の手法の組み合わせを決めるのだ。そうしてやっとデータ解析となり、単なる化学的な解析だけでなく（それだけでも十分難しい）、解析結果が当初の作業仮説にどう影響するかも分析する。その結果次第では、追加試料の分析や処理方法の変更が必要になる場合もある。また、これまでより感度の高い新技術が使えるようになると、以前分析したサンプルを再試験したりもする。

こんな研究はもちろん一夜にして完了するわけもなく、断続的に進んだり止まったりをおそらくは何年も繰り返して、やっと意味のある結果が出てくる。より詳しく知りたい場合は、『*Charting a Future Course for Organic Residue Analysis in Archaeology*（考古学における残存有機物分析の展望）』（McGavern & Hall, 2015）を読んで、考古生化学の理論、科学、実践の基本をご理解いただければと思う。共同研究者のグレッチエン・ホールと私が共著したこの論文では、トルコのウルブルン沖で地中海に沈んだ最古の難破船に積まれていたブドウ酒（５章）についての話を特に取り上げつつ、古代のミルクやチーズ、ミツロウ、ハチミツ、ミード（ハチミツ酒）などの検出に使う分析法の数々を再考している。

これから始まる本文の各章では、様々な古代発酵アルコール飲料を紹介していく。そのなかで、考古学・植物考古学・化学などの様々な学問に基づくある程度しっかりした裏付けのあるデータが無数の糸のように絡み合い、古代の発酵アルコール飲料の再現を織り成していく様を少しずつ理解いただけるであろう。

本格的な古代発酵アルコール飲料を造る

古代のレシピ本など存在しないので、古代発酵アルコール飲料の内容物に関する学術的な再構築と、それを実際に飲みものにする「再現」との間にはかなり大きな隔たりがある。基本の材料はわかったとしても、それぞれの割合はどうだったのか？　醸造の仕方は？　本来の香りや味わい、その他様々な特徴を飲料に持たせられるよう、当時使われた道具や容器も再現する必要はあるのか？　飲料の残渣にあったはずのアルコールはすべて蒸発して消えてしまっているので、もともとのアルコール度数がいくらだったのかは、どうすればわかるのか？　発酵に使う酵母や関連微生物はどれにするのか？　複数の材料を用いる複雑な混合飲料の場合は、材料を全部一緒に発酵させるべきか、それとも別々に発酵させてから最後に混ぜ合わせるべきか？　苦みづけの材料やハーブ類はいつ投入すべきか――始め頃に入れて完全に馴染ませるのか、それとも終わり頃に入れて独特の風味をしっかり残すのか？　発酵飲料は日光にさらすのか、日陰に置くのか、または古代の人々が火を使っていたと仮定して火で加熱するのか？　などと、いろんな疑問や可能性を考え始めるときりがない。だが一回の実験醸造で実際に試せる疑問の数は限られている。それでもだんだんと、古代の発酵飲料がどのように作られ飲まれてきたのかについての知見を確実に深めてきた。

これぞ究極の実験考古学だ。多岐にわたるヒントを集めて原材料と古代の醸造法に関する多種多様な筋書きのいくつかをこの現代で試し、それが本当に実用的かどうか、そして恐らく最も重要な、美味しいかどうかを検証する。この実験は、たとえ何百万年も昔の旧石器時代にまで遡っても、世界中の人間は遺伝的・生理的・心理的に現代の我々とそれほど違わないという前提で進めていく。つまり、文化的な好みの違いは別として、香りの良いもの・美味しいもの・ほろ酔い気分にさせてくれるものが何なのかを、我々の祖先も我々と同じように知っていたはずなのだ。また、その発酵アルコール飲料にぴったりな食べ物とのペアリングも楽しんでいたに違いない。

1章で説明している自然な発酵の過程それ自体のおかげで、ただ自然に委ねておけば我々の発酵飲料の再現努力は最初からほぼ正しい方向へ導かれていくと保証されている。そこでまずは手に入った証拠をもとに、実際に使われた可能性の最も高い材料を揃えていく。一番あり得そうな果物を潰し、ハチミツを希釈し、野生の穀類や塊茎類を噛み、ハーブを取り揃え、樹液を採集するのだ。そして今度はその作ったものをただその辺りにさらすだけで、すぐに天然の酵母や微生物が後を引き継ぐ。その結果は今も昔も同様で、大量の芳香族化合物群を含み、甘味と酸味とアルコールのキレもある液体に変化しているはずだ。恐らく全体を下支えする苦みといくばくかの炭酸ガスもあるだろう。しかしこうしてできた飲み物は、気密性の高い容器が当たり前になるまで、炭酸が抜けないうちに早めに飲まなくてはならなかったのである。

古代ビールの現代解釈版をぜひ造ってみたいと考えている自家醸造家諸君は、手持ちの醸造鍋や発酵容器に使うカーボイ〔水・液体の運搬や発酵容器に使われる大型瓶〕などがステンレスやガラスやプラスチック製なのをあまり気にしすぎる必要はない。こういった素材は人類の歴史上比較的最近考案されたものではありつつも、古代において発酵アルコール飲料造りを可能にしたのと同じ発酵の過程を、現実的に実現してくれるのだ。

とはいえ古の時代に合わせた土器や木、ヒョウタン、革、あるいはもっと異国風の素材の容器を試してみてもいいかもしれない。例えば私は、アメリカ大陸土着のブドウをヤギの皮袋に入れて発酵させたワインは肉のような生臭さがする、と証言できる。これは北米のノースキャロライナ州に住む農家に相談して作ったものだった。だがこの実験はアメリカではなく「旧世界《オールドワールド》」〔コロンブスのアメリカ大陸発見以前にヨーロッパ人が知っていた世界。アジア・ヨーロッパ・アフリカなどを指す〕で作られた初期のワインの味を模擬してみるのが趣旨であった。

というのも、アメリカ大陸の先住民はヨーロッパ人がやって来るまでヤギを飼っていなかった。加えて、アメリカ大陸にはおびただしい数のブドウ品種があるにもかかわらず、我々の知る限り、アメリカ先住民は一度たりともワインを作りはしなかったのである。

通常、それぞれの材料が実際にどれだけの量ずつ使われていたのかはわからないのに加え、地下水の浸透によってバイオマーカーが劣化したり失われたりした可能性もあるため、材料の正確な量や割合を計算して割り出したりなどはできない。そこで大抵の場合、主原料は全て均等な割合で使われたと見なすことにしている。例えば穀類と果物とハチミツを混ぜ合わせた超絶発酵飲料の場合、全て三分の一ずつ使うのだ。よって、出来上がりはビール（平均的な発酵から生成されるアルコール度数は四〜五％）、ワイン（これは約一〇〜一二％）、ハチミツ酒であるミード（これも約一〇〜一二％）が三分の一ずつ合わさったものとなり、最終的なアルコール度数は平均化されて約九％になる。

主原料以外に発見されたハーブなどの副原料については、量をあれこれ変えて試してみてもいい。絶対的な量はわからずとも、仕上がった飲料にどんな効果をもたらすのかに関する認識は少なくとも深まる。

本書では、人類の種が誕生したアフリカから世界中に散らばっていった祖先の足跡を辿って、古代飲料をひとつまたひとつと再現していく。そんな飲み物の数々に触れるうち、存在する環境も種類も実に多種多様な材料や微生物が織りなす見事な織物のような、古代発酵アルコール飲料の真価を理解してもらえるだろう。人工遺物や自然遺物からできる限りの情報を引き出すべく、様々な科学技術をどう駆使し、数多くの不確定要素をどう評価して、古代発酵アルコール飲料を再現していくのかもおわかりいただけると思う。

さあ、我々のタイムマシンに乗り込んでくれたまえ。これからサムと私は液状タイムカプセルを発見し、再現し、それを味わい楽しむ「バック・トゥ・ザ・フューチャー《時間旅行》」を開始する。皆さんには、できれば古代ビールや古代蒸溜酒を片手に、心地よい肘掛け椅子にゆったりと身を沈めていただきたい。ここから一緒に辺境の地へと旅して、祖先の残したアルコール飲料の容器を見つけ出し、その中にある残渣を分析して、含まれていたものの手がかりを得る。そして祖先たちがいかに進取の気性と創意工夫に富む方法で、植物やハーブを精神作用のある美味しい飲み物に変化させていたのかを発見していこう。我々の物語は、我々が再発見して再現したアルコール飲料と同じくらい、思いがけない奇跡と興奮に満ち溢れているのだ。

さあ、いつでも
いいぞ——
過去への発信準備は
完了だ！
了解、パット博士……
直ちに出発して
ホンモノの新石器時代
ビールを手に入れて、
未来へ持ち帰ろうぜ！
目的地：
中国 賈湖
紀元前7000年

1章

超絶発酵アルコール飲料の聖杯

地球上で繰り広げられるアルコール飲料物語は、何十億年も昔の宇宙の深淵に端を発する。そこにあるのは驚愕の分子であるアルコール、またの名をエタノール。炭素原子二個、水素原子六個と酸素原子一個からなるこの単純化合物は、我々の目の届く限り遠くまでずっと、宇宙にはつきものの成分なのだ。

我々のいる天の川銀河中心近くにあって、より暖かい星形成領域に、高性能の天体望遠鏡でなら見えるかもしれないガス星雲「いて座B2N」がある。地球から約二万六〇〇〇光年、キロメートルに換算すると二四京（京は兆の一万倍）もの彼方にあるこの星雲には、なんと文字通り何十億リットルものアルコール（メタノール、エタノール、そして反応性の高いビニルアルコール）が漂っている。

このいて座B2Nは、天の川の中心に位置する数多くの巨大な星形成星雲のひとつに過ぎない。天体物理学者であるカール・セーガンの口癖どおり、我ら太陽系の属する天の川銀河は、宇宙に存在する千億の銀河のひとつでしかなく、各銀河にもまた千億ずつ星があるのだ。ということは、宇宙全体で見ると明らかにかなりの量のアルコールになる。さらにバーテンダー諸君への朗報として、この星雲はアルコール以外にもギ酸エチルを含み、ラズベリーの味がしてラム酒のような香りを放つ。これはもう、宇宙の奥深くで見つけ出されるのを待っているカクテルではないか！

こうしたアルコールは、ガス星雲に閉じ込められているわけではない。二〇一五年一月、「ラブジョイ」の名で知られる彗星（C／2014）の分光観測から、その名にふさわしい事実が明らかになった。この星間「メッセンジャー」は、我々の太陽への最接近時にエタノールを撒き散らしていたのだ。この科学論文の筆頭著者であるニコラ・ビベールの熱い報告によると、「ラブジョイ彗星はその活動ピーク時に、毎秒少なくともワイン五〇〇本分のアルコールを放出したと判明した」(Biver, 2015)。これぞまさしく飲み放題のバーだ！

こんなアルコールの分子のいくつかが彗星にヒッチハイクして地球にたどり着き、地球上生命として発展した、というパンスペルミア説の理論は実際にあり得るだろうか？　ラブジョイのニュースが知れ渡る数カ月前に、ヨーロッパ宇宙機関で「ロゼッタ・プロジェクト」を遂行した天体物理学者たちは、チュリュモフ・ゲラシメンコ彗星（67P）への彗星探査機着陸を見事に成功させた。これは干し草の山から針を一本拾うかのごとく大変な作業であった。というのも、この探査機が着陸した彗星の幅はたったの四キロしかなく、そこまでの約四億五〇〇〇万キロの道のりを、一〇年かけて旅していかねばならなかったのである。

残念ながら、着陸後間もなくこの探査機の太陽電池は切れてしまった。だがその前に、搭載されていた機器はその彗星で地球上生命体の基本構成要素を検出していた。それは水、二酸化炭素、そしてより複雑な、ありとあらゆる「前生物的」分子である。装備されていた機器のうちひとつは、我々も古代発酵飲料研究で活用しているGC－MSであった。さらに現在では、生命体に不可欠でもっと複雑なビタミンB_3（ニコチン酸）などの炭素分子すらも、我々の太陽系内に存在する隕石から検出されたとの報告がある。

彗星や隕石から得られるこうした化学的証拠が、いくら思わせぶりにこの惑星の生命の起源に関して（そこでアルコールが果たしたと考えられる役割も含めて）我々にいろんな期待を抱かせようとも、これでパンスペルミア説を証明するには程遠い。何しろ約四五億年前に起きたとされる出来事の話だ。我々がアフリカの先史時代に的を絞って挑戦した、たかだか一万八〇〇〇年前の古代発酵飲料（４章）の再現ですら十分困難なのである。しかし証拠の有無などお構いなく、人類は自分達の起源や地球上での存在意義を説明しようと様々な物語を思いのままに創りあげてきた。それはここから始まる各章で紹介していく数々の神話や儀式を見ればおわかりいただけるだろう。そんな神話や儀式は、古代発酵アルコール飲料を中心に渦巻いて、アルコール飲料の発展と使われ方に影響を与えてきたのである。

アルコール溢れる宇宙から地球へ

我々の外側にある宇宙への探索と足並みを揃えるかのように、人類は生物の内側にある生細胞の、顕微鏡でも見えない世界の秘密も明らかにし始めた。過去わずか二〇年の間に、何百もの原生生物（単細胞生物）や菌類、植物、そして動物の全遺伝子情報（ゲノム）が完全にマッピングされたのだ。そんな生物のいくつかは、我々の発酵飲料物語に不可欠な存在である。

一九九六年、その細胞核内にある染色体三二本全てのDNA配列が史上初めて完全解読された生物は、発酵において最も重要な立役者だ。その名も「サッカロマイセス・セレビシエ（*Saccharomyces cerevisiae*）」〔本来のラテン語読みではサッカロミケス・ケレウィシアエ〕。もっと一般的には、ワイン酵母、ビール酵母、パン酵母としてよく知られている。そしてその一一年後には、果物として初めてユーラシア系のブドウ（*Vitis vinifera*）のゲノムが完全にマッピングされた。解析を行なった研究者がこのブドウを選んだのは、イランのハジ・フィールズで発見された遺物を世界最古のブドウ酒（紀元前五四〇〇年から前五〇〇〇年頃）だと化学的に証明した我々の研究がきっかけらしい。

ブドウの解析から一年も経たないうちに、セイヨウミツバチ（*Apis mellifera*）やキイロショウジョウバエ（*Drosophila melanogaster*）など、我々のドラマに登場するまた別の生物の全塩基配列も明らかになった。さらにこの古代発酵飲料物語に出てくるブドウ以外の多くの果実（カカオ、リンゴ、アーモンド、デーツなど）も、今やその全配列が決定されている。ビール愛飲家諸君には、オオムギ、コメ、コムギ、キビ（ミレット）、タカキビ（ソルガム）、トウモロコシなど、世界の主要穀類のほとんどに関しても同様であるとお伝えしたい。こうした穀物は、もっと泡（ビール）を生み出そうという祖先の意図のもとに栽培化された可能性が高い点については、また後で見ていく。

　その後人類は、自分以外の古代・現代霊長類のＤＮＡ分析とともに、自分自身にもそのＤＮＡプローブ（検出子）を適用してみたのである。当然といえば当然だ。「ホモ・インビベンス」（人類にぴったりな表現だ）は、究極のアルコール飲料消費生物だと既に名高いのだから。

　こうして新たに得られた遺伝子情報は、地球の地質学的・考古学的な過去を解明してくれるその他数多くの学術的発見と並んで、我々の古代発酵アルコール飲料物語の基礎を成す。経年変化や劣化による限界もありつつ、遺伝子データはそれぞれの発酵アルコール飲料がどうやってできたのかについて信憑性の高い仮説を組み立てる時の根拠となる。まずは、発酵（解糖系）〔ほぼ全ての生物に存在する糖の代謝経路〕が、この惑星においてまさに文字どおり生命の基盤である点から説明したい。この生物学的な作用が、地球で最初に生まれた細胞の活力になったと考えられている。そして今なお、我々ひとりひとりの体にある無数の細胞のみならず、この惑星に住むあらゆる生物の体細胞ひとつひとつ全てにエネルギーを供給しているのだ。生命が誕生したばかりの頃に比べると、生物は桁違いに複雑になってはいても、発酵の基本的な作用の流れは今も昔も変わらない。始めに糖が細胞に取り込まれ（食べられ）て、エネルギー豊富な化合物に分解され、その廃棄物としてアルコールと二酸化炭素が生成される。これらを鑑みると、炭酸ガスとアルコールを含む「飲料」は、かなり昔から存在していた可能性が高くなる。だがそれを飲む者が現れるのは、そのずっと先の話だ。

　現在、特に発酵と関係があるのは単細胞性の酵母二種で、その名もＳ・セレビシエとＳ・バヤヌス（*S. bayanus*）である。菌類の仲間で、数多くの野生株とワイン酵母やビール酵母のような培養株の酵母全てが含まれる。酵母は単細胞といえども、備わっている生物学的な細胞小器官〔細胞の内部構造〕や生化学的な機能は、我々の体にある細胞や他の多細胞生物の細胞とほぼ変わらない。そんな酵母は、低酸素の環境で最も活発になる。だがそれは、地球上に生命が生まれた頃の状態と考えられているような、完全に無酸素の空間ではない。

酵母は糖を摂取する。それが果物由来のグルコースであれ、ハチミツ由来のフルクトースであれ、乳飲料由来のラクトースであれ、なんでも同じだ。そうして糖を摂取した後の最終生成物として、エタノールと二酸化炭素を排出する。そう、もうおわかりであろう。我々がアルコール飲料を飲むのは薬物としてのアルコールを欲するからかもしれない一方で、酵母にとってのエタノールは捨ててしまうべき単なるゴミなのだ。それは仮定上の地球最古の生細胞にとっても、エタノールが排泄物だったのと同じなのである。だがもっと重要な役割でいうと、酵母にとってアルコールは微生物同士の熾烈な闘いの世界を生き残る手段になる。ほとんどの微生物が耐えられるアルコール度数は五％までで、それ以上になると死んでしまう。それとは対照的に、酵母はもっと高濃度のアルコール環境下でも十分活動可能で、通常でも一二～一五％、時には二〇％以上でも問題ない。

このアルコール耐性の違いが、酵母に絶好のチャンスをもたらした。十分な量のエタノールを生み出しさえすれば、対抗微生物を一掃できるのだ。最古の酵母はまさにそうするべく適応したようである。酵母のアルコール・デヒドロゲナーゼ（Ａｄｈ）遺伝子が、同じ名前の酵素（ＡＤＨ）〔アルコール脱水素酵素ともいう〕を生み出し、この酵素によって周りの環境にアルコールが蓄積されるようになった。そして一億四五〇〇万～六五〇〇万年前頃の白亜紀あたりになると、もっと効果的でより小ワザの効いたやり方を使い始める。Ｓ・セレビシエのゲノムが二倍になり、生成するエタノールの量を切り替えられるようになったのだ。かくしてＳ・セレビシエは、Ａｄｈ遺伝子と酵素を二種類ずつ手に入れた。まずＡＤＨ1がアルコール度数を五％以上に上げ、他の微生物を一掃する。それが達成されると、今度はＡＤＨ2がすぐさま活動を開始し、余剰分のアルコールをアセトアルデヒドに分解して、最終的に自らが摂取するためのエネルギーをより多く生み出すのだ。始めに目先の欲望を抑えて待った甲斐は十分にあるはずだ。対抗する他の微生物は全滅しているのだから。

賽は投げられた——革命的白亜紀と酔っ払いの土台作り

アルコールが、糖質のようにエネルギーを生み出す化合物として消費され始めたのはいつ頃なのかは未だによくわからない。しかし恐竜が地球上を徘徊していた白亜紀までに、アルコールが重要な存在になっていたのは間違いない。この革命的な時代が、そこから現在に至るまでの土台を築いたのだ。

後に我々の祖先が超絶発酵アルコール飲料造りに利用していく、実のなる花木や低木はこの頃に出現した。そんな植物は甘い蜜や樹脂や果実を生み出し、それを求めるミツバチがここで初めて登場し、自然界で最も濃縮された糖類であるハチミツへと変化させたのである。同じく糖が大好きで、幼虫にまでアルコールを与えるショウジョウバエも現れた。どちらの昆虫も、その他多くの動物（我々も含む）と同様に、飲酒癖がある。そしてあっという間に飲みすぎて酔っ払うのだ。ショウジョウバエは、ヒトと同じ酪酊の遺伝子を持つことが明らかにされている。この遺伝子は、「バー・フライ（バー常連の大酒飲み）」「チープ・デート（すぐ酔って安上がりなデート相手）」「ほろ酔い」「記憶喪失」「ハッピー・アワー」などと、面白おかしく呼ばれたりもする。

他の動物にも、同じ酪酊の遺伝子のいくつかを共有するものがいる。例えばキンカチョウの場合、アルコールで酔っ払うとその遺伝子は鳴管（人間の声帯に相当する器官）と脳の機能に影響を及ぼす。つい調子に乗って発酵した果実をついばみすぎた鳥は、鳴き声の調子が乱れて声量もいつもより落ちてくる。我々が酔っ払うと呂律が回らなくなり、時には大声になりつつも、だんだん何を言っているのかよくわからないモゴモゴした声になるのと同じだ。

二〇一五年、「依存症」関連とされる遺伝子（Ｒｓｕ１）がショウジョウバエから発見された。この遺伝子は人間にもある。この遺伝子は酔いの状態を引き起こし、それによって飲みすぎを抑制すると考えられている。

実にこの遺伝子がうまく機能しないショウジョウバエはアルコールを過剰に欲しがった。それまでの摂取量では同等の「酔い」を感じなくなっていったからだ。

もちろんこんな遺伝子は、アルコールがなければ無用の長物である。だが酵母などの微生物が糖を発酵させてアルコール分を含み芳香を放つ混合飲料に変えると、エネルギー補給のみならずきっと単なる享楽のために喜んでアルコールを消費する動物たちは、それを嗅ぎつけて引き寄せられてくるのだ。

この革命的な白亜紀の間に、新たな果樹や新たな昆虫、新たな恐竜に新たな酵母が数多く出現し、複雑に絡み合う生態系の相互依存関係を形成して、固く結びついていった。そして超大陸パンゲアが分裂し、その後何百万年という時間をかけて次第に七大陸を形成しつつ互いに離れて現在の配置になるまでに、植物と動物の組み合わせにそれまでとは違うレベルの複雑さが加わった。様々な植物相・動物相の集団が引き裂かれ、別々の進化の道を歩み始めたのである。

そんな白亜紀の終盤に、鳥類や有胎盤（胎盤を持つ）哺乳類、草本類に穀類、それから間違いなく新手の微生物類も（化石で確認された記録の数はあまりにも少ないが）、初めてこの世に現れた。酵母などの微生物は、ここで新しく加わった糖の供給源を大いに堪能してアルコールを生成した。そしてアルコール混じりの新発酵食の恩恵にあずかったほとんどの動物の間で、糖とアルコールへの愛着が深まっていった。供給側の植物は、見返りに昆虫や哺乳類から、それにおそらくはたまにやってくる空飛ぶ恐竜からも肥料をもらい、種まきも手伝ってもらったのだ。こうした共生、或いは相互扶助（もしくは植物と動物と微生物のダンスとさえ呼べるかもしれない）が、今日我々の身の回りで普通に見られる光景の基礎を築いたのである。

動物たちに乾杯！

ほとんどの動物が糖と同じくらいアルコールにも惹きつけられるのかどうかは議論の余地ありと言えど、両方避けるものはあまりいない。そして動物たちがアルコールで酔っ払ってしまう証拠事例は山のようにある。一例として挙げられるのは、ジャミー・ユイス監督の映画『Animals Are Beautiful People（邦題：ビューティフル・ピープル／ゆかいな仲間）』（一九七四年）の有名なシーンだ。まず南アフリカの象がマルーラの木から発酵した実を揺さぶり落とす。するとイボイノシシやキリン、インパラ、ダチョウ、様々な昆虫、ヒヒなどのいろんな生き物が次々とその騒動に加わり、皆地面に落ちた果実を取ってはむさぼり食らう。動物たちは足取りをふらつかせながらも明らかに酒宴に興じている様子で、しまいにはヒヒたちがいちゃつき始める。ユイス監督がアルコールのきつい酒を果実に仕込んで動物たちをわざとへべれけにしたという噂もあるとはいえ、動物たちのあんな挙動は、酔っ払っていたからに違いないのは誰も文句なしだ。

酔いどれ動物にまつわるとっておきの小ネタをいくつか持っている人も多い。特によく登場するのは鳥たちだ。コマドリやヒメレンジャクには、完熟した果実を食べたいだけ食べた挙句に酔っ払い、枝から落ちたり、可哀想に車のフロントガラスに激突したりしたものがいる。ニュースで報道された鳥もいる。例えば二〇一一年にドイツの道端で警察に保護されたモリフクロウだ。周囲の状況がまったく把握できていない様子だったこの鳥の傍らには、アルコール分の高いドイツの蒸溜酒シュナップスの空き瓶が二本転がっていた。明らかに泥酔していたものの、警察はアルコールチェッカーでの呼気検査はせず、地元の野鳥リハビリセンターに連行した。そこでたっぷり水を与えられたフクロウは、やっと酔いが覚めたところで森に帰されたという。もし恐竜が、現代に生きるその子孫（鳥類）と同じくらいアルコールの精神作用効果の影響を受けやすかったとすると、その結果どうなっていたのかは、想像にお任せする。

酒豪の霊長類、ツパイ

こんな笑い話の数々は、生物進化の道筋に基づくもっと系統的な研究によってちゃんと裏付けられ始めた。なにしろ有胎盤哺乳類の中でも我々の家族である霊長類は、強い酒をちびちび飲むことにかけては長い歴史を持つ。マレーシアに生息する「ハネオ・ツパイ」〔尾の先が羽のような、ネズミに似た小型哺乳類〕は、その起源を辿ると約五五〇〇万年前の中生代終盤にも遡り、もしかするとこの惑星最古の霊長類かもしれない。そしてこの生き物はアルコールに対するとんでもなく強い嗜好性を持ち、それをいとも優雅に見せつける。体の大きさはモモンガ程度で、暗闇でもよく見える丸く飛び出たような目を持つこの動物の主食は、何を隠そうヤシ酒（パーム・ワイン）だ。

ツパイは、糖度の高い蜜が一年中溜まり続けるブルタムヤシ（*Eugeissona tristis*）の花を発酵容器としてうまく活用している。暖かい熱帯気候では、花に棲み着く酵母がその中に溜まった蜜を急速に発酵させ、泡立ち豊かで香りも強烈なアルコール度数三・八％にもなるヤシ酒に変えていく。そしてツパイは、アルコール度数一二％のブドウ酒を九杯飲むのに匹敵する量のヤシ酒を一晩で舐めあげるのだ。これは我々の世界であれば、血中アルコール濃度の法定上限を遥かに超える量である。

不可解なことに、そんなツパイに酔っぱらった様子はまったく見られず、木に生えた鋭い棘を軽々と避けながら蜜の滲《にじ》み出る蕾《つぼみ》を次々に渡り歩き、その過程で授粉もしていく。我々人間はそんな凄い能力を遺伝的に受け継いではいないものの、ヤシ酒を見つけたら必ずそれを楽しむツパイの伝統は守り続けている。チンパンジーやその他の霊長類も、そういった飲み物が大好きなのはやはり同じだ。

酔いどれの猿、登場。

私と同じく学者を生業とするロバート・ダドリーは、著書『*The Drunken Monkey*（酔いどれの猿）』（Dudley, 2014）で、ホエザルはとんでもないアルコール好きだと誰もが納得しそうな事例を紹介している。パナマの人里離れたジャングルでパーム・ツリー（*Astrocaryum standleyanum*）の実が熟すると、この猿たちは夢中になってその実を貪り食う。そしてなんとワイン二本分に相当する量を二〇分で消費してしまうのだ。ダドリーの仮説によると、ホエザルにとってのアルコール摂取は単に酔っ払う以上の意味がある。鼻腔をくすぐるアルコールの香りを放ち、遠く離れた猿たちを誘い寄せるこの果物は、いろんな意味での栄養なのだ。例えば、アルコールが入ると猿たちは食べ物を分け合ったり、皆一丸となって助け合ったりして、より社交性が高まる。猿が何を考えているのかは知る由もないとはいえ、猿のゲノムや生理的な仕組みがヒトのそれと似通っていることを考慮すると、人類に関しては十分立証済みである脳内神経伝達物質の「快楽の連鎖反応」によって、気分が高揚しているのかもしれない。

ホエザルがやっとこんなむちゃ食いをやめるのは、この高糖度果実の季節が終わる時だ。しかし一年のうちほとんどの期間はアルコール摂取量が比較的低いため、ホエザルにアルコール中毒リスクはないという（実のところ、アルコールそのものは砂糖と同じくらい安全なのだ。しかし解糖によって生成されるアセトアルデヒドが蓄積すると、肝臓などの細胞を殺してしまう）。過剰摂取すると危険になりかねない物質も、ほどほどであれば良い方向に作用し得る、とダドリーは主張する。アルコール以外にも、コーヒーのカフェインやカカオのテオブロミン、トウガラシのカプサイシンなどに代表される植物アルカロイドを考えてみてほしい。こうした化合物は病原菌を撃退したり、がんなどの病気を防ぐ酸化防止剤として機能したりするほか、覚醒作用やその逆の鎮静作用もある。これは生物学的に言うところの「ホルミシス効果」（大量に用いると有害な物質が微量だと有益な作用をもたらす現象）だ。そして古代の霊長類やヒト科動物も特定の食べ物を入手できる時期のみアルコール摂取量過多となり、それ以外の一年の大半は概ね少量という通常の状態に戻っていたとすると、なぜ人類にはアルコール依存症になる人がいるのかの説明がつく、とダドリーは言う。つまり、アルコールを一年中好きなだけ飲める今日のような世界に対応し得る能力が、遺伝的に備わっていない現代人もいるのだ。

こんなホエザルの行動は、霊長類の世界ではさほど珍しくない。現代霊長類のほとんどにとって、食べるものの七五％以上を占めるのは果物であり、機会さえあればできるだけ発酵した果実を食べようとする。一例に、西アフリカのギニアに生息する野生のチンパンジーに関して二〇一五年に発表された研究がある。糖度の高いヤシ花蜜を採取するべく人間がヤシの木のてっぺんに設置した容器内で発酵してできたヤシ酒を、このチンパンジーたちは「道具」に仕立てた木の葉に染み込ませては飲んでいたのである。研究では、チンパンジーたちが一分間に何回木の葉を浸したのかを正確に記録した。さらに一日の異なる時間でのアルコール度数も調査し、正午あたりで約三％、夕方暑い時間では六％まで変化するのを確認した。結果は、オスもメスも一日中ほどほどに飲み、各個体のアルコール総摂取量はワインおよそ一本分であった。人間たちが邪魔をしに来ることはないと決め込んで、朝から晩まで飲み続けていたのである。ちなみに、一七年にわたる研究の間に酔い潰れたチンパンジーはたった一頭のオスのみであった。他の個体が一日かけて摂取するアルコール量の三倍を、三〇分余りで飲み干したらしい。さて、ヒトはチンパンジーと九六％のゲノムを共有しているため、次の質問を投げかけるのも至極妥当であろう。果たして我々の大多数は、この実験で圧倒的多数のチンパンジーが見せたような、ほどほどの飲み方をするのだろうか？

アフリカのチンパンジーに関してここ数十年の間に発表された別の研究のうち、特にコンゴ川流域の盆地で実施されたものには、バラエティに富む道具（ノミに似た木の枝、削って先を尖らせた棒、柔らかくしなる蔓、重たい木製の棍棒など）の使用が記録されている。そうした道具を、時には順番に使い分けながら、ハチの巣を叩き割って開いたり、あるいはもう少し上品にハチミツを掻き出そうとしたりしたらしい。いずれにせよ、大抵の場合そんなハチの巣は綺麗に舐めつくされてしまう。だが、チンパンジーが食欲を満たす間もなく暴風雨に見舞われたりすると、巣の中にいくらかハチミツが残るかもしれない。そしてもしそこに水が溜まれば、もともと棲み着いていた酵母が活発になってハチミツをミード《ハチミツ酒》に発酵させていく。その後再び戻ってきたチンパンジーは、その成果物を一口飲んだ瞬間に驚いたのではなかろうか。巣に戻って来たミツバチも、普段なら完熟果実を少し舐める程度のアルコール量なのに、それより多く摂取して思わぬ結果につながった可能性もある。ハチの運動能力がアルコールによって低下し、他の働きバチに蜜のありかを伝える尻振りダンスすらもできなくなるのは、既に研究で実証されているのだ。

古代人類も参入

アフリカにいた祖先たちには、我々と同じ生理学的傾向（生理学的な必然性と言えるかもしれない）があったため、きっと発酵アルコール飲料も同じく熱心に飲んでいただろう。しかし旧石器時代の証拠となり得るものは非常に少ない。なにしろ祖先たちの体の軟組織は跡形もなく消えている。とはいえどんなものを飲んだり食べたりしていたのかは、骨格の化石、特に歯の化石から推測できるのだ。

霊長類やヒト科動物の歯列は臼歯や犬歯が比較的小さいのが特徴で、その傾向は最古のケースである二四〇〇万年前の霊長類プロコンスルから、最も有名なヒト科動物のメスのルーシーになるまで変わらない。ルーシーは、約三二〇万年前の小柄なアファール猿人（アウストラロピテクス・アファレンシス）だ。エチオピアのグレート・リフト・バレー（アフリカ大地溝帯）で発見され、大半の骨がその原形をとどめていた。柔らかい食べ物に（もちろん喉を潤す飲み物にも）適したルーシーの歯は、果物を主食にする生物のものだと一般的に解釈されている。理由は、現代の霊長類の大半がそうだからだ。

確かに、霊長類は果物などの柔らかい食べ物を好む。だが、およそ二五〇〇万年前に森林が減少し、草食動物の大群を養えるほど草原地帯が拡大してからは特に、ヒト科動物の食生活において肉や穀類の重要性が次第に増していったのは否めない。リチャード・ランガムが著書『*Catching Fire*（邦題：火の賜物——ヒトは料理で進化した）』（二〇〇九年）で論じている通り、火を操って肉を焼いて柔らかくするようになったのも、果物中心の食生活と同じくらい霊長類の歯の説明として理に適うではないか、と反論する向きもあるかもしれない。しかし現在までの考古学的な記録に見られる竈《かまど》の存在は非常に稀で、最古のものでもたった四〇万年前程度だ。火を使った食品加工によって食べるものや得られる栄養素の幅は確実に広がるとはいえ、初期のヒト科動物に果物中心の食生活を変えさせるほどではなかったと思われる。また、食べ物や飲み物を柔らかくし、風味を加えて栄養価を高くするもうひとつのやり方、つまり昔ながらの発酵に取って代わりはしなかったのである。

考古学的証拠としての骨に対し、さらに一歩踏み込んだ調査もできる。頭蓋骨化石の内側を覗いて、脳の灰白質にある隆起（脳回《のうかい》）とシワ（脳溝《のうこう》）の一番外側から何か特徴的な跡が骨に残されていないか探してみるのだ。ゴムなどの柔らかい素材を流しこんで頭蓋内の型を取る、いわゆる「エンドキャスト（頭蓋内鋳型）」でこうした特徴が記録できる。その結果、他の霊長類ではそれほどでもないのに、初期人類の脳は我々のものに似ていたと判明した。とするとそんな脳は我々の脳と同じように機能したはずで、無数の身体機能を巧みに操って身を守り、種を存続させていったと考えられる。

感覚器官は生き残るためのツールになる。不確かで危険に満ちた世界に暮らしていた祖先たちは常に目を光らせ、植物やその他様々な自然の産物の中に、当時三〇歳程度だった寿命を永らえさせそうなものや、病を治すのに役立ちそうなものがないか探していたのだろう。主として視覚情報に頼るヒト科動物としては、イチジク、デーツ（ナツメヤシ）、バオバブなど、アフリカでたくさん採れる鮮やかな色の果物に惹きつけられたのではなかろうか。そんな果実はどれも皆発酵可能な糖分に満ち溢れている。それ以外にもハチの巣から滲み出る深い黄色をしたハチミツや、変わった見た目の花やハーブ、複雑に捻れた根、サバンナの草原など、色や形状が通常とは異なるものも気になったに違いない。どれもじっくり観察したり試しに食べてみたりせずにはいられなかったのである。

そういったものを実際に口に入れるには多少の度胸が必要だった。だが幸いにも、味以外の情報もあった。発酵した飲み物はどんな匂いがするのか、祖先たちは間違いなく知っていたと思われる。発酵中の自然産物独特の芳香とともに、鼻にツンとくるアルコール臭も感じ取れたはずだ。多くの動物たちにとってそんな香りを生む嗅覚化合物は、美味しくて栄養たっぷりの発酵物がすぐ近くにあるぞ、と高らかに知らせる招集ラッパさながらだ。

どんな発酵食にも発酵飲料にも、腸内での消化がしやすいという副次的なメリットがある。体内に取り込む前に酵母やその他の微生物が既に「事前消化」のステップを踏んでくれているからだ。そしてもうひとつ消化を助けてくれるものに、アルコールをエネルギーに変換するアルコール脱水素酵素の変種（ＡＤＨ４）がある。我々人間も含めた数多くの霊長類の口や喉や胃の中にあるこの酵素は、一〇〇〇万年前にもう存在していたと推定されている。消化管に棲息して我々と共生関係にある数多くの有益な微生物たちと同様に、この酵素もアルコール含有食品や飲料に対する祖先たちの消化能力を高めてくれたのだろう。

アルコールのほとんどは肝臓でエネルギーに変換される。そこではＡＤＨ１とＡＤＨ２という、酵母に備わる同名の酵素の親戚で、肝臓の代謝酵素の一〇％を占めるこのふたつがその作業を担う。そして食料（と発酵アルコール飲料）を永遠に探し求める我々を支えてくれるのだ。

このように、発酵には我々の生存を助け、味や香りなどの感覚的な要素を豊かにし、飲み物や食べ物を保存しやすくするなどの役割がある一方で、その全てを凌駕するアルコール飲料の必殺技は、その精神作用だ。いろんな薬物が溢れる現代の我々は、古の時代にアルコールがどれほど強く人々の意識に影響を及ぼしたはずなのかを過小評価する傾向がある。アルコール飲料を飲むと、重要な神経伝達物質（ドーパミンやセロトニン、加えてベータ・エンドルフィンやエンケファリンのようなオピオイド化合物など）が脳内に放出されて全身を駆け巡る。こうした物質が「快感の連鎖」を引き起こす。最初に起こるのは軽い刺激を与えるインパルス（電気信号）だ。実際の体験は人それぞれとはいえ、一般的にはいろんなアイディアが浮かびやすくなったり、人とのコミュニケーションが取りやすくなったりしたように感じ始める（本当にそうなっているかどうかは別として）。ところがさらに飲み続けると、アルコールの持つ鎮静効果の方が強くなっていく。思考がますます混濁し始め、時には幻覚症状を引き起こす。はじめは難なく動かせていたはずの体の動きも次第に怪しくなり、筋肉をうまくコントロールできなくなる。そしてついにはカタトニア（緊張病）による昏迷状態になることもあり、死にすらも至るのだ。

太古の祖先たちは世界の仕組みについての理解も限定的で、手に入るアルコール飲料も遥かに少なかったため、心と体に影響を及ぼす力にきっと恐れ入ったであろう。特に人の心の隠された部分にまで入り込んだりすると、とてつもなく神秘的で魅惑的なものに映ったかもしれない。

ヒトはなぜ酒を飲むのか?

私が提唱したいのは、初期のヒト科動物の存在や社会における発酵アルコール飲料の位置付けが、おそらくは単なる味やちょっとした精神作用成分のために好まれていた程度のレベルを遥かに上回っていた、という説だ。そのためには一歩下がって、古代人間社会におけるアルコールの役割について、もっと幅広い視野で捉えてみる必要がある。

それでは上述の「酔いどれの猿説」を踏まえて、さらに内容を積み上げた「旧石器時代の仮説」を説明しよう。旧石器時代に関する数少ないデータから組み立てたこの仮説においては、世界中どこにでもあって人工合成薬開発のずっと前から効力を発揮していたアルコール飲料を、人類にとっての万能薬や秘薬と捉えるべきだと考える。例えば、アルコールは消毒薬であった(歯の状態がボロボロだった初期人類のマウスウォッシュになったかも?)。また、適度な摂取量であればがんやコレステロールを抑える物質として機能したはずなのもわかっている。さらに、薬効のある植物エキスの塗り薬が必要だった時には、水よりもアルコールの方がハーブなどの植物成分を溶かし込みやすかったはずだ。こういった魔法の薬(というか本質的には超絶発酵アルコール飲料そのもの)は、きっと直接飲んだり皮膚に塗ったりして、簡単に処方もできたと考えられる。

アルコールをベースにした万能薬は、古代の薬局方〔医薬品の規格基準書〕や現代まで伝わる伝統薬に数多くみられる。それは多分、旧石器時代の祖先たちが行なっていた医療的な対処法に端を発しているのだろう。当時の祖先たちも、発酵アルコール飲料を飲む者の方が有害微生物の潜む生水を飲む者より長生きするとか、子孫をより多く残すとかの気づきを得ていたのかもしれない。

さらに発酵アルコール飲料は、警戒心を取り払い、会話や協力を促して、最古の狩猟採集社会を団結させる「人間関係の潤滑剤」の役割も果たしたと考えられる。例えばケナガマンモスを追いかけて捕らえたり、なんとか食いつなげるくらいの木の実や果実を集めたりといった大変な一日の終わりに、きっと日常的な生活の苦労も癒してくれたであろう。今で言えばちょうど近所の酒場や、食事会や祝いの場などの和やかな雰囲気のような感じで、生きている喜びに酔いしれさせてくれたに違いない。

だが先史時代において、仲間と一緒に生活したり飲んだりするこんな試みは、これ以上発展しなかった。理想的には十分な食料（アルコール飲料造りに使える発酵可能な自然産物も含めて）を一年中確保できる手段が必要だったのである。大規模に植えて生産量と確実性を上げるなら、明らかに狙うべき作物は果物や穀草だった。また穀類には、穀粒を乾燥させて後日使うまで容易に保存できる利点もあった。

しかし祖先たちが園芸家あるいは農民となり、作物を植えて世話をし、収穫物を処理して貯蔵する一連の作業をこなすには、定住して年中ずっと一緒に過ごす共同体が必要であった。また果樹園や田畑の近くに居住して、作物を守り育てるのも可能になった。ここからの章で触れていく通り、この新たな自給自足戦略の結果生まれたのが食糧の過剰生産であり、そこから共同体の巨大化・複雑化につながっていったのである。そして超絶発酵アルコール飲料はこうした発展の中で重要な役割を担ったのもわかるだろう。アルコール飲料は都市や神殿建設の原動力となっただけでなく、さらにもっと深く我々の想像力の炎を燃え上がらせる力にもなり、言語や物語、音楽、舞踏などの様々な芸術や、宗教の創造と発展にも貢献したと考えられる。こうした創造物は全て人類独特のものだ。

太古の人々は発酵の過程そのものにもきっと驚いたであろう。果物やハチミツ、樹脂や噛んだ後のデンプン質など、あらゆる種類の甘い物質が液体になると、その次に起こる出来事はまるで魔法さながらだ。そんな液体は酵母が発酵を起こすのに完璧な媒体である一方、発酵を起こす微生物は肉眼では見えない。それでも微生物の活動は誰の目にも明らかだ。二酸化炭素の気泡がわけもなく液体の表面に勢いよく湧き上がっているのだから。

もしこの発酵が、何らかの原始的な器（例えば木製や草編み、または動物の皮製など）で行なわれていたとしたら、きっと祖先たちはもっと目を丸くしたであろう。中に溜まったガスで器が震えたり、前後に揺れたりしたかもしれない。普通では説明のつかないこんな動きは、周りに存在する何かとか、超自然的な力がその威力を発揮しているからだと思わせたとしても無理はない。そしてそんな現象は、その最終成果物を飲んだ時の精神作用によってますます説得力を増すのである。

実のところ、発酵における酵母の役割が科学的に正しく理解されるまでには、かなり長い時間が必要だった。アントニ・ファン・レーウェンフックが顕微鏡を使ってやっと初めて酵母の観察をしたのは一七世紀で、人類の祖先が地球上をうろつき回り始めてからもう何百万年も経っていた。それほどの時間を経ても、当時の化学者たちは酵母が中心的な役割を担って糖をアルコールと二酸化炭素に変換しているとは信じようとせず、非生物的な理由のせいだと熱烈に主張していたのである。

今日発酵アルコール飲料には何かとネガティブなイメージが付きまとう。だが古代世界から現代までのいつの時代を見ても、人類は優れた創造性を発揮して発酵アルコール飲料の作り方を編み出し、それを文化や宗教に取り入れてきたのだ。そんな様々な「発酵アルコール飲料文化」においては、日々の食事や社交行事から、成人の儀式や大きな祭りのような特別な祝典まで、人の誕生から死までのありとあらゆることが発酵アルコール飲料を中心に繰り広げられる。そしてここからの章で、西洋の宗教においてはブドウのワインが小麦や大麦のビールを抑えて勝利し、古代中国では米やキビ・アワなどで作る酒が崇められ、コロンブス以前のアメリカでは発酵カカオ飲料がエリート階級の飲み物として選ばれていった様子を見ていく。

人類発祥の地であるアフリカには、タカキビ（ソルガム）やアフリカのミレット（トウジンビエやシコクビエ）のビールに、ハチミツ酒やバナナワインやヤシ酒など、現代の酒文化が今なお満ち溢れている。そんな発酵アルコール飲料は単なる日常生活の一部であるにとどまらない。アフリカ大陸のどこでも宗教の中核に据えられており、大まかに特徴付けるならシャーマニズム的なものと言えるだろう。シャーマンの役目や役柄は、宗教的・政治的な権力を体現したものであり、その歴史はおそらく旧石器時代にまで遡る。そんな「不思議な力を持つ者」はずっと、発酵アルコール飲料を最も熱心に作ったり飲んだりする者だったのではなかろうか。それはきっと精神を変容させる体験にアルコールが必要だったからだ。もしくは医者のように、病に適した薬草を処方したり、それをアルコール媒体にどう混ぜてどう使用すればいいかを説明したりもしたかもしれない。あるいは司祭として祖先の霊や目に見えぬ力を呼び覚ましたり、儀式を取り仕切る者として共同体の安泰と永続を保証したり創造活動を促進させたりした可能性もある。サム・カラジョーネは、まさにこうした先史時代の酒造シャーマンが現代に蘇ったいい例だ、と私はよく言う。

発酵アルコール飲料文化が世界中に存在している理由、また先史時代の祖先と現代の我々が似通っている理由を説明しようとすると、この「旧石器時代の仮説」の主張内容こそが我々の肉体的・文化的な有り様を今日の姿に仕立て上げた中心的動力だったのだ、といずれ明らかになると信じている。つまり、発酵アルコール飲料は人間として生きる上で不可欠なのだ。残念ながらそんなにも遠い過去からの説得力ある証拠は今のところどの考古学者も化学者も、そしてその他様々な研究者たちの誰も入手できないでいる。理由は簡単だ。旧石器時代に使われた発酵アルコール飲料用の容器など、ひとつとして見つかっていないからだ。きっと保存の効かない有機性の素材で作られていたため、時とともに朽ちて消滅してしまったのだろう。しかしいずれは今よりもっと精密な科学技術がこの手詰まり状態を打開し、大いなる発見に繋がるはず、との望みはまだ捨てていない。

アルコールを飲むという行為は、もう最初から文字通り我々の遺伝子に組み込まれていたに違いない。祖先であるヒト科動物と現代の我々との間にこんなにも幅広い生理的共通点があるのも、それで説明がつく。加えてアルコールには保存、栄養、社会宗教、薬という観点でのメリットもあるのだ。ならば、我々の祖先が多分史上初の生物工学を行なって、やがて発酵を思い通りに操れるようになったとしても別におかしくはないではないか？

意図的な発酵アルコール飲料づくりは、おそらく偶然の観察に端を発し、その後本能的なひらめきを現実化したものと思われる。例えば初期人類がなんらかの原始的な器に完熟果実を詰め込んでおいた数日後、底に溜まった汁は上の果実となにやら違った香りや味を帯び始めたと気づいた。そして飲んでみると、この果実酒のおかげで気分や感覚が変容した、という感じかもしれない。

あるいは、ハチの巣のあった木が腐って倒れ、その後雨が降った。すると希釈されたハチミツに棲んでいた酵母が活発になって、ハチミツをミードに変えた。そこへやってきた初期人類が一口飲んでみて、その成果物に感動した、とかだろうか。もしくは、ある日男性か女性（後の章を読めばわかる通り、可能性として高いのは女性）が野生の穀類を噛んで吐き出した。するとヒトの唾液に含まれる酵素が炭水化物を糖に変え、そこに甘い液体を求めてさまよっていた微生物がやってきて、その糖を発酵させた。そしてビールとなった液体を、やはり新しいことへの挑戦を厭《いと》わぬ者が飲んでみて、ご多分に漏れずその成果物に感動した、という可能性もある。

発想力のある者はここからさらにもう一歩踏み込んで、果実やハチミツ、咀嚼した根などを意図的に集め、発酵をコントロールしやすい特別な容器も準備したのではなかろうか。そしてうまくいくよう願ったことだろう。発酵を起こすかどうか、またその発酵を持続させるかどうかは、全て神（というのは「酵母」）の胸ひとつなのだから。

超絶発酵アルコール飲料とは何か？

こうなると、アフリカにいた初期人類の祖先たちが身近で採れた野生の果物、ハチミツ、咀嚼した穀類や根、ありとあらゆるハーブやスパイスなどを使って、恐らくワインやビールやミード、そして何といっても超絶発酵アルコール飲料を作っていた、と仮定するのに大胆な発想の転換など必要ないだろう。

しかし、超絶発酵アルコール飲料とは一体何で、なぜこの概念が我々の物語においてそんなにも重要なのか？　まず、超絶発酵アルコール飲料とは、手元にある材料を何もかも一緒くたに混ぜ合わせて発酵させたものので、そこにはなんの制約もない。こんな飲み物は、使う材料や作り方も含め、現在我々の考えるアルコール飲料の定義の枠を押し広げる。古代の初期人類としては、糖分や酵母の量を増すことでアルコール度数を上げたかったのかもしれない。そのためには自然界で採れるものを種類豊富に（例えば特別なハーブとハチミツと果物と咀嚼した穀類、など）とにかく混ぜ合わせてみるより他にいい方法があるだろうか。当時、糖や酵母が何なのかはさっぱりわかっていなかったとしても、ある特定の材料を一定量使えば一番うまくいく、と経験則で発見していたとも考えられる。この組み合わせの味わいと香りが素晴らしいとか、あの組み合わせだとこんな病気にかかりにくい、などの気づきもあったのかもしれない。もしかするとまったく何の根拠もない思い込みだったり、何か魔法のような効力があるはずと信じられていたりした可能性もある。理由はどうあれ、イチジクのみとか、野生の穀物一種類とか、ヤシの蜜だけというような、単一素材ベースの単純なワインやビールやミードでは満足できなかったのだ。

それより狭い定義の発酵アルコール飲料が発達してきたのは比較的最近になる。それは人類が一年を通して同じ集落に定住し、集落が都市になり、分業によって役割が専門化してきた間の話だ。専門化したのは発酵アルコール飲料の作り手も同じであり、そこからさらに特定の飲料へと範囲を狭めていったのだ。ビール醸造者にとって、こうした風潮の極みはドイツのバイエルン地方で制定されたラインハイツゲボット（ドイツ語、「純粋令」の意）であった。この法律の元となった概念が規則として初めて発布されたのは一四八七年一一月三〇日で、この時ビールの原料には水、大麦、ホップのみを使用すべき、と規定された。その後酵母が発見されると、酵母もリストに加えられたのである。代わりに姿を消してしまったのは「グルート・ビール」（6章）に用いられ、ヨーロッパ大陸では中世の時代から使われていた個性的な野生のハーブ類（セイヨウヤチヤナギ、セイヨウナツユキソウ、野生のローズマリーなどの土着種）であった。

超絶発酵アルコール飲料を作ろう

超絶発酵アルコール飲料は現在アメリカで大ブームとなり、今やその波は世界のあちこちで勢いを増している。しかしサムと私が「ミダス・タッチ」（2章）を作って世に送り出す冒険の旅に乗り出した二〇〇〇年頃のアメリカのビールは、どれもこれも薄味で味気ないものばかりだった。革命的に変わったのはここ一五年間の話で、アメリカでは二〇一六年だけでも毎日二つ以上の新たなビール醸造所が開設されている。そんな新参醸造所の多くを率いるのは、パワフルなＩＰＡや酸味の強いベルギービール、漆黒のスタウトなどで腕を磨いた自家醸造家たちだ。大手ビールにありがちな、喉を潤すにはまあいいとしても超絶発酵ビールの持つ魅力や興奮がまるでない既存の枠を、この連中はあえて打ち破っていく。醸造ケトルに躊躇なく何でも投げ込むのだ。サムは、このビール・ルネッサンス《古典復興》の波のまさに最先端にいた。一九九五年にドッグフィッシュ・ヘッドを創設して以来、果物・穀類・ハーブ・スパイスなど、誰でも思いつくような材料はほぼすべて使用済みだ。様々な種類の木を使って熟成させるやり方も既に試している。さらに、我々が協働プロジェクトを開始する前にもうエチオピアのタッジやフィンランドのサハティ（６章）など、サムの独自解釈で古代発酵アルコール飲料の再現にすら挑戦していたのである。その発想力と実験意欲には際限がなく、まさにそうでなくては超絶発酵アルコール飲料の作り手とは言えない。

　真の古代超絶発酵アルコール飲料を作ろうとする試みは、いずれの場合も多くの困難が伴う。古代の材料や醸造方法の合理性を学術的にきちんと説明できなくてはならないのはともかく、そもそも本物に忠実な再現あるいは妥当なレベルの模倣を造るには、まず次の難問が立ちはだかる。「この醸造ビールで活発に活動したのは、果たしてどの微生物だったのか？」という問題だ。発酵アルコール飲料の味わいと香りのほとんどは、酵母などの微生物によって決まる。だがＤＮＡ技術のような超高感度の顕微鏡技術や化学技術を使って古代飲料に含まれる微生物を正確に割り出せるようになるには、まだ時間がかかりそうだ。

　地球上のどの場所にも土着の微生物叢があり、そこで微生物たちは互いに仲良く（時には好戦的に）共生しながら（そして争いながら）生きている。中国の米ビール（３章）の色合いですら、どの微生物がそこでのニッチ（生態的地位）を獲得するかで変わるのだ。しかし各地にどんな微生物がいるのかの科学的サンプリング（標本抽出）やその解説は、現存する微生物でもまだ始まったばかりで数えるほどしかないのに、過去の深淵に埋もれてしまっているものなど言うまでもない。よって、古代発酵アルコール飲料を醸そうとする者は時に現地の「土着」酵母を捕獲したり（4章）、当時存在したと思われる酵母の候補を現在から遡って作り出したり（5章）、古代環境での微生物社会に近い状態を現代の酵母株で再現してみたりと、その都度機転を利かせなくてはならない。例えば「クヴァシル」（6章）の再現で酸味をより強くしたバージョンを作ろうとした時には、ベルギーの様々なランビック・ビールに棲む複数の微生物をアッサンブラージュ（ブレンド）する方法を選んだ。それは再現の元となった飲料証拠の出自であるスカンジナビアやスコットランド極北の微生物には、匹敵する酸味を出せるものがなかったからなのである。

ランビック・ビールは、古代微生物に狙いを定めた研究で一体何ができるのかをわかりやすく見せてくれる。とはいえそれは、この分野の研究に打ち込む精鋭科学者集団が身近にいればの話だ。ランビック・ビールが一体いつ造られ始めたのかは誰にもわからない。だがこのビールに使われるいくつかの原材料（ヨーロッパ土着のベリー類やチェリー類など）やランビック用の大麦・小麦、それに何より二〇〇〇種以上にもなる微生物類は、ブリュッセルを流れるゼンヌ川流域にしか存在しないものが多く、ラインハイツゲボットの型にはまったその他ヨーロッパのほとんどのビールとは一線を画す。ただし、アジア系のスパイスや黒糖、またバナナやあんずやレモンなどの果実を使っているのは、比較的最近のものだ。

中国の米ビールと同じく、ランビック・ビールはその環境に息づく微生物を自発的に定着させて発酵させる。こうした微生物は古い醸造所の垂木《たるき》天井で繁殖し、仕込みの終わった寒い時期に蓋のない木製発酵槽に落ちてきたりする。または昆虫の体に付着して連れてこられるものもあり、そんな昆虫はモルティング（発芽穀粒作り）か、マッシング（穀類の糖化を促す煮込み）時の穀物炭水化物の酵素分解から生み出された甘いワート（糖化した穀類の汁）に誘われてくるのだ。その後二〜三年間、発酵槽から発酵用樫樽、そして熟成樽へと移っていく間に起こる出来事はもう驚異的としか言いようがない。微生物同士の死闘と捉えるよりは（その通りでもあるのだが）、むしろまるで緻密に演出された微生物たちのダンスのようだ。まずエンテロバクター（菌）属（*Enterobacter* spp.）という名の通り、動物の腸内で主に活動する菌が最初に増殖する。しかしすぐさまペディオコッカス・ダムノサス（*Pediococcus damnosus*）に取って代わられ、さらに別の様々な細菌群が続く。そこからアルコール度数が上がるにつれていなくなっていく菌の隙間を、サッカロマイセス・ウバルム（*Saccharomyces uvarum*）やデッケラ・ブリュッセルンシス（*Dekkera bruxellensis*）、S・セレビシエ、S・バヤヌス（またはパストリアヌス *pastorianus*）などが次々に埋める。そんな発酵一年目の最後は、ブレッタノマイセス（*Brettanomyces*）やペディオッカス（*Pedioccus*）、ラクトバシラス属（*Lactobacillus* spp.）の菌が増えていく。その後ついにアセトバクター属（*Acetobacter* spp.）が現れて、ランビックの特徴的な酸味をつける。そしてこの最初から最後まで、様々な芳香族化合物が繰り返し生成され続けて、自然の味わいと香り溢れるビールができあがるのだ。

たった一地域で繰り広げられるこんなにも複雑な過程とこれほどまでに多彩な微生物の関わりが、ランビック・ビールの歴史の古さを十二分に物語っている。とはいえこんな微生物ダンスに自分の出番を見つけようと、時折他地域からも別の酵母や菌が入り込んでいるかもしれない。

超絶発酵アルコール飲料の聖杯を探して

究極の超絶発酵飲料の再現とは何か、と尋ねられたら、きっとこれまでに見つかっている白亜紀の考古学的証拠を元に描き出す「恐竜ビール」、あるいは狩猟採集時代の「旧石器ビール」と答えるだろう。

近年、S・セレビシエの中にアルコール・デヒドロゲナーゼの先祖遺伝子（AdhA）と思われるものが見つかった。DNA研究者たちはこの古代版の塩基配列を解明するや否や、すぐさまS・セレビシエの現代版の遺伝子にこの先祖版を（Adh1とAdh2のコピーとして）置き換えて、「恐竜」酵母とでも呼べそうなものに作り直したのである。この研究者たちはその酵母でビールまで作ってみて、それなりに成功したらしい。そしてサムと私がこの酵母を使ってみるのを期待して、我々にもその復元酵母のサンプルを送ってきた。この酵母は今ドッグフィッシュ・ヘッドの酵母資料庫に冷凍保存されており、我々が真の古代エールを造るべく、その酵母を蘇生させるかもしれないその日を待ち続けている。

だがここであまり興奮する前に、まずは恐竜も堪能した可能性のある白亜紀の超絶発酵アルコール飲料としてありえそうな原料のリスト、別名「グレイン・ビル」（現代ビール醸造家の使う専門用語で、初期糖度計算の公式に当てはめる材料リスト）を考えるべきだ。しかしそんな飲み物を分析できる試料など未だ発見されておらず、もしかすると永遠に見つからないかもしれないので、当時アフリカにあったはずの材料を基にリストを組み立てねばならないだろう。恐竜は、その子孫である現代の鳥類が好むのと同じような果物やハーブや花などの植物が好物だったはずだ。とすると、これまでに見つかっている化石記録と白亜紀以降の植物考古学的な証拠を検証し、白亜紀に出現した植物相で先史時代や現代の種の祖先であったものの手がかりは得られる。

我々に託された復元恐竜酵母に相当する当時の酵母が実際に発酵させたであろう材料として、その酵母と同じ場所に存在したものは何で、たまたま紛れ込む可能性のあったものは何かを判断するには、これまでの経験と知識に基づく推測に頼るほかない。現実は上述の映画『ビューティフル・ピープル／ゆかいな仲間』と似たような展開だったのではなかろうか。まず、象の代わりに恐竜が完熟果物を地面に叩き落として、果汁の水溜まりができる。次に近くに生えていた木の樹液が、その果汁の泉に染みわたる。そして地面を覆うハーブ類が踏みつけられて、果汁と樹液の混合液に風味をつける。今度はその混合液を試飲しにきた昆虫が微生物を植えつけ、発酵が始まる。最後にツパイの親戚で好奇心旺盛な原猿類がたまたまそこを通りかかり、その成果物を舐めて驚く、みたいな感じだろうか。しかし今のところは、白亜紀の発酵の過程やアルコールの飲まれ方がどうだったかをいくら描き出してみたところでまるっきりの推測にすぎず、事実には程遠いままだ。

旧石器ビールの再現も、こんな恐竜ビールの復元と同じくらい難しいだろう。だがもし実現すれば飛躍的な前進だ。何と言っても我々の種族が地球上で過ごしてきた時間の九九％以上は旧石器時代なのだ。サムと私は我々の再現ビール「タ・ヘンケット」（4章）でそんな飲み物にちょっとだけ挑戦してみた。しかし本格的なものを蘇らせるには、これまでより遥かに信頼のおける考古学的・科学的データが必要になる。

何らかの古代発酵アルコール飲料を再現できる見込みは現代に近づけば近づくほど上がる。その点は、フランスのブルゴーニュとシャンパーニュ、そしてドイツのミュンヘンを基盤とする研究者たちが、並外れて長期熟成されたシャンパン（ナポレオンも好んだ発酵アルコール飲料だ）に関する画期的な論文（Jeandet et al. 2015）で見事に示してくれた。最新鋭の化学技術を使って解析されたこの液体試料は、バルト海にあるフィンランド自治領オーランド諸島沖で一八四一年に沈没した船の積み荷だった主要シャンパン・メーカー数社（ヴーヴ・クリコ・ポンサルダン、エドシック、ジュグラー）の、コルク栓で封じられていたボトルから採取されたのである。

一九世紀の祖先たちは、辛口を求める現代の傾向とは大きく異なり、かなり甘口のシャンパンを明らかに好んでいたのだと、この研究で詳しく報告された。また、見つかった一六八本のボトルは一七〇年間海底に眠っていたにもかかわらず、中身が酢に変質したものはほぼ皆実であった。現代と同じくこのシャンパンには亜硫酸塩が加えられており、添加の度合いもほぼ同じくらいだったという。

そしてこの研究者たちは、発見されたシャンパンの究極の検証を行なった。テイスティング、つまり味見である。貴重な試料の破壊だと非難する声もある一方で、これほどたくさんの宝の山があり、味わってみたのはそのうちほんの少し（三〇マイクロリットル、つまり三〇ミリリットルの一〇〇〇分の一）であれば、その損失は代わりに得られた情報で十分正当化できるはずだ。おかげでわかったそのシャンパンの味や香りは「獣臭」「濡れた毛」「還元臭」（酸欠により発生した硫化水素の放つ香り。強すぎると硫黄や腐った卵のような臭いになる）といった匂いのほか、時には「チーズっぽい」アロマや風味も感じられたらしく、それは化学的に検出された数々の芳香族化合物に由来するのかもしれない。「チーズっぽさ」は、おそらくマロラクティック発酵（今日でもほとんどの白ワインで行なわれている）が不完全だったためであろう。そしてラクトン類の存在は、このシャンパンが樫樽で熟成されたことを証明している。

古代酒とは言わないまでも、なかなかに古い発酵アルコール飲料の科学的全体像をこれほど詳細に描き出したのはこの時が初めてであった。この論文共著者のひとりでミュンヘン工科大学のフィリップ・シュミット＝コップリンとは、私が次回訪問する際にこの神秘の液体を「ドッペルドロップ」（「ダブルショット」の意味で、六〇マイクロリットル）分ほど飲ませてもらう約束になっている。そこにある機器も、紀元前三二五〇年頃のエジプト最古のワイン（4章）に関する我々の研究で活躍してくれた。今度は本当に古代の、白亜紀もしくは旧石器時代の発酵液体の試料を発見して、そこにどんな情報が秘められているのかを科学的に検査してみればいいだけだ。

とはいえそんな恐竜ビールや旧石器ビールの再現はまだまだこれからなので、まずはペアリング料理をひとつ提案するにとどめよう。ベロキラプトル（小型恐竜）の煮込みなどいかがかな？

2章　ミダス・タッチ

中東の王にふさわしきエリクサー《神秘の妙薬》

シベリア
新疆ウイグル自治区
タクラマカン砂漠
河西回廊
敦煌
寧夏省
山西省
両城鎮遺跡
台西
黄河
黄土高原
拡大図参照
渭水
西安
賈湖遺跡
揚子江
浙江省
馬王堆漢墓
ヒマラヤ山脈
ガンジス川
メコン川
西安～賈湖地域拡大図
黄土高原
柿子灘遺跡
安陽
黄河
白水
黄河
宝鶏
渭水
鄭州
西安
米家崖遺跡
賈湖遺跡

【凡例】
都市・州・省・村などの地名
遺跡・国立公園名
地形・特定地域名
再現の鍵になった場所
イスタンブール
コーカサス地方
フェルガナ盆地
アレニ村
パミール高原
ハジ・フィールズ
アナトリア半島
アンカラ
トゥル・シャルキン
［コルサバード］
ゴルディオン遺跡
モースル
ヒラゾン・
タハティート遺跡
ゴディン・テペ遺跡
オハロII遺跡
インダス川
シナイ半島
ヨルダン渓谷
ネゲヴ砂漠
紅海
アフリカ大地溝帯
バブ・エル・マンデブ海峡

超絶発酵アルコール飲料を発見し再生する私の冒険の旅は、ひとつの墓から始まった。それはトルコ中央に位置する首都アンカラから南西に七六キロメートル離れたゴルディオン遺跡の、ミダス王墳墓だ。ペン博物館は、このゴルディオン遺跡で一九五七年以来ずっと今も、世界中の考古遺跡を見渡してもあまり例を見ないほど集中的な発掘調査を続けている。そこはゴルディオンという名が匂わす通り、「ゴルディアスの結び目」〔非常に複雑な結び目で、それを解いた者がアジアの王になると予言された〕をアレクサンドロス大王が一刀両断にし、予言通りアジアの覇者になったと語り継がれる場所だ。伝説によると、その複雑な結び目を結び付けたのは他ならぬミダス王その人だという。そしてまさにその名を持つ王が、アレクサンドロス大王より四世紀近く前にこの地に実在したのである。

ギリシア人がやってくるまで、この都市はフリギア人の首都だった。フリギア人はインド・ヨーロッパ語族に属し、ギリシア北部かバルカン地域に住んでいた人々の子孫と言われる。そんなフリギア人が北西方面からアナトリア半島に移り住んだのはおそらく紀元前一千年紀初頭、ちょうど現在のトルコに当たる地のほぼ全域を支配していたヒッタイトと、エジプトやメソポタミアのカッシートといった青銅器時代の偉大な帝国の数々が崩壊した後の、激動の時代であった。権力の空洞化につけこんで、フリギア人や「海の民」〔紀元前一二〇〇年頃の動乱の時代に東地中海域で破壊・略奪を行なったとされる系統不明の民族〕などの様々な他民族がなだれ込んできたのである。現在中東で起きているトルコ人、クルド人、シリア人、イスラム国などの様々な宗教や政治的な集団による領土紛争は、何千年も繰り返されてきたことの再演に過ぎない。登場人物が入れ替わっただけで、物語はまるで同じなのだ。

ホメロスの叙事詩『イリアス』の中でギリシアからトロイアを守る戦争に加わったと語られるフリギア人は、トルコ中心部の高台に定住した。その後紀元前一千年紀初期の間にだんだんと王国を確立し、ゴルディアス王とミダス王のふたりの時代に最盛期を迎える。しかしその頃フリギアは、ギリシア・アッシリア・ウラルトゥに加え、キンメリア人やスキタイ人として知られる中央アジアの荒々しい遊牧騎馬民族など、四方八方の周辺勢力から常に戦いを挑まれていた。そしてこれはおそらく作り話と思われるものの、ミダス王がキンメリア人による襲撃の最中に牛の血を飲んで自殺を図ったというローマ時代の物語もある。

その後フリギア王国はペルシア・ギリシア・ローマとの戦いで敗れた代償に次々と領土を失っていった。それでもその国の人々は発酵アルコール飲料、とりわけミードの優れた作り手としての名声を、一世紀頃までずっと博し続けたのである。

墓は開かれた

ペン博物館の六〇年以上にわたる発掘調査により、フリギア王国の宮殿・城壁・城門や無数の墓など、ゴルディオン遺跡の大部分とその周辺が明らかにされてきた。中でも一番壮観な墓は宮殿のすぐ傍にあるミダス王墳墓である。高さ四五メートル程度に盛り上げられたこの古墳は、王の墓に相応しくこの場所で最も目立つ。一見自然にできた丘と勘違いしそうだが、土と石を何層にも重ねて人工的に造られている。エジプトのピラミッドと同じく、高名な人物の墓だと誇示しているのだ。

ペンシルベニア大学の発掘調査隊は、墳丘の中腹にトレンチ（溝）を掘ってこの墓を発見した。丘の中心部あたりで固く閉ざされた丸太づくりの部屋に行き当たったのである。これは原形を保ったままの木造構造物としては世界最古のものだ。

丸太を二重に組んだその部屋の壁を調査隊が切り開いたとき、まるでハワード・カーターがツタンカーメンの墓を初めて見た瞬間にも似た、驚くべき光景が目前に現れた。そこには正常に老化したと見受けられる六〇歳から六五歳くらいの男性の遺体があったのである。その遺体は厚く積み重ねられたフェルトと、古代中近東では王族の色とされる青と紫に染め抜かれた織物の上に横たわっていた。そして驚いたことに、これまでに発見された中で最大規模の、ありとあらゆる道具全てを網羅した鉄器時代の酒宴用具一式とともに埋葬されていた。大小の釜に大小の水差し、一リットルと二リットルの酒杯（後者は恐らく位の高い人物か大酒飲み用だろう）など、その数およそ一六〇点にも上るこうした青銅製酒宴用具は、この後で紹介するとても特別な飲み物を、王に捧げる最後の葬宴で振る舞うために使われたのである。

しかし、この部屋に眠るこの人物は一体誰なのか？　墓の壮大さと豪華な副葬品から考えると、唯一あり得るのは王族の一員、恐らくは王その人である可能性が高い。酒器をはじめとする工芸品の様式から判断して、埋葬されたのは紀元前八世紀後半と思われた。ちょうどミダス王がフリギアを統治していた頃だ。同時期のアッシリアにおける記録では「ミタ」と称されているミダス王は、この地域一帯を巡って二国間で覇権争いをしていたアッシリアにとって常に厄介な存在であった。発掘隊は当然この伝説的な王の墓を見つけたと思っていた。しかし最近になって年輪年代測定法で割り出した木材の年代から、この墓は紀元前八世紀でもミダスより早い時期に作られたと推定された。とすると、これはミダス王の父で、本人も十分有名なゴルディアスかもしれない。

この遺体はミダスであれゴルディアスであれ、後に我々の分析した飲料残渣も含めた様々な証拠から、王らしく死後の世界へ送り出された様子がうかがえる。まず墓の近くに遺体が正装安置されて、王国各地からこの有名な王を弔うべく人々が集まった。そしてアイルランドの通夜のように、酒とごちそうを振る舞う葬宴で一連の行事が締めくくられた。それから遺体を墓に下ろして残りの食べ物や飲み物も一緒に葬り、王を永遠に

（あるいは少なくともその後二七〇〇年間）支える糧としたのだろう。

仮にこれがミダス王の墳墓なら、一六〇もある副葬品のどれも黄金製でないのは不可思議だ。「黄金の手（触れるものを全て黄金に変える力）」を持つと言われる支配者が、黄金の工芸品をひとつも持たされずに葬られるなどどうしてありえよう？　オウィディウス作の『メタモルフォセス（変身物語）』に書かれたミダス王の物語はこうである。ある日ワインの神ディオニュソスの供でシレノスという年老いたサテュロス（神話に登場する半人半獣の精霊）が例によって酔いつぶれていたので、ミダスは親切に介抱してやった。そのお礼に、ディオニュソスはミダスの願い事をひとつだけ叶えてやることにした。そして強欲なミダスは、自分が触れたものを全て黄金に変えられる能力を望んだのである。しかし食べ物や飲み物までも全て摂取不可能な金に変わってしまうため、餓死しそうになったミダスは、元通りにしてくれとディオニュソスに懇願する。頑なだったディオニュソスも最後には態度を和らげて、ゴルディオン西方にあるパクトロス川で体を洗い清めるようミダスに告げ、そのおかげでミダスは奇跡的に治ったという。

実際の黄金はミダス墳墓から失われてしまったのかもしれない。それでもライオンや羊の頭を模《かたど》った見事な「シトゥラ」（ラテン語、「バケツ」の意）と呼ばれる酒宴用注器《つぎ》など、亜鉛を多く含む青銅や真鍮《しんちゅう》の器は、銅が腐食した部分を取り除くとまるで黄金のように輝く。もしかすると紀元前一千年紀初頭にあちこちを彷徨っていたギリシアの旅人がこの「黄金のような」酒器を横目で捉えて故郷で土産話として語ったところ、だんだん尾ひれがついて、やがてあの有名な伝説に脚色されていった可能性もあるだろうか？

私に言わせれば、こうした器の数々に入っていたものこそが本当の黄金だ。発見された器全体のほぼ四分の一が、古代飲料蒸発後も残渣を残していたのである。こうした残渣は黄色みが強く、まるで黄金のようだった。ミダス墳墓の家具（ちなみに最も優れた古代調度品コレクションと言われる）の研究をライフワークにしている美術史学者のエリザベス・シンプソンが、この残渣を化学分析してみないかと私に打診したのは、一九九七年であった。

私はもちろん二つ返事で引き受けた。そしてこれは今まで携わった中で一番簡単な「発掘」であった。まず我が研究室から階段をふたつ上がって左に曲がる。それからゴルディオン遺跡の資料保管室に入るともうそこに、発掘当時の紙袋に入れられたまま、残渣が置かれていたのである。この残渣はもともと一九五七年、つまり私がそれを手にする四〇年も昔に回収され、当時発掘に当たった人々の先見の明と細やかな配慮によって博物館に持ち帰られ、私が「再発掘」するのをじっと辛抱強く待っていたのだ。我が研究室は早速、様々な研究者と共に分析に取り掛かった。

超絶発酵アルコール飲料を徹底分析する

入手した残渣は試験用というには信じられないほどたくさんあり、こんな宝の山を得たのは後にも先にもこのときだけだ。さらに有機物の保存という点では、墳墓内の大気は理想的だった。乾燥して酸素も欠乏していたため、微生物の活動が最小限に抑えられていたのである。

こうした有機残渣のほか、ジュニパー（セイヨウネズ）をはめ込んで複雑な幾何学的装飾を施した木製の家具類も、保存状態が非常に良かった。そんな家具のうち、折りたたみ式給仕用テーブルふたつが部屋の片側に置かれていた。どちらにも青銅の小さな釜を嵌められる丸い窪みが三つずつ設けられ、葬宴では、このテーブル近くにあった柄杓で釜から飲み物を振る舞ったと考えられる。そしてその正面にもうひとつ、異国風な見た目のために「パゴダ・テーブル」と名付けられたテーブルがあり、その周りをぐるりとシンプルなテーブル数台とボウルのような杯《さかずき》約一〇〇個がとり囲んでいる。それはまるで、葬宴の様子そのままを再現しているかのようだった。恐らく実際の宴は墳墓にほど近い屋外で行なわれ、その後使われたものをひとつひとつ墳墓内に移して、同じ状態に置き直したのだろう。少し乱れた状態になっていたのは、時折起こる地震で説明がつく。墳墓が発掘された一九五〇年代後半からこれまでの間に、非常に初歩的な方法での化学分析はいくつか行なわれていた。例えば、分析用の試料を燃やし、燃焼前後の重量差で炭素含有量を割り出したりしたのだ。もちろんその試料は破壊されてしまったわけで、そんなことは今や絶対にしないとはいえ、少なくとも残渣の大部分が有機物であることはわかった。そんな時代から現在に至るまでに分析機器が進歩したため、我々の行なう化学分析では試料の化学組成についてもっと決定的な答えが得られるのだ。

　我々はニューヨークを拠点とするカプラン基金初の「新技術」助成を受けたおかげで、一九九七年から九九年にかけて対象とする試料をあらゆる種類の最新鋭機器にかけられた。まずは我らの主力機器ＦＴ－ＩＲ（序章）を使い、次に高速液体クロマトグラフィー（ＨＰＬＣ）と紫外可視分光検出器を組み合わせた分析を続ける。そして特定のフィンガープリント《分子指紋》を持つ化合物を探し出すべく、今度は感度の高い湿式化学分析を行なう。こんなふうに互いに補完し合う定番分析法三つを使って、異なるタイプの器から採取した残渣試料計一六片にどんな情報が秘められているのかを科学的にいろいろ試験してみたのだ。まだ考古生化学の黎明期である一九九〇年代後半だったにもかかわらず、当時この分野で行なわれていた典型的な検査より遥かにたくさんの調査を実施できたのである。

　それから米国農務省のEastern Regional Research Center（東方地域研究センター）との共同研究を通じて初めてＬＣ－ＭＳ－ＭＳ（序章）を導入し、この分野を新たな方向へと導いた。さらに、ヴァッサー大学とScientific Instrument Services（科学機器サービス社）の研究者たちもＧＣ－ＭＳごと参入してくれて、樹脂に含まれる低分子量揮発性化合物がクロマトグラフのカラムを通る前に加熱脱着装置を使って捉えるという、これもまた初の試みで特に貢献してくれた。

こうした新技術を進んで取り入れた理由は、考古生化学という新興分野での目新しさだけでなく、感度がより高く検知可能な化合物の幅が広がるためもあった。その甲斐あって我々はうまく古代の分子を誘い出し、墳墓にあった容器内の残渣を構成する自然素材のバイオマーカーを同定できたのである。

こうした検査の結果、まず酒石酸の存在が明らかになった。他地域なら複数の果実に見られるこの化合物は、トルコだと我々にとって都合よくユーラシア系のブドウ（*Vitis vinifera*）にのみ大量に含まれている。よってこれは何らかのブドウ製品が入っていた証しであり、加えて容器の多くは明らかに液体を注いだり飲んだりする目的の形状であるため、ブドウの液体しかありえない。

ブドウの皮には酵母がついていたはずなので、トルコ中部の温暖な気候でブドウ果汁がすぐさまワインに変容したのはまず間違いない。酵母は一～二日あればブドウ果汁を自然に発酵させる。もちろん、そうしてできたワインはその後簡単に酢になったりもするとはいえ、王家のワイン造りを任されている者ならそこまで発酵を進ませないようにしつつ、大事なアルコールの精神作用も失われないようにする術を知っていただろう。肝心のアルコールはもうとっくに蒸発して消えてしまっているため直接検査はできなかった。しかし当時アルコール飲料が担っていた社会・文化的な重要性を考えると、入っていたのはアルコール飲料だと確信した。

もうひとつわかったのは、ハチミツの混入だった。ハチミツの痕跡は、残渣にしっかり存在していたミツロウ特有の化合物でわかる。ハチミツを巣から濾過するときにミツロウの化合物を完全に濾しとるのは不可能なため、この化合物は残渣にハチミツが混じっている確かな証拠となる。そして高糖度の環境に耐性を持つ酵母もハチミツに潜む。だからハチミツ三に対して水を七の割合で希釈すると、ねっとりとした半固形状のハチミツが液状になり、潜伏していた酵母が活性化して、ハチミツをミードに変化させるのだ。

そしてフィンガープリントで同定された最後の化合物はシュウ酸カルシウム、通称ビール石である。名前が示す通り大麦ビール醸造容器内側の側面や底に凝結した固形物で、舐めるとかなり苦く毒性すらもある。古代のビール醸造家も現代醸造家と同じく、醸造容器にこびりついたビール石をできるだけ取り除いてから再利用せねばならなかったであろう。

ビール石に関しては既に多くのことがわかっている。なぜなら我々は、中東最古の大麦ビール醸造壺と化学的に証明された器内部の溝に隠れていたビール石を同定したからだ。イランのザグロス山脈高山地域で交易場として栄えた原始都市にあったこの壺には、飲料用ストローとして使う麦わらや管を差し込むのにちょうどい い穴が開いていた。醸造した容器から直接飲む方が楽なため、世界各地で穀物由来のビールは同じ方法で飲まれていたのである。ストローが必要だった理由は、表面に浮いて溜まった穀類カスや酵母カスの層を抜けてその下にある大事な飲み物にありつくためだ。イランと聞いた時に、発酵アルコール飲料実験醸造の激戦地、とは今でこそあまり思わないものだが、紀元前三五〇〇年頃は、メソポタミアから来た低地の交易商人たち向けに（そして間違いなく自分たち用にも）ブドウ酒や大麦のビールを大量に生産していたのである。

我々は、ミダス古墳の酒器に眠っていたあの強烈に黄色い残渣の最終解析結果をみて絶句した。墓で見つかった様々なタイプの容器から採取した試料のどれもがほぼ同じ結果となったため、恐らくこうした主要原料三つをすべて合わせてから発酵させ、ひとつの超絶発酵アルコール飲料を作ったのだろう、と結論づけた。つまり、ワイン、ビール、ミードといった個別の飲み物をかわるがわる給仕したのではないわけだ。もし別々のものだったなら、結果にかなりばらつきがあったはずだ。さらに王の葬儀の宴という祭事だった事実が、この混合飲料というか、フリギアのグロッグあるいはカクテルとでもいうべき飲み物を出すのにこの酒器類を使ったのはこの一度きりだったと論証している。

ワインとビールとミードを全部一緒に混ぜるのかと思うと、身がすくんで気持ち悪くなった。今ではそんな超絶飲料もさほど珍しくなく、自分から進んでいろんな材料を試してみるマイクロブリュワー（小規模醸造家）やナノブリュワー（超小規模醸造家）などにとっては特にそうだろう。しかしアメリカでクラフトビール醸造が盛んになる前だった二〇〇〇年当時、こんな超絶発酵アルコール飲料をぼんやりとでも思い描いていたのはまだサムのみか、もしかすると中世のビール「グルート」（6章）を研究していた中世ヨーロッパ専門の史学者くらいのものだ。グルートは、ホップがその役割に取って代わるずいぶんと前から、苦味のあるハーブで糖分の甘みを相殺していたビールなのである。ともかくも、ミダス墳墓で見つかり、我々の解析したこの飲み物は、まさに超絶な発酵アルコール飲料そのものだったのだ！　私は、この飲み物をもっと知りたくなった。

実験考古学の出番だ

こんなにも超絶的なフリギア王国の飲み物は、実験考古学で再現してみるといいかもしれないとある日思いついた。古代発酵アルコール飲料を再現するに当たって必須となる考え方やそれを行なう理由、そして目指す結果などについては既に序章で少し触れた。基本的には、飲み物の材料について手に入る証拠をもとに、考えられる醸造法をいくつか現代で試してみて、実際にどう作っていたのか再現してみるのである。そんな実験を通して、その古代酒がどう作られどう飲まれていたのかについての知見を深めるわけだ。

あくまで想像上の再現だった古代酒をかなり正確に復元できそうな一連の考古学試料があるとすれば、この残渣がまさにそれだ。どれも保存状態が良く年代も明らかで、後世の人の手によって汚染されたり乱されたりもしていない。まさに申し分のない試料なのである。そんな試料一六片から出揃った解析結果はどれも同じ化学組成を示していた。さらにミダス王の亡くなる数年前に描かれた絵画が、あの器の数々は飲み物を給仕したり飲んだりするための器だったと裏付けてもくれている。

例えば現在のイラクのモースルから北東に位置するコルサバード（古代名はドゥル・シャルキン）にはアッシリア王だったサルゴン二世の宮殿があり、宮殿内に飾られたレリーフ（浮き彫り）のあちこちに、ミダス墳墓で見つかったようなライオン頭部装飾付きシトゥラをいくつも見かけるのだ。そのシトゥラは、紀元前七一四年にサルゴン二世がアナトリア半島東部にあったウラルトゥ王国の都市ムサシルを略奪した祝い酒で満たされている。その晩餐会の図では、ライオン頭部装飾付き「角杯」（ギリシア語ではリュトン）も高々と掲げられている。

同じ宮殿内でまた別のレリーフに描かれている大釜も、ミダス墳墓で発見された三つの釜にそっくりだ。そしてその場面にあるボウルのような杯のほとんどは、取っ手がなくとも持ちやすいように「オンファロス」（ギリシア語、「へそ」の意）を底に設けた特徴的な形で有名なアッシリア様式と一致する。これを持つには、器の外側を手のひらで包み込むようにして、底の凹《くぼ》み（オンファロス）に中指を入れればいい。ミダス墳墓で見つかったこの形の杯には、シンプルな無装飾、リブ（肋骨が並んでいるような隆起）や溝をつけたデザイン、または花びらを模したものなどがあった。

私はペンシルベニア大学での研究を通じて、既に実験考古学の経験はあった。例えばストーンヘンジやエジプトのピラミッドが高度な技術を持った異星人ではなく人間の手で建造されたのかどうかを知りたい場合、古代の方法を用いて実際にやってみればいいのである。何トンもある大きな石を原始的なノコギリを使って切り、丸太などの転がるものに乗せて動かし、盛り土を利用して人力や動物の力で上方に移動させて、単純な旋回装置や縄で吊り上げる仕組みで所定の位置まで持って行ってみる。そんなふうに実際にやってみると、考えうる様々な案のうちあり得ないと除外できるのはどれで、より可能性の高そうな結果はどれかを明確にできるのだ。しかし人間の生み出したどんな技術も実験考古学で検証できるとはいえ、あらゆる生物工学の中でも恐らくは最古の生物工学である発酵飲料作りの場合はどうだろう？

アンカー・スチーム醸造所のフリッツ・メイタグと、ペンシルベニア大学文化人類学部の研究者であるソル・キャッツとがタッグを組んで古代シュメールのビールを再現したとき、近くにいた私はラッキーだった。ふたりが実験のベースにしたのは、メソポタミアのビール醸造を司る女神「ニンカシ」に捧げた詩的な「讃歌」に含まれる古代「レシピ」である。最終的に二通りのビールが作られ、私はそのどちらも試飲した。個人的な感想を述べると、一九九〇年にペン博物館で味わった初めの方はまるでシャンパンのように発泡し、材料に加えられたデーツがほんのりと感じられた。一方、一九九一年にArchaeological Institute of America（アメリカ考古学研究所）の特別イベントで振る舞われた二番目の方はもっとエールビールに近く、焼いたパンの風味がたっぷり効いていた。

この復元ニンカシ・ビールは人々の好奇心を大いに掻き立て、以後別の作り手による再現が続いた。最近グレート・レイクス・ブリューイング・カンパニーが作ったものもそのひとつだ。しかしちょっとした問題がある。ニンカシ・ビールの裏づけは、ほぼ全面的に古代の文献、それも詩的な文章が根拠になっているのだ。果たしてニンカシ讃歌のどこまでが、使用材料や醸造方法を実際に見た上での証言に基づいているのだろう？そして長い年月の間に様々な詩人たちが詩的な芸術性第一で勝手につけ足して、現実世界に属さない話は文章全体のうちどれくらいあるのだろう？　特に材料や醸造法に関する特殊な単語など、詩的な表現に置き換えられなかった言葉もたくさんあったはずだ。デーツ・ブドウ・ハチミツは詩の中に登場してはいるものの、飲み物を作るにあたってそれぞれが厳密にどんな役割を果たしていたのかは明かされていない。いずれも酵母を含んでいる可能性が高いので発酵を促進させようとしたのか、それとも糖度を上げたかったのか、はたまた風味づけだったのか？　讃歌の解釈次第で実験醸造に使う果実やハチミツの量も変わってしまうのだ。

讃歌には、ニンカシがパン（シュメール語ではバッピル）を焼き、それをビールのワート（穀類の炭水化物を糖化させた甘い汁）に加え入れるくだりがある。詩の中ではどの穀類でパンを作ったのか特定していない。だが一番あり得そうなのはオオムギだ。しかしコムギや他の穀類も一緒に混ぜて使ったかもしれない。また、このパンはワートの発酵を促しやすくするために酵母のたっぷり詰まった中心部を湿ったまま残すよう軽く焼く程度に留められた、という解釈がなんとなく一般的になっているとはいえ、しっかり焼き込んだ可能性も完全には否定できない。アンバー（琥珀）ビールやダーク（黒）ビールの話が他の文献に出てくるからだ。

歌詞に出てくる「甘い香料」もまた解釈が難しい部分だ。もしかすると今日使われるホップのように、穀物のモルト（発芽穀粒）・フルーツ・ハチミツなどの甘みを相殺してバランスを取らせる「苦い」ハーブを指しているのかもしれない。しかし今のところはまだどんな古代ハーブも確認されておらず、どの復刻版にも使われていない。

フリギアのグロッグの場合は、こうしたニンカシ・ビールの再現とは完全にわけが違う。ミダス墳墓の酒器内部から採取して分析した残渣は現実世界に属し、王の埋葬と時を同じくする。内容物の改ざんもなく、その化学組成も異なる解釈を許す余地はかなり少ない。

もちろんまだいくつか疑問も残る。ブドウのワイン、オオムギのビール、ハチミツのミードが一緒に混ぜ合わされたのはわかるものの、混合の比率は定かでない。また、この残渣はなぜこんなにも強烈な黄色なのか？　おそらくはハチミツか、オオムギの麦芽か、風味づけや苦味づけに使われた黄色い植物のせいと思われるものの、これまでに行なった化学分析ではわからずじまいだ。

さらに、このフリギアのビールは一体どうやって作られたのだろう？　ビール、ワイン、ミードをそれぞれ別に仕込んでから混ぜ合わせたのか、それとも材料を全て一緒くたにして一度に発酵させたのか？　もしかするとこの超絶発酵飲料はまずハチの巣の中で発酵させてから濾過し、葬宴でお披露目する最後の仕上げに三つの大釜に移した、という可能性すらある。ハチの巣は比較的気密性が高いので発酵容器として優れているばかりか、酵母を含む微生物にとって栄養源となるプロポリスやミツロウや樹脂などの栄養素がハチミツ以外にもたっぷり含まれているのだ。

わからないことは他にもまだたくさんある。酵母はその土地由来のものだったのか？　もしそうなら、現代でもその酵母を見つけて増殖できるだろうか？　ブドウは二七〇〇年前のトルコ中央部に存在した品種として一番可能性が高いのはどれだろう？　またそのブドウは干しブドウだったのか、生だったのか？　この王の崩御した季節がわかれば、なんらかの答えが出るかもしれない。もし秋なら、生のブドウを使ったのではなかろうか。大麦は（麦穂を先端から見たときの穀粒の並び方による分類で）二条か、はたまた六条か？　どちらなのかでタンパク質・酵素・炭水化物の含有量が変わってくる。ハチミツはどの種類のものが古代の醸造家によってこの混合液に加えられたのか？　トルコは今でもハチミツの産地として有名で、エーゲ海沿岸地域で採れる強烈な柑橘の風味を帯びたものから、内陸部産で色の濃いスパイシーなものやハーブと野花の優しい味わいを持つものまで、その種類は幅広い。そんなトルコ産ハチミツの中でも特に人気が高く甘美な味わいをもたらすものは、松から採れる「ハニーデュー（甘露蜜）」である。これは赤松の樹脂のみを餌とする昆虫が生み出す、糖度の高い蜜なのだ。

そして最後の疑問は（といいつつこれで最後になるわけもないのだが）、この飲み物は果たして発泡していたのだろうか？

ビール天国で過ごした若かりし日々

さて、我が実験考古学プロジェクトはどのように進めていくべきか？　私は自家醸造家ではないものの、一九六一年にビールの代名詞とも言えるバイエルン地方を旅した時、一六歳で少し早いビールの洗礼を受けている。監視役の大人がいない高校生六人の旅で、まず一カ月ほどドイツ、オーストリア、フランスのアルプス地方を自転車で回り、二カ月目はバイエルン地方にあるのどかなブライトブルン・アム・キームゼーでアルプスの壮大な景色を背景に、農園で働いたのである。

旅の滑り出しは上々だった。旅仲間ふたりの祖父がコーネル大学のノーベル化学賞受賞者ピーター・デバイ教授で、初日の夜、ミュンヘン市内にあるレストランでディナーをご馳走してくれた。夕食後はホフブロイハウス〔ミュンヘンにある歴史的なビアホール〕に行き、豊満な胸をしたウェイトレス達が一リットルサイズのビアスタイン（ビールジョッキ）を両手にふたつずつ摑み、さらに両腕にもふたつずつ抱えて運んでいるビアホールで一晩中大騒ぎしたのである。この時はまだ、バイエルン・ビールを飲んでみたい誘惑にかられながらも飲まなかった。しかしビールの方がコカ・コーラより安いと知ったが最後、夕食には必ずビールを二リットル飲むスタイルへとすぐに切り替えたのである。まず食べ物が出てくるのを待つ間に、初めの一リットルで食欲を刺激する。そして料理が来たタイミングで「ノッホ・アイン・リター・ヘレス・オダー・ドゥンクレス〔淡色ビールか黒ビールをもう一リットル〕」。当時は米ドルの価値がかなり高く、メニューに載っているものはなんだって注文できた。

自分がどれだけビールに強いかを真に試されるのは食べ終わり時だ。ウェイターが清算に来たら何を食べたのか伝えなくてはならず、ビールを二リットル飲んだ後はこれがなかなか難しい。それが済んだら自転車でフラフラと夜道に繰り出し、誰もいない干し草いっぱいの納屋を見つけてそこで一晩心地よく眠るのだ。

そんなふうに浮かれ騒いで一カ月が経ち、そろそろ働こうと決めたバイエルンの農場では、ここはまだ中世かと思わせる道具ばかりが使われていた。そこで連日夜明けとともに起き出して大鎌で草を刈り、刈った草をピッチフォークですくっては荷馬車の木製荷車にうずたかく積み上げ、納屋へ運んで牛の飼料にしたのである。

頑張れたのは食事と飲み物のおかげだった。初日の夜はビールをレモネードで半々に割った「ラドラー」(ドイツ語、なんともぴったりな、「自転車乗り」の意)という飲み物が大きなスタイン(ジョッキ)ひとつで出された。ちょっと飲んでは次の人に渡す回し飲み方式でジョッキがテーブルをぐるぐる回り、ホストファミリーの五歳の娘までゴクゴク飲んでいた。

滞在が終わる頃、送別の食事に食べたいものや飲みたいものはあるかとホストファミリーに聞かれ、この時は飲み物のチョイスをビールではなくコーヒーに変えておいた。(ちなみに私がコーヒーを飲み始めたのもこの旅で、ブレンド豆「ボーネンカフェ」が信じられないほど美味しかった。以来ずっと、なんとかあの味を再現しようとしているのに未だ成功していない。)このコーヒーは、朝食に出されたレーズン入りサワーミルク・チーズケーキとの相性が抜群だった。どうやら我がホストファミリーの料理の腕は並大抵ではなかったらしく、一〇年以上経って再訪した時、働いていた納屋はグルメレストランになっていた。

アメリカに戻って、あんなに美味しいものを諦めるのはつらかった。しかしある日ついに勇気を振り絞り、バイエルンで自転車乗りが着るズボン吊り付き「レーダーホーゼン(革の半ズボン)」に緑色のチロル帽を被って、帽子には羽根一本と、旅をしながら訪れたバイエルンの町々の紋章を表すピンバッジ「シュムック(宝石)」を山ほどつけた。そして我が近所の酒場だったニューヨーク州ロチェスター近郊のブッシュネル・ベイスン・インに勇ましく乗り込み、「イッヒ・ムス・アイン・ビア・ハーベン」とドイツ語でビールを要求したのである。こんな未成年者の策略はまんまと成功した。

バイエルン・ビールがその豪華な「頭(泡)」を再びもたげたのはそれから三〇年後である。ミュンヘン郊外のフライジング(我が青春時代のドイツ逗留幕開けの場所だ)にあり、一〇四〇年に創業して以来ずっと醸造を続ける世界最古のブリュワリー「ヴァイエンシュテファン」での講演を依頼されたのだ。招待してくれたマルティン・ツァーンコヴは、北メソポタミアにある紀元前二千年紀後期のテル・バジ遺跡で大桶内部にあったビール石を同定した。これは今のところこの地域におけるビール関連で最古の化学的証拠だ。現在私が中東へ向かう途中にミュンヘンを経由する時は、必ずマルティンとこのブリュワリーのラーツケラー(ドイツ語本来の意味は「市役所の地下室」。通常は市役所の地下にあるレストランを指すが、世界各地でバーやレストランを指す言葉としても使われる)で会食し、最近関わっている研究について互いに報告しあう。そして我々には共通の関心事がある。それはトルコにあるもうひとつの遺跡、一万一〇〇〇年前のギョベクリ・テペで見つかった壮大な建造物にまつわる巨大な石の器で、これはもしかすると世界最古のビール醸造容器かもしれないのだ。

マルティンは最近、同じく研究者であるフランツ・モイスドーファーと一緒にビールに関する本を著した。驚いたことに、フランツは私にとって心の故郷であるあの農村、ブライトブルン・アム・キームゼーに住んでいる。世間はなんと狭いのか!

マイケル・ジャクソンとミダスに乾杯

バイエルンでビール文化に浸ったあの日々が、ミダス王の飲み物を再現する道へと私を導いていった。解析から化学組成を手に入れた私は、まずマイケル・ジャクソンに話してみようと考えた。といってもエンターテイナーのマイケルではなく、ビールとスコッチ・ウイスキーに関する権威として名高い人物の方だ。マイケルは一九七一年以来、毎年春にペン博物館を訪れてはビール・テイスティングをしている。そして土曜日に終日かけて催されるティスティングの前夜には、博物館の上《かみ》エジプト展示室でファラオ像やミイラに見守られつつスペシャル・ディナーが執り行なわれるのだ。

二〇〇〇年のディナーでは、マイケルが大いにもてはやされた。翌日のテイスティングで各々自慢の製品を披露するべく参集していたクラフトビール醸造家たちが次々にマイケルをネタに面白おかしくいじっては、敬意を表して乾杯したのである。私も興に乗じて、マイケルと聴衆に向け、ミダス王もしくは父王へ捧げる葬宴で出されたあの非常に変わっていてなんだか気持ち悪そうでもある飲み物について説明した。しかし蓋を開けてみると、マイケルは我々の解析結果にさして驚きもせず、その後私とメールのやり取りが始まった。そしてニンカシの「パン・ビール」がメソポタミアから陸路でロシアへ伝わり、そこで最終的に庶民の飲み物「クワス」（6章「クヴァシル」とのつながりもあるかもしれない）に変化した可能性について議論したのである。ロシアのクワスもパン（通常は黒っぽいライ麦パン）をベースにして、その他手に入るものをなんでも（果物、ハチミツ、シラカバの樹脂、ハーブなど）加えて作るのだ。

実はマイケルは、我が実験考古学プロジェクトの詳細をサムに明かして、この古代飲料を蘇らせるようけしかけていたと後になって知った。当時私はまだサム本人との面識はなかったものの、サムのビールには既に出会っていた。デラウェア州のセンターヴィルという小さな町を偶然車で通った時、たまたまバックリー酒場に立ち寄り、そこで「ドッグフィッシュ・ヘッド」とかいう今まで聞いたこともなかった変な名前のブリュワリーが造ったシェルター・ペール・エールを注文したのである。そして味わった瞬間にとんでもない衝撃を受けた。バイエルンのラガーとヘーフェヴァイツェン（コムギビール）を除けば、それまでに飲んだビールの中で文句なく最高だったのだ。アメリカでよく知られている大手ビールメーカーの「味気なさすぎてまるで小便を飲むような」（あくまで個人的意見である）ビールとは段違いだった。

　私はゆっくりとではあったが着実に、長年研究してきたブドウのワインより、香り豊かなビールの方を好むようになっていった。あのシェルター・ペール・エールはそんな変化への一歩ではあったものの、とどめを刺したのはフィラデルフィアにあるモンクス・カフェのオーナー、トム・ピーターズに出されたベルギーのシメイ・グラン・レゼルヴ（青）熟成三年物であった。ドッグフィッシュのペール・エールとスタイルこそ違えど、同じように別格の味わいだったのである。

　こうした美味しいビールとの思いがけない出会いの数々は、フリギア超絶飲料再現につながる予兆であった。そして二〇〇〇年三月、あのディナーで私がマイケル・ジャクソンに捧げた乾杯スピーチは、実のところ「この古代飲料を最も優れた解釈で現実化し、九月に博物館で特別開催するミダス王葬宴の再現でふるまえるよう準備できるのは誰だ？」と、あの時参集していたクラフトビール・ブリュワー《醸造家》の面々に突きつけた挑戦状であった。しかし、あんなにも奇妙な混合飲料は、果たして本当に飲めるのだろうか？　ディナーでは簡単にしか説明できなかった。そこで、本気で挑戦してみたい者がいれば、あの変わった飲み物を残渣分析結果から組み立て直す最良の方法を詳しく説明するので、翌朝九時に我が研究室へおいであれ、と招待しておいた。

　その夕べがお開きとなる前に、特筆すべき出来事が起きた。サムの新たな実験醸造「スモモ入り中世風ブラゴット」がディナーのデザートワインとして出されたのである。ブラゴットは、ハチミツベースのミードと穀類ベースのビールが合わさったもので、中世の時代にはしばしばスパイスもふんだんに加えられた。中世イギリスの詩人ジェフリー・チョーサーが一四世紀後半に著した『カンタベリー物語』では、粉屋の話に登場する大工の妻の甘く淫らな口をブラゴットになぞらえている。サムが醸したこのブラゴットも、同じように魅惑的で美味であった。何より口に含んだ瞬間、このスモモをブドウに変えさえすればもうあのフリギアの飲み物を再現できたも同然ではないか、とハッと気づいたのである。

翌日、我が研究室には二〇人近くのブリュワーが集まった。昨夜はきっと遅くまで飲みつつ談笑したのだろうから、今朝はもう誰もベッドから出られないのではと思っていたのに、皆こうしてやって来て少しでも多くの情報を得ようとしている。私は喜んでそれに応えた。そして皆それぞれのブリュワリーに帰っていき、ほどなくして実験醸造ビールが素っ気ない平凡な箱に詰められて、試飲用に私の元へと届き始めた。それを全て飲んでみて、最も優れた解釈で一番美味しく仕上げているのはどれかを決めるのが私の仕事だ。こんな仕事は滅多にないが、なかなか悪くない。ただし、選考品の中には感覚器官の限界を試されそうなものもあったと付け加えておこう。

傑出したものもいくつかあった。特に記憶に残っているのは、テス&マーク・シャマトゥルスキによる再現飲料だ。このふたりはまずギリシア産ワイルドタイムのハチミツ、オオムギの麦芽、マスカットのブドウジュースを混ぜてから、「古代」フランスワイン酵母で発酵させ、ベースとなる発酵液を多めに作った。そこへさらに加える苦味成分などの副原料を検証するため、サフラン入り、アニス入り、トルコイチジク入りの計三種類を別々に作ったのである。この方法であれば、追加する材料のどれが、ベースの混合液をどう引き立てるのかを比較できるわけだ。

最終的に、サム・カラジョーネ率いるドッグフィッシュ・ヘッドが栄冠を手にしたのは言うまでもない。だが、ちょっとだまされた感がなきにしもあらずだ。サムのブリュワリーで試作品を試験する醸造「ラボ（研究室）」は所有しているのか尋ねた時、サムは「もちろん」と答えた。だがその答えの意味は、機器類をずらりと揃えたラボではなく、なんと飼い犬の「ラブ」（ラブラドール・レトリバー）だったのだ！

現代に蘇る、「ミダス王」の葬宴

九月にペン博物館で催された豪華な葬宴再現パーティの目玉は、あの超絶発酵飲料以外にもうひとつ、そこで出されたメイン・ディッシュ（主菜）であった。と言うのも、これが初めて化学的根拠に基づいて再現された古代の食事だったからである。それも単なる普通の食事ではなく、おそらくはフリギア王国の歴史や伝説において象徴的な王（ミダスであれゴルディアスであれ）の好物で、存命中に堪能しただけでなく、死後も食べられるよう注文していたと考えられる。

その主菜とは、我々の化学解析結果に合致する焦がしラム（仔羊）肉とレンズ豆のスパイスシチューである。例えば特定の有機酸類（カプロン酸、カプリル酸、カプリン酸）は、ヤギまたはラム肉に由来する。また化学分析で見つかったトリアシルグリセロール２－オレオジステアリン（油脂の一種）とコンドリラステロール（植物ステロイドのひとつ）はレンズ豆の指標化合物だ。これは墳墓近くで、紀元前七〇〇年頃アッシリア人に破壊された王宮の厨房において発掘されたレンズ豆入り大壺によって裏付けられた（そしてそこにはフリギア・グロッグ用穀類もあった）。

この料理はシチューに違いなかった。宴が終わってから墓に納めたとみられる一八個の土器壺たっぷりに詰め込まれ、黒褐色をした凝固残留物の塊に骨が見当たらなかったからだ。宴で出す料理といえば、現代ギリシア料理に見られるスブラキのような串焼き肉や、乳飲み仔羊や仔ヤギの丸焼きなどを想像しそうなものだ。だが、ゴルディアスやミダスが生きていた頃に書かれたホメロスの『イリアス』にもそうした料理が登場する。我々の作ったラム肉のシチューは何世紀にもわたりアナトリア半島に住む人々の大好物だったのだと後に知った。古代版とほぼ同じシチューが、今日もトルコ各地の村々で婚礼料理として振る舞われている。

シチューの仕上げにはハーブとスパイスが加えられた。我々が検出したのはアニスやフェンネルに特徴的なアニス酸、それから数々のスパイスに含まれるα－テルピネオールとテルペノイド化合物であった。アニスもフェンネルもトルコに生育している。また植物考古学者のナオミ・ミラーの観察によって、マメ科植物のいくつかには天然でも栽培でも強い苦みを持つものがあるとわかり、そんな豆類であるビターベッチや野生のフェヌグリークなどは、今日もゴルディオン地域に育つ。とすると、α－テルピネオールとテルペノイドはビターベッチとフェヌグリークのどちらか、あるいは両方に由来するのかもしれない。

こうして、博物館シェフのパム・ホロウィッツは化学的な裏付けとパム自身で探求した本格的なトルコ伝統レシピをもとに、ラム肉とレンズ豆を使ったフリギア風の美味なるシチューを準備したのである。スパイスをかなり効かせた料理だったという解釈で、クミン、フェンネル、アニス、ローズマリー、タイム、塩、カイエンペッパーを使用した（だがカイエンペッパーは、当時インド大陸から輸入されていた可能性も皆無ではないとはいえ、ほぼありえない）。また、オリーブオイルとハチミツとワイン（いずれもその存在を化学的に確認済み）がシチューの味わいに深みを増し、飾りにはクレソンが添えられた。

宴の食事メニューをさらに完璧にまとめるべく、その主菜に合う前菜と副菜、そして何より宴を締めくくるとびきりのデザートをどうするかでパムと議論を重ねた。デザートに関しては墳墓から何の証拠も見つかっていないため、自由な発想でいこうと決めた。フリギア人を含む古代アナトリア半島の住人が、皆現代のトルコ人と同じく甘党だったのはわかっている。マジパンやターキッシュ・デライト、バクラバなどのスイーツが山積みになっているイスタンブールのグランド・バザール（屋根付き市場）を一度でも訪れれば一目瞭然だ。そして通常は最低でも再現する飲料の土地に育つ素材の使用にこだわる私も、この時ばかりは例外にした。ミダス王が触れたかのような金箔付きホワイトチョコレートのトリュフ作成に、旧世界産キャロブではなく、新世界〔大航海時代に新たに発見された南北アメリカ、太平洋諸島など〕産であるチョコレートの使用を許可したのだ。この掟破りは、もしミダス王にチョコレートを食べる機会があって輸入もできていたなら、きっと使っていたに違いない、という理屈で成り立たせたのであった。

完璧な相性

シチューは肉のタンパク質と野菜のおかげでとても美味しく、滋養もたっぷりだった。だがそんな料理の合間に喉を潤し、同じくらい活力を与えてくれる飲み物が必要だ。それも抗酸化物質やビタミンを多く含み、風味と香りも豊かで、死後の世界へ紛れ込ませてくれそうなくらいにアルコール度数も高い、間違いなく超絶系のやつだ。そんな飲み物なくして、この王が健康に長生きした理由はどう説明がつくというのだろう？　古代ヒッタイト王シュッピルリウマが残した言葉は、この葬宴で出されたごちそうと酒の本質をうまく捉えている。

「食え、飲め、楽しめ！」

出番を迎えてバッターボックスに立ったサムは、見事ホームランを放った。このシチューにピッタリな、相性抜群の飲み物を出してきたのである。評価用の試験版など一度たりとも事前に作らなかったサムだが、私は全てを委ねていた。何と言ってもあのシェルター・ペール・エールで、サムの底力は証明されている。私はビール醸造に関しては素人なため、考古学的・科学的なアドバイスをするに留めて邪魔をしないようにした。しかし再現ディナーの日が近づくにつれてだんだん不安になってきた。もしサムがこの実験醸造をやり遂げられなかったら？　あるいはとんでもない味だったら？　だがこの件で、サムという人物は追い詰められると最高の力を出すタイプなのだと学んだ。

私からサムへのアドバイスのうち鍵になったのは、苦味成分がサフランだったかもしれない、というものだ。残渣からサフランを化学的には同定できなかったものの、あの強烈な黄色は、その色を鮮やかに残すスパイスを強く思わせた。しかもトルコはサフランで有名ときている。

大きな落とし穴は、サフランが世界で最も値の張るスパイスだったことで、最高品質だと約三〇グラムあたり米ドルで六二五ドル（もしくはそれ以上）もする。高級食材と言われる白トリュフやベルーガ・キャビアですらもっと安く手に入るのにだ。サムは覚悟を決めて、本人曰くこれまでで一番金のかかるビールを作った。さらにハチミツは最高級のギリシア産タイム・ハニー、ブドウは中東最古の品種のひとつとDNAから示唆されているマスカット、そして二条オオムギを使用した。古代の酵母については確たる詳細情報がないため、乾燥ミード酵母でこの超絶な材料を発酵させたのである。

もっと現実に近い再現を求めてこだわろうと思えばいくらでもできた。例えば王の崩御が晩夏から初秋あたりであれば、飲料の作成には新鮮なブドウを使ったのかもしれない。それ以外の季節なら、レーズン（こちらの方が発酵しやすい）やハチミツ、オオムギ（特に乾燥させたり焼いたりしたもの）はどれも保存がきくので、目的を十分に果たせたであろう。しかし残念ながら、考古学的な資料からその季節までは推測できていない。

また、サムが自分の裁量で使用を決めた麦は二条オオムギだが、王宮の厨房からは六条オオムギしか見つかっていない。他にも問題提起できる点はまだある。穀類はニンカシ・ビールと同じくまずパンとして焼き、湿り気のある中央部分のみ加えて発酵させるべきだっただろうか？　醸造容器には、デラウェア州リホボス・ビーチにあるサムのブリュー・パブに設置された古めかしい（といっても比較的現代的な）ステンレス製自家醸造装置ではなく、墳墓で見つかった青銅製の大釜の複製品を使うべきではなかったか？　ハチミツとサフランは、トルコ産にすべきだったか？　ブドウは、カリフォルニア産の一般的なマスカットではなく、アナトリア半島の土着品種（例えば白ブドウのエミールやナリンジェなど）にしたほうが良かったのではないか？　また、今回とは異なる加熱処理や材料の加え方、あるいは別の手順すらも試せたかもしれない。などと、欲張れば常にもっとこだわれるのだが、我々はとりあえず前進したのである。

ドッグフィッシュの「ミダス・タッチ」（という名前に最終的に落ち着いた）は、味わいに関して言えば成功だった（と私は思う）。非常に香り高く、バランスも良い。ワインとビールとミードのそれぞれが互いをうまく引き立て合い、どれも他より際立っていない。ディナー当日の夜まで気が気ではなかった私も、この時ようやくリラックスしてゆったりと椅子に座り、サムの作った再現飲料を存分に味わい酔いしれたのであった。

世に躍り出るミダス・タッチ

サムがこの時作ったミダス王の飲料は、サムのよく言う「一発もの」であった。何らかのイベントやリホボスにあるブリュー・パブで一度きり日の日を見るような実験醸造を指すらしい。そしてこの飲料の作成には莫大な費用がかかった。果たしてサムはこれを商業販売できるだろうか？　投資した費用をいくらか取り戻すためだけでなく、人類は遥か昔よりビール純粋令とは袂を分かつ大胆な超絶発酵アルコール飲料を生み出す才能に溢れた種なのだと、広く世間に知らしめるためにも？　ミダス・タッチは、人類の歴史と人類がこれまでに成し遂げてきた偉業を蘇らせて、それを現代の我々にまざまざと伝えられるのだろうか？

　二七〇〇年の時を経てミダス王飲料が再び蘇ったとき、サムの醸造施設はまだまだ初歩的なものだった。生産能力は非常に限定的で、機器類はいつ壊れてもおかしくない。そしてサムは醸造責任者と運転手と営業を全部掛け持ちして、何もかもが手一杯であった。緊急時に頼れる資本はほとんどなく、拡大する余裕などもってのほかだ。加えて一九九〇年代後半から二〇〇〇年代初頭は、やる気満々で参入してきたクラフト・ブリュワーたちがひとりまたひとりと敗れ去っていく、熾烈な競争の真っ只中でもあった。

　我が妻ドリスも私も、この一風変わった飲み物がもっと広く知れ渡れば、人々が古代超絶飲料の面白さを理解するようになるかもしれない、と同じように考えた。そしてそんな期待にすっかり胸を膨らませた我々は、サムを支援するべく少額融資を申し出たのである。

　商品化するとなると名前が必要で、「ミダス王の黄金のエリクサー《妙薬》」にしようと決めた。サムは弁護士とともに、この名前を使用できるかＢＡＴＦ（アルコール・タバコ・火器及び爆発物取締局、二〇〇三年に「アルコール・タバコ税貿易管理局［ＴＴＢ］」と「食品医薬品局［ＦＤＡ］」へ改組）に照会した。すると「エリクサー」という言葉が、一九世紀に万能薬として出回った怪しげな置き薬をあまりにも匂わせるとして認められなかったのである。今は以前より広い意味合いで捉えられ、軽蔑的なイメージもあまりない、とサムの弁護士が反論したがダメだった。そうして結局「ミダス・タッチ」という名に落ち着き、当局にも承認された。いやはや、ただ触れるだけで莫大な富が手に入ると約束した古代の伝説についてはまるで問題ないらしい。

　この古代エールのみならず、これ以後の再現飲料でも認可を得るにあたって心得ておくべき注意事項は、ＴＴＢが「ビール」と呼べるもの・呼べないものについて非常に細かい規定を設けている点であった。禁酒法時代に端を発するこうした規則には今も厳格に従わなくてはならない。例えば（オオムギ）麦芽の代替品としてビールに使用可能な材料は、「米、あらゆる穀粒、ふすま、ブドウ糖、糖類、糖蜜」のみ、と連邦規則集に書かれている。また、副原料として「ハチミツ、果実、果汁、濃縮果汁、ハーブ、スパイス、その他の食材」の利用も認められている。ということは、ミダス・タッチに使ったハチミツとブドウとサフランは、ＴＴＢのハードルをクリアしたわけだ。しかしある特定の副原料やハーブに関してはその線引きが危うくなる場合もあるのだと、我々は「シャトー・ジアフー」（3章）に使ったサンザシや、「クヴァシル」（6章）のセイヨウナツユキソウで知る羽目になる。

さらに、ＴＴＢの「Beverage Alcohol Manual（飲料用アルコールマニュアル、通称ＢＡＭ）」はラインハイツゲボットに右へならえで、使用するオオムギ麦芽が「発酵材料の総重量の二五％を下回ってはならない」と規定している。超絶発酵アルコール飲料造りでは主原料を均等な割合で使うのが基本原則（序章）なので、これに関してもミダス・タッチは安全圏にあった。我々の古代「レシピ」では、麦芽・ハチミツ・果実を三分の一ずつ使うことになっている。

それから、考古生化学的には何の根拠もないホップの件だ。ＢＡＭはやはりラインハイツゲボットに則り、ビールと呼ぶに相応しいものにホップは必須、と定めている。規定の最低使用量は一〇〇樽あたり七・五ポンド（約三・四キログラム）である。多いと感じるかもしれないが、これはありがたいことに原料の総重量の〇・〇三％という微々たるものだ。よって、我々はこの条件を満たしつつ、この古代酒の復元として妥当な飲み物を作成できたのである。

今度はラベルが必要だった。サムがデザインしたのは、ロイヤル・パープル（古代ギリシア・ローマ時代の地位と権力の象徴だった貝紫色）を背景に、黄金色で王にふさわしい巨大な親指の指紋を描いた、目を引く図柄である。その指紋の渦巻きには、後ろ向きに巻いた角を持つ羊頭のシトゥラが組み合わされている。

こうしてミダス・タッチは、二〇〇一年に透明なガラスの大瓶（七五〇ミリリットル）で生産が開始された。ラベルは手作業で貼られたため、いろんな方向に傾いたり、時には剝がれたりもしていた。

当時、ボトルはシャンパン用コルクで打栓しており、これが大いなる心配の種であった。サムはここでもまた「原始的な」機械を使い、作業員がたったひとりでコルクをひとつずつボトルに押し入れていたのである。飲料の発泡状態にはばらつきがあり、度合いによってはコルクが勝手に動き出して、ボトルから斜めに滑り出していく可能性もあった。間違いなく、きちんとした品質管理がなされているようには見えない。ワイヤーでコルクを固定していたのがせめてもの救いだった。さもなくば、なんの前触れもなくいきなり勢いよく飛んでいただろう。だがある日、恐れていた事態が起きた。コルクを打栓していた作業員が危うく親指を失いかけたのである。そして同じ機械をもう一台買う余裕などなかったサムは、コルクから王冠に切り替えたのである。

当時は瓶詰めするビールの量にもムラがあった。自分の買ったビールが他より多いか少ないかは、ボトル内の液面から蓋までの隙間（「アレージ」ともいう）を見れば消費者にも一目瞭然だ。透明なボトルだったのも敗因で、中に入っている黄金の秘薬を見えやすくしただけでなく、飲み物を劣化させる有害な紫外線にも晒してしまっていた。

少額融資の返済が遅れた時は、この飲み物とドッグフィッシュ・ヘッドの行く末を憂慮したものだ。しかし実のところ、ミダス・タッチにはいろんな強みがあった。ひとつめはサムである。カリスマ性があり、底抜けにエネルギッシュでカッコ良さも備えているサムは、当時アメリカで最も成功した実験醸造家の地位を急速に確立していた。まさに、ブリューイング界のロック・スターへの道をまっしぐらだったのである。

もうひとつはミダス・タッチそのものだ。二〇〇四年を皮切りに、ミダス・タッチはアメリカ国内外の主要なビール品評会で次々に賞を取り始めたのである。その年のワールド・ビア・カップで銀賞、グレート・アメリカン・ビア・フェスティバルで金賞、そしてコロラド・ミード・フェスティバルで再び金賞を受賞した。その後もさらにたくさん金賞を受賞し（この飲み物の名前と出自を考えれば至極当然）、加えて銀賞は五つ、そしておまけ程度に（また実際の酒器は銅のみでできていたので歴史に忠実であるべく）銅賞も二～三個獲得し、最終的にミダス・タッチは、ドッグフィッシュの醸したどのビールよりも受賞数が多いビールとなった。

そんなミダス・タッチが「トゥデイ・ショー」〔アメリカの朝のテレビ情報番組〕で視聴者に紹介され、司会進行役のマット・ラウアーとオリンピック水泳選手の美女が朝の七時半にテイスティングしてくれた。我々は固唾を呑んでその番組を見ていた。まず水泳選手の方がとても美味しいと絶賛し、マットも同意して賞賛の言葉を浴びせ始めた。するとその美女がこう言い放ったのである。「特に女性がこの香りの良さを好みますよ」。マットは思わず美女を二度見し、「それ、俺が女性向けビールを気に入ったってこと⁉」。その瞬間、我々は息を呑んで凍りついた。せっかくいい感じだったのに、一瞬で吹き飛んでしまった。

その後もメディア出演が続いた。中でも一番詳細に取り上げ、且つ野心的でもあったのは、トルコにあるあの墳墓傍（それも古代そこで実際に挙行したと思われる場所近く）で再現した葬宴である。イギリスのテレビ局によるこの特別一時間番組は費用を惜しまず制作され、二〇〇一年一二月に放映された。青銅の酒器は、アンカラにあるバザールの鍛冶職人が復元した。そして地元ポラトル村の住民がラム肉を串刺しにして炙り焼きし、集めたレンズ豆をすり鉢とすりこぎですり潰してメイン・ディッシュを用意したのである。出来上がったのは、スパイスが効いてとびきり美味しいシチューであった。

テレビ番組制作は、常に予定通りにいくとは限らない。これはサムにとって初めての中東旅行であった。それなのにトルコ到着早々、夕食をとっていたアンカラ市内のレストランに警察が催涙弾を投げ込み、ディナーはいきなり中断されたのである。目に焼け付くような痛みを感じつつ、我々は通りへと逃げ出した。

また、墳墓で再現するこの告別の宴用にミダス・タッチをトルコへ輸出できなかったため、カヴァクル・デレ・ワイナリー〔一九二九年にアンカラで設立されたトルコの有名なワイナリー〕の社長、メフメット・バシュマンに連絡をとり、匹敵する飲み物を作ってもらうよう頼んだ。社長は二つ返事で承諾し、ワインの作り手のひとりを担当に任命した。しかしその作り手の心がおそらくサムほど超絶飲料に入れ込んでいなかったためか、出来上がった古代酒の現代解釈版はあまりにも香り高さに欠け、酸っぱくすらもあり、王にふさわしいとはとても思えなかった。

この超絶発酵アルコール飲料について我々が発表した科学研究論文は、世界有数の学術誌『ネイチャー』に掲載された。クリスマス号だったその表紙を飾った栄えあるカラー写真は、紫色と青色をした布の上に横たえられた王と、背後にひしめく膨大な数の酒器セットを写していた。これには誰もが刺激された。そして大英博物館では、碑文学者と考古学者と保存担当者が自分たちで造ったこの飲み物を飲みつつ、その年のクリスマスを祝ったという。

ミダスは二度死ぬ——ミダス・タッチの復活

ミダス・タッチの当初の成功が過ぎ去ると、売り上げが落ちて現実に直面させられた。消費者はもっと安定した商品を欲していたのである。そこでサムは、大瓶一本から三六〇ミリリットル瓶の四本セットに切り替えて、この再現飲料の活力を取り戻した。これだと同じ値段で今までの約二倍飲める。そうして再び売り上げが伸びた。

これは、ドッグフィッシュ・ヘッドがまたひとつ消えゆくクラフト・ブリュワリーになりそうな状態から、アメリカで急成長し始めたブリュワリーのひとつになっていく間の出来事だ。私が講義の中で初めてドッグフィッシュ・ヘッドの名を出した時、皆ぽかんとした顔をしていた。それが今では、ほぼ誰もが知っていて当たり前の名前になっている。

二〇一四年、ミダス・タッチは海外にも進出した。ミュンヘンを拠点とした権威あるビール・コンテスト「ヨーロピアン・ビア・スター」で金メダルを受賞したのである。またドッグフィッシュの醸造ビールは、現在イギリスとイタリアにも流通し始めた。トルコとミダス墳墓に届く日も遠からじか?

ミダス・タッチは、その後もアメリカ国内外で幾度となく再現された古の宴に最適な飲み物であった。しかし食べ物に関しては、いかに異国料理といえどもメイン・ディッシュがシチューなのを好まないシェフもいたため、メインを別メニューに解釈するのも良しとした。ラム・チョップ(仔羊の骨付きロース肉)やラムもも肉のローストに変えたシェフもいる。そこは譲歩しても、飲み物だけはミダス・タッチのみ、と強くこだわった。

また、この歴史的な飲み物を現代で味わってみたいという消費者の要望が高まる中、フリギア王国のグロッグをテイスティングするイベントの人気も急上昇した。特に医療従事者の間で関心が高かったのはそれほど意外でもない。なにしろこうした飲み物はかつて人類にとって世界共通の鎮痛剤や治療薬だったのだ。どうやら現代の医師も過去のシャーマンも、常に最高のものを入手できるらしい。これまでに私が講義をしたり共に我らの古代エールを飲んだりしてきた相手には、歯周病治療の専門医、一般外科医、内科医、ゲノム薬理学者、感覚科学研究者、耳鼻咽喉科医などがいる。

サムと私は、我々の超絶飲料の再現について、それも特にミダス・タッチに関して、ある意味「良い醸造家と良い学者」のコントのようなかけあいをよくやる。グラスを片手に、その場で思いつくまま軽快に会話のやりとりを繰り広げるのだ。

私は、一六世紀のビール純粋令に追随するバイエルン地方のラガービールを嗜《たしな》む若者として出発したかもしれない。だが今は、超絶発酵飲料を復刻して味わうことを熱く信奉する者であり、それを実践する者でもある。もしあの日バックリー酒場に立ち寄らなかったら、あるいはサムのシェルター・ペール・エールを味わわなかったら、一体どうなっていただろう、とよく思う。あの味覚を目覚めさせる体験が、ミダス王の飲み物をサムに再現してもらう流れに繋がったのだ。あのビールも私も、あるべき時にあるべき場所にあった。そしてあれはここ一五年間に幾度となく起きた僥倖《ぎょうこう》な出会いの、最初のひとつに過ぎなかった。私が古代の超絶発酵アルコール飲料を再発見していたとき、サムは現代の奇抜なビールを再創造して、互いに並走していたのである。そんなふたりがミダス・タッチを機に手を組み、その協働作業が、ここから世界各地の超絶発酵アルコール飲料造りを辿っていくさらに数多くの冒険に満ちた旅路へと、我々を旅立たせたのであった。

ミダス・タッチの自家醸造用アレンジレシピ

作：ダグ・グリフィス
参考：Calagione, 2012a, pp.150-151［ブライアン・セルダース版］
参照：Calagione, 2012a, pp.170-171［クリス・ウッドとエリック・レイボルト版］

材料	分量	必要になるタイミング
水	23L	煮沸開始前
ドライモルト（粉末）のライトまたはエクストラ・ライト	3.6kg	煮沸終了75分前
クローバーのハチミツ	900g	煮沸終了75分前
シムコー・ホップ	7g	煮沸終了60分前
サフラン（ホール）	10本	煮沸の最後
酵母 White Labs WLP001 （アメリカンエール） Safale US-05 （アメリカンエール） など	1袋	発酵
濃縮白ブドウ果汁 （マスカット品種が好ましい）	950cc	発酵3日目
プライミング・シュガー	140g	瓶詰め
瓶詰め用ボトルと王冠		瓶詰め

初期比重：1・086
最終比重：1・026
最終的な目標アルコール度数：9％
国際苦味単位（IBU）：12
最終容量：19L

・・作り方・・

① 醸造ケトル（鍋）に23Lの水を入れて火にかけ、沸騰させる。

② 火から下ろし、ドライモルトとハチミツを加える。再び火にかけて再沸騰させる。

③ 15分経ったら、シムコー・ホップを加える。そのまま60分間煮沸し続けた後、火から下ろしてサフランを加え、ケトル内の液体をかき回してワールプール（渦）を作る。

④ ③でできたワート（発酵前の甘い穀類汁）を冷まし、澱引き（ラッキング）して発酵槽に移し替える。固形物は出来るだけ鍋側に残す（多少は発酵槽に入っても問題はなく、酵母の健全性を保つのに役立つ）。

⑤ 冷ましたワートに、あまりクセのないタイプのエール酵母を投入（ピッチング）し、20〜22℃に保って発酵させる。

⑥ 「赤ん坊をあやす」ように容器を揺らして、ワートに空気を含ませる（エアレーションする）。

⑦ 最も激しい発酵状態が収まってきたら（約3日後）、白ブドウの濃縮果汁を加える。

⑧ もう一度赤ん坊をあやすように揺らす。

⑨ さらに5〜7日間発酵させたら、澱引きして二次発酵槽に移し替える。12〜14日間、二次発酵槽でビールをコンディショニング〔二次発酵を促して天然炭酸の量を上げる、ビールの状態調整〕する。

⑩ 瓶詰め前に、瓶と王冠を洗って殺菌する。

⑪ 沸騰させた湯240cc〔分量外〕にプライミング・シュガーを溶かして、プライミング溶液を作っておく。

⑫ 殺菌した瓶詰め用バケツに、サイフォンを使ってビールを移し替える。

⑬ ⑪のプライミング溶液を加え、そっとかき混ぜる。

⑭ ビールを瓶詰めし、王冠で蓋をする。

⑮ 約2週間で飲み頃になる。

ミダス・タッチとのペアリング料理

焦がしラム肉とレンズ豆のスパイスシチュー

作：パメラ・ホロウィッツ（フロヴァンス・ケータリングのシェフ）
アレンジ：アイシェ・ギュルサン・サルズマン（ゴルディオン考古学プロジェクト副ディレクター）

材料（4人分）	分量	準備
ラム（仔羊）または その他のシチュー用肉	680g	4cmの角切り
塩・コショウ	少々	
オリーブオイル	大さじ4	大さじ2ずつに分けておく
タマネギ（大）	1個	乱切り
ニンジン	1本	乱切り
セロリ	2本	乱切り
クミン	小さじ1	
タイム	大さじ1	
赤ワイン、または市販か 自家醸造版のミダス・タッチ	ひとふり	
水またはスープ・ストック（出汁）	1180cc	半分ずつに分けておく
緑レンズ豆	285g	洗っておく
ハチミツ	大さじ2	

「ミダス王告別の宴」用メイン・ディッシュのオリジナル版は、当時ペン博物館ケータリング・カンパニーのシェフだったパメラ・ホロウィッツが準備した。そして2000年9月、同博物館で初めて再現されたディナー・イベントで提供されたのである。化学的なデータに基づいて古代の食事を再現したのは、これが初めてであった。

・・作り方・・

① 肉に塩・コショウをふって味付けする。
② 大きめのダッチ・オーブン（分厚い金属製の蓋つき鍋）を強めの中火にかけ、オリーブオイル大さじ2で肉に焦げ目がつくまで焼いて、取り出す。
③ 肉を焼いた後の鍋に、残りのオリーブオイル大さじ2を入れ、乱切りにしたタマネギ・ニンジン・セロリ加えて、約5分炒める。
④ クミンとタイムを加え、時々混ぜながら炒める。
⑤ ワイン（あるいは市販か自家醸造版のミダス・タッチがベスト）をさっとふりかけ、デグラッセする（鍋に付着した旨味を煮溶かす）。

⑥ 肉を肉汁ごと鍋に戻し、水またはスープ・ストック（出汁）５９０ccを加え、約30分間、肉が柔らかくなるまでグツグツ煮込む。

⑦ レンズ豆と残りの水またはスープ・ストック５９０ccを加えてかき混ぜ、再び沸騰させる。

⑧ お好みでワイン（もしくは市販か自家醸造版のミダス・タッチ）をさらに加える。30分間とろ火でコトコト煮込む。

⑨ ハチミツを加えてかき混ぜる。

⑩ １８０℃に温めたオーブンに鍋ごと入れて、40～45分加熱する。

⑪ 肉がちょうど良いぐあいになったら、器に盛りつける。

3章　シャトー・ジアフー《賈湖城》

中国でずっと酔いしれていたい新石器時代ビール

ミダス・タッチは、それほど古代のものでもない（たかだか二七〇〇〇年前）とはいえ、こんな疑問を抱かせた。人類はどれくらい昔から、超絶発酵飲料を作って飲んでいたのだろう？　「シャトー・ジアフー（賈湖城）」は、その問いに対する部分的な答えをくれる。これは恐竜ビールどころか旧石器時代の「ボジョレ・ヌーボー」ですらないものの、九〇〇〇年前の新石器時代初期まで遡り、いろんな意味で「攻めて」みたビールだ。

我々の祖先は常に移動していた。木々に果物がなり、穀類が実り、花々やハーブが一斉に萌え出し、動物たちが棲み処を移すという季節の移り変わりに合わせて動く、狩猟採集民だったわけだ。気候条件の悪化により食料源が底をつきそうになると、また居場所を変えたくなる。しかしその先に立ちはだかる砂漠や山脈の向こうに、果たして今より青々とした大地が広がっているのかどうかは誰も知る由もない。それでも、アフリカでは二〇〇万年もの間、暑い乾期と冷たい雨期との極限を常に行ったり来たりしていたため、祖先たちは運を天に任せて「出《しゅつ》アフリカ」を果たし、アジアへと向かったのだ。その経路は、アフリカ大陸とユーラシア大陸を繋ぐシナイ半島へと抜ける北方の道だったかもしれないし、その南にある紅海が時折干上がるタイミングを狙って対岸へと渡った南方の道だったかもしれない。いずれにせよ、今から約二〇〇万年前には、コーカサス地方のジョージアまで移動していた。そしてその一〇〇万年後には、もしインドネシア諸島のフローレス島で発見された身長一メートル弱の「ホビット」の存在が立証されれば、船のような何らかの乗り物を使ってそこに到達したことになる。

現生人類（ホモ・サピエンス）も、今から約一〇万年前にこのアジア大陸横断の旅を再演している。そして五万年前頃にはオーストラリアにたどり着いていた。この時もやはりシナイ半島へ抜ける北側の陸路を歩いたか、紅海の南端にあって幅の狭いバブ・エル・マンデブ海峡を船で渡ったのかもしれない。オーストラリアへは、きっと島から島へ約二〇キロずつ渡って、少なくとも三二〇〇キロはある道のりを越えたと考えられる。

冒険に満ちた新しい世界、アジアへ

アジアへの道すがら、祖先たちはこれまで見たこともないような、発酵飲料だって作れたであろう様々な植物に出迎えられた。旅の通過地点として考えられるのは、シナイ半島からユーラシア大陸への入り口にあるネゲヴ砂漠だ。ここは今でこそ砂漠だが、当時は水の豊かな地であった。そこからさらに北上し、イチジク、デーツ、穀類、ハチミツが豊富に採れ、コリアンダーやクミン、レモンバームにタイムなどのハーブも自生する、緑豊かなヨルダン渓谷を通ったのではなかろうか。

しかしそんなヨルダン渓谷のみならず、近東地域にさえ留まらなかった者もいた。いくつかの集団はさらに東方のインドへ、そして東南アジアへと旅を続けたのである。海岸線から離れないようにすれば、中央アジアを西から東へ横断する道に立ちはだかる山々を避けられる。だがインドや東南アジアを流れる大河の数々、とりわけインダス川、ガンジス川、メコン川などには立ち向かわねばならない。加えて揚子江や黄河などの中国の大河は西から東に流れて、北方への移動を妨げている。

そんな中、向こう見ずな連中が別の方向へ進もうと、大陸の真ん中を横切る決心をしたのは間違いない。そしておそらくは数世代かけて横断したのだ。このルートは「先史時代のシルクロード」、或いは「ユーラシアのワインの道」などと呼ばれている。ヨルダン渓谷からイランを横切り、アフガニスタン東部にあるパミール高原やヒンドゥークシュ山脈などの壮大な山々に到達するまでの道のりは約三〇〇〇キロになる。それでも冒険心溢れる祖先たちがこの山脈の壁に対峙したあたりは、まだその先にある中国の黄海までの道半ばにも満たない。そこからさらに歩いた三五〇〇キロには、「死の砂漠」と称されるタクラマカン砂漠の北端や南端の不毛地帯を、オアシスから次のオアシスへと進んで越えていく旅も含まれている。そしてこの砂漠は、「一度入ったら二度と出られない」という表現の由来とも言われる場所なのだ。しかし祖先たちのこんな苦労の全ては、向こう側に辿り着いた時に十分報われたであろう。

長い旅の途中で、旅人たちはオアシスの町敦煌《ドゥンファン》（とんこう）を通過したのかもしれない。敦煌は、これより遥か後に極彩色の仏教石窟が華を添えた地だ。またこの付近から万里の長城がうねうねと連なり、黄海まで九〇〇〇キロ続いている。そして敦煌から祖先たちが辿った可能性の高いルートは、河西回廊〔甘粛《ガンスー》走廊ともいう。黄河の西にあり、西域と東域を結ぶ細長い交通路〕を通り、南北に大きく曲がる黄河のループではなく真っ直ぐ東へ流れる渭水に沿って現在の陝西《シャーンシー》（せんせい）省にある西安《シーアン》へ向かう道である。この経路では、乾燥しながらも肥沃な黄土高原を東へと横断していく。黄土高原の豊かな大地は、最終氷期の名残である。氷河の縁に沿って形成されていったきめ細かいシルト〔砂より細かく粘土より粗い土粒子。沈泥〕が、風に乗ってその土地一帯に広がったのだ。何メートルにも厚く堆積したその土はあちこち深くえぐりとられて、数々の峡谷やパッチワーク模様さながらの小峡谷を生みだしている。

黄河の流れは、やがてなだらかに起伏する広々とした田園地帯に出る。その土は落葉樹の果物や穀類を育てるのに最適だ。古代の祖先たちがモモ、ナシ、ナツメ（*Zizyphus* sp.）、アンズ、ウメの木などを初めて目にした時、きっと畏敬の念に打たれて立ち尽くしたに違いない。そして野原で風にそよぐ妙な草〔後に耕作用の雑穀やコメとなるもの〕を、不思議そうに見つめたのだろう。

古代移民たちには馴染み深かったのかもしれない旅の中継地点に、山西《シャンシー》（さんせい）省の柿子灘《シーズータン》がある。そこに存在する二万三〇〇〇～一万九五〇〇年前の遺跡は、アジア大陸の反対側にあるイスラエルのガリラヤ湖畔で発見されたオハロⅡ遺跡とほぼ時期を同じくする。どちらの遺跡からも、穀物のデンプン質を嚙み込んだ磨石や、野生の穀類収穫から付着した珪酸塩被膜で刃部に光沢を帯びた石鎌などが出土し、人類はその頃様々な野草を試食し始めていたと示唆している。西洋ではオオムギ、コムギ、オーツムギ（燕麦）の祖先の存在が確認され、東洋ではアワ、ホウキキビ、コメ、コムギの祖先が優勢であった。ただし中国におけるコムギは、紀元前三〇〇〇年期後半に西アジアから持ち込まれるまで、栽培化されなかったのである。

賈湖紹介前に期待を高めるこぼれ話——西安

西安は、我々の発酵飲料物語において重要な役割を担う。それは中国を統一した最初の皇帝である始皇帝が、紀元前二一〇年にこの地でかの有名な兵馬俑《へいばよう》の軍勢と共に華々しく葬られたからだけではない。西安とその周辺地域は、固く密栓されて何千年という時を経てなお液状を保ったままの発酵アルコール飲料入り青銅器を収めた墓が無限にあるかのごとき場所としても際立っているのだ。こんなにも並外れた保存状態の副葬品を秘めた墓の数々は、殷《いん》（当時の名は「商」）王朝後期（およそ紀元前一一〇〇年）のものから、漢の時代（紀元前二〇六年から紀元後二二〇年）のものまで幅広く存在する。

中でも目を見張る例のひとつは、二〇〇三年に発見され、中に二六リットルもの液体が入っていた壺だ。開けてみると「美味しそうな香りと軽い味わい」がしたと言われているものの、こんなテイスティング・ノートに対し、科学的報告書に基づいた補足説明はまだない。これまでに宝鶏《バオジー》（西安から西に一六〇キロ）や白水《バイシュエ》（西安から北東に一〇〇キロ）で発見された液体試料を含め、どれもこれも残念ながら化学的には同じくらいどうしようもない状態のままだ。

しかし時には、遺跡で見つかった植物考古学的あるいは顕微鏡観察による物証が、その土器壺に入っていたのは発酵飲料だという動かぬ証拠になったりもする。例えば西安から北東方向にある台西《タイシー》で発見された壺には、重さ八・五キロの白い塊が入っていた。そしてその正体はなんと器の底に酒の澱《おり》として溜まった酵母細胞ばかりの固形物だったのである。こんな酒を飲んだら卒倒間違いなしだ。また同じ遺跡にあった別の大きな壺からは、スイートクローバー、ジャスミン、ヘンプ（麻）の種の他、モモ、ウメ、ナツメの種も山ほど見つかった。こうした詳細情報があれば、内容の乏しいワインやビールのテイスティング・ノートにもいくらか枝葉をつけられそうなものだ。

西安東部郊外の渭水支流沿いで最近発見された米家崖《ミジャヤ》遺跡はさらに過去へと遡り、今のところ中国最古の醸造所が出土した。おそらく醸造中に発生する熱を相殺するため地下に作ったこの施設では、発酵に使う広口甕、貯蔵用細口壺、発酵成果物を貯蔵壺へ移す土器製の漏斗《ろうと》、そして土器製の炉がひとつずつ見つかった。紀元前三四〇〇～前二九〇〇年頃と推定されるこの遺跡は、偶然にも、中近東のゴディン・テペ遺跡（イラン）で出土して我が研究所が分析し、世界最古と化学的に証明されたオオムギビール酒器と時期を同じくする。ゴディン・テペでも米家崖と同じく広口甕が発酵に使われていたほか、未分析ながら保存用と思しき細口壺も米家崖のものに似ている。そして米家崖の甕と漏斗を植物学的・化学的に調査した結果、ここでは発芽オオムギを、ホウキキビ・ハトムギ・塊茎類（ヤムイモ、ユリ根、ヘビウリなど）と一緒に発酵させて超絶発酵飲料にしていたのだと明らかになったのである。このオオムギは中国で使われた最古の例であり、西洋からもたらされたものに違いない。副原料として使われた可能性のある果物やハチミツやハーブなどを探り出すための検証はまだこれからだ。

西安は、中国で最も重要な新石器時代初期の遺跡のひとつに数えられる半坡《バンポ》遺跡の里でもある。半坡は、そこから東に五〇〇キロ離れた賈湖《ジアフー》の定住遺跡とほぼ同時期の遺跡だ。半坡で出土した仰韶《ヤンシャオ》（ぎょうしょう）文化の大きな壺の数々（ちなみに発酵飲料が入れられていた可能性が高い——といっても未分析だが）は、まるで陶芸の手本のようだ。渦巻きや斜線、市松といった模様に加え、遠い過去から今にも目前に飛び出してきそうな多彩色の鳥や魚を伴うものも稀にある。賈湖の器も形は似ているが、装飾はない。その見劣り分は、世界最古の発酵アルコール飲料だと化学的に同定された液体を内に秘めて挽回したのだった。

新しい世界への扉が開く

一九九〇年代後半までの私の主な研究対象は近東地域だったので、どうしてまた古代中国の案件などに関わったのか、と不思議に思われるかもしれない。いったい誰のせいかといえば、イェール大学の考古学者、アン・アンダーヒルである。中国が諸外国に対し再び門戸を開いてから初めて中国大陸へ渡るアメリカ調査隊のひとつを発起したこの人物は、発酵アルコール飲料が古代中国文化に深く関わり、社交、宗教儀式、祝宴などで現代と同じような役割を果たしていたはずだと確信していた。そのアンが私に、山東《シャンドン》省にある新石器時代後期の両城鎮《リャンチェンジェン》遺跡発掘プロジェクトに参加して器の化学分析をしないか、と持ちかけてきたのだ。中国古代文明などほぼ何も知らないに等しく、言葉もわからずひとりでは路頭に迷いかねない気がしつつも、当時の私にとって見逃すにはあまりにも惜しいチャンスだった。そこで思い切ってやってみようと決めて、他にも古代土器試料を得られそうな遺跡はないか検討し始めたのである。

中国科学技術大学（ＵＳＴＣ）の王昌燧《ワンチャンシュエイ》教授には特に世話になった。同大学の科技考古学部長だった昌燧は、北京と黄河沿いにある主要遺跡の数々で著名な考古学者や科学者を訪問する盛りだくさんの行程をお膳立てしてくれた。さらに夜行列車の旅にすら同行して、通訳兼気のおけない友人となってくれただけでなく、現代中国の日常生活や習慣、そしてなにより食事についてもあれこれ教えてくれたのである。毎晩のように催される宴会では、主賓である私が焼き魚に最初の箸をつけるよう促された。箸でうまく口まで持っていけたら、やんややの喝采を受ける。そしてこうした宴会では、遠い過去に起源を持つ発酵アルコール飲料での乾杯が、場を最高に盛り上げるのだと発見した。「健康と研究の成功を祈って！」と、何度も繰り返されるのである。そんな中、タカキビ（ソルガム）やアワ（ミレット）が主原料でアルコール度数の高い蒸溜酒を避けるべく、私はもっぱらアルコールがやさしめで香りも豊かな米のビールを頼んでいた。その逃げ口上は、自然発酵しかなかった時代を研究しているから、である。

相手の瞳を見据えて杯を重ねるうちに信頼関係が築かれ、それが後に試料持ち出しの承認を得て通関を通り、ペン博物館の我が研究室へ持ち帰る段になって役立った。この一連の手続きが、中国では簡単なようで実に難しい。だから最新の科学機器を使った試験で古代中国の酒についてもっといろんな発見がしたいと、私に負けないくらいの熱意と関心を持っている友人や研究者が肝心な場所にいると助かる。

やがて昌燧と私は鄭州《ジェンジョウ》（ていしゅう）にたどり着き、賈湖から北に約二〇〇キロ離れた河南《ハーナン》（かなん）省文物考古研究院を訪れた。ここで賈湖研究の主任考古学者を務める張居中《ジャンジュージョン》が、賈湖で出土した土器の非公開収蔵庫へと案内してくれた。そこで見たものは、我が目を疑う光景であった。土器という土器が、いくつもの棚に何段もずらりと完璧な保存状態で並んでいる。中でも特に興味をひかれたのは数多くの双耳壺だ。ワインなどの様々な物資を近東全域及び地中海を越えた西方へと運ぶのに陸海路両方で使われたカナン壺（5章）を彷彿とさせたからである。さらに同じくらい目を引いたのは、胴体の真ん中あたりが急角度に張り出し、磨き上げられて深い赤みを纏《まと》った水差しの数々だった。

ここで居中が必殺情報を披露して、驚愕レベルを引き上げた。なんとその水差しは、最古のもので紀元前七〇〇〇年、その後も紀元前五五〇〇年ごろまで作られ続けていたものだという。もう驚きのあまり卒倒しそうになった。「文明のゆりかご」などと称される近東地域でさえ、土器が作られ始めたのは紀元前六〇〇〇年頃なのに、ここにはそれより一〇〇〇年も昔の極めて上等な土器があるのだ。実際、中国では早くて紀元前一万六〇〇〇年から土器が作られ始めていたと今でこそ知られているとはいえ、一九九九年といえばまだ、中国は随分と早い時期からかなり発達していたらしい、という噂がやっと漏れ聞こえ始めた頃だった。

古代発酵アルコール飲料の発見に土器がどれほど重要かは序章で少し触れた。我々の祖先が定住していろんな動植物を育て始め、それを基盤にして十地ごとに独特な食事を作るようになっていくうち、形成自在な粘土のおかげで、そんな飲食物を加工・保存・提供・消費するといったそれぞれの目的に適した器を作れるようになり、それがやがて焼かれて土器になったのである。そしてこの実用的技術は人間らしく生きていく最低限の生活において中心的役割を担うようになっただけでなく、更なる利点もあった。土器の胎土〔焼いた後の粘土素地〕は多孔質で極性があるため、液体（発酵飲料とか）を吸収してそのまま保持し、内容物に含まれる化合物の多くを何世紀も温存してくれるのだ。この特性のおかげで、土器は化学分析にとって完璧な媒体となる。

居中はすぐに、私が賈湖土器研究に参入して分析を開始できるよう素早く手はずを整えてくれた。そして我々はその日のうちに分析用の土器片として、固形物が沈殿しやすく液体も一番浸透しやすい底部の破片を全体的に狙って、一六片選りすぐったのである。もうすぐ壺の中身を明らかにできそうな予感を胸に、その日の夕食会では香り高く味わい豊かな米のビールで祝杯をあげたのであった。

単なる酒飲み社会ではなかった賈湖

賈湖は、ただのありふれた新石器時代初期の遺跡とはわけが違う。まず、ここでは中国発掘隊の巧みな作業によって、紀元前七〇〇〇年頃の最古の米が見つかった。これは揚子江下流にある谷からの出土米にも引けを取らない。また、賈湖の出土米は栽培によるものと野生のものがほぼ半々で、栽培化への過渡期だったと示唆している。

さらに居中の発掘調査隊は、ここで他にも数多くの胸踊る学術的発見をしている。いくつか例を挙げると、窯の使用を仄めかす九〇〇℃もの高温で焼かれた土器、植物珪酸体によって光沢を帯びた石鎌、長距離交易を裏付けるトルコ石の工芸品、儀式的に埋葬された犬、家屋の基盤に埋められた亀の甲羅（後に中国では伝統的に亀が長寿や安定の象徴となったのを考えればとても理に適う）などだ。

そして二〇一三年に行なわれた賈湖遺跡発掘三〇周年記念国際学会に私が出席した時には、以前既に発掘されていた二〇〇余の墓群に加え、もっとたくさんの墓が出土していた。地面を切り下げるように掘った浅い墓坑には、まれに死後頭部が切り離されていた例外的なケースを除き、通常人ひとり分の全身の骨格が完全に繋げられた状態で葬られている。そして頭部の近くや口元に（おそらくあの世で飲みやすくするためか？）壺がひとつ以上置かれているのだ。

また、この学会で居中が発表したのは、墓の多くで見つかり、一番古いもので紀元前七〇〇〇年にもなる特異な骨笛の新たな詳細情報であった。なんと見つかった骨笛のうち、三三本が世界最古の「演奏可能な」楽器になると言う。笛ごとに二個から八個の穴が整然と開けられており、五音、六音、七音の音階を奏でられる。どれも西洋人の耳にはなんだか奇妙な音色だ。だが六つある穴のうち五つを指で塞ぎ、開けたままにするひとつを入れ替えて奏でる五音音階は、伝統的な中国民俗音楽の基本なのである。

面白いことに、どの骨笛もある特別な鳥の翼の骨で作られていた。タンチョウヅルの尺骨である。雪のような白い羽に黒と赤でメリハリをつけたこの鳥は、複雑な求愛のダンスを舞う。お辞儀をしたり飛び跳ねたり、翼を大きく広げたりといったバラエティに富む動きを存分に披露した後、歌うような鳴き声を鳴り響かせて幕を閉じるのだ。この鳥は今も中国において伝統的に重要視されている。もしかすると、この鳥の骨でなければ人間の音楽をきちんと奏でられないというこだわりが、この骨笛を傍に置いて埋葬された賈湖の楽師たちにはあったのかもしれない。

賈湖遺跡では、亀の甲羅に刻まれていた中国最古の文字と言えそうなものも出土した。ここより数千年後に栄えた伝説的な殷王朝の首都の数々（安陽《アンヤン》など）でも同じように亀甲に刻まれた甲骨文字が見つかっており、シャーマンのような祈禱師の占いで未来を予言して保証するのに使われたと考えられている。仮に賈湖で発見された契刻文字が古代中国文字の一種だったとして、その亀甲に殷の甲骨文字と同じような重要性があったのかどうかはわからない。しかしここで見つかった亀甲や楽器、そして何よりも混合発酵飲料といったものの全てが、後の中国における宗教儀式や葬儀でも重要だったとする見方に関連づけると、この仮定に対する信憑性は高まる。さらに賈湖で出土した亀甲のうち、契刻がないものの多くには、殷王朝後期によく占術法として使われた小石が詰め込まれていた。

賈湖とほぼ同時期のアジア別地域で見られる亀の重要性も考えてみたい。イスラエルのガリラヤ地域にある丘で発見されたヒラゾン・タハティート遺跡では、約一万二五〇〇年前に埋葬された年配女性の周りに、亀の甲羅が五〇枚以上置かれていた。それだけでなくテンの頭蓋骨にオーロックス〔家畜牛の祖先〕の尻尾、イヌワシの翼端、ヒョウの骨盤、ガゼルのオスの角、イノシシの前足、加えて未だ意味不明な足首関節付きの人間の足も一緒に葬られていた。体の部位により何らかの意味を象徴したのかもしれないこんな動物の数々は、様々な文化で精神世界への入り口を守るものと捉えられている。そして身体的な特異性を持つこの女性は集落で特に尊敬された人物であり、恐らくはシャーマンだったという説を信じるに足る十分な証拠が、ヒラゾン・タハティート発掘隊によって示された。超絶発酵飲料を作って振る舞っていたのかどうかまでは定かでないものの、墓にまで持っていったすり鉢で、穀類や植物を潰してそんな飲み物に入れていたのかもしれない。

それより後の時代である紀元前一世紀から紀元後一世紀までに書かれた古代中国の書物『礼記《リジ》（らいき）』と『儀礼《イリ》（ぎらい）』には、紀元前二千年紀後半から紀元前一千年紀前半の殷王朝や西周王朝にまで遡る伝統が記されている。その記述から、当時家族の誰かが亡くなると、亡き先祖と会話するための「尸《シ》（かたしろ）」〔故人の身代わり〕を選んだことがわかっている。そしてその尸は、儀式の準備でアワか米の酒を九杯飲まねばならなかった。結果は推して知るべし。仮にその器が殷王朝の優美な青銅の高坏「觚《グ》（こ）」であれば、飲み口ギリギリまで注ぐと〇・五リットルはあったであろう。それを九杯飲むとなると全部で四・五リットルになり、ほぼ間違いなく酩酊したはずだ。もし新石器時代にもそんな儀式が行なわれていたならば、この尸に相当する人物もきっと同じ運命を辿ったのではなかろうか。新石器時代の器の容量は觚とほぼ同量なのに加え、読み進めるとおわかりいただけるとおり、当時アルコール度数一〇%の飲み物を作るのも不可能ではなかったのだから。

しかしこういった儀式では酩酊状態になるのがそもそもの意義で、それは遥か遠い昔から行なわれてきた中国の伝統とも合致する。北方のツンドラ地帯に住むシャーマンと同じく、変性意識状態になると精神世界に入りこめるのだ。尸が酔っ払うに連れて「霊魂たちも皆酔う」と言われる。そして後の時代に音楽や太鼓を儀式終了の合図としたように、賈湖のシャーマンは骨笛を奏でていたのかもしれない。

分析開始

フィラデルフィアに戻った時には、賈湖壺の分析を開始する準備は万全であった。ミダス王飲料の研究は収束しつつあり、我々はその時初めて使用した分析法を今回の分析にも使う意欲に燃えていた。そしてさらにもうふたつ、新たな技法を分析のレパートリーに加え入れた。ひとつめは、揮発性化合物をパージ&トラップで捉えたのちに加熱脱離させてGC－MSへ導き検出する方法で、ある意味SPME（序章）に似ている。ふたつめは、質量数の異なる炭素・窒素・酸素原子を大気中から選り好みして摂取し代謝する植物を同位体分析で同定する手法である。

賈湖の壺には何らかの液体が入っていた、とほぼ確信していた。どれも首が細くて長く、口縁は広がっており、飲み物を入れて注ぐのに理想的な形だったからだ。わからないのは、その飲み物は何だったのか？ である。

持ち帰った土器片をひとつまたひとつと分析していくと、いくつかの同じ化合物が何度も検出された。ひとつはミツロウの化合物である。ミダス王飲料でも検出されたこの化合物は、賈湖飲料の構成成分のひとつが糖度の高いハチミツだったと示唆している。次に酒石酸も見つかった。これは中東ではブドウとワインのバイオマーカーだが、中国ではブドウの三倍分にもなる酒石酸を含むサンザシ（*Crataegus cuneata*）やオオミサンザシ（*Crataegus pinnatifida*）の実を示すものでもある。最後に、植物ステロールのフェルラ酸エステル類と化学的にほぼ同じ化合物は、三つ目の主原料が米だったと暗示していた。そして、糖度の高い果実やハチミツにはつきものの酵母が、その液体を確実に発酵させたのだろう。

ハチミツからできるミード、米からはビール、ブドウもしくはサンザシの実からはワインという三つを混ぜ合わせたこの超絶発酵アルコール飲料は、新石器時代のグロッグ、あるいはカクテルとでも呼べそうだ。こんなにごちゃ混ぜな発酵飲料は、フリギアのグロッグ同様、奇妙すぎてあまり美味しくなさそうな気がするかもしれない。しかしこの一五年の間にわかってきたのは、いろんなものを混ぜて発酵させた飲み物こそが古代では一般的な定石で、初めて植物を栽培し発酵飲料を「大量生産」し始めた新石器時代は特にそうだったのだ。また、糖を含む食材を複数混ぜ合わせるやり方で、我が祖先たちは偶然にも「アルコール度数をできるだけ上げる」という、あの終わりなき探究の解決策のひとつを見出したようである。

ブドウかサンザシ、はたまた両方使ったのかもしれないワインの再現

賈湖飲料に使われたのはブドウなのかサンザシなのか、あるいはどちらも入っていたのかはまだわからない。我々が化学分析結果を発表した後、植物考古学研究により賈湖遺跡に存在した果実はブドウとサンザシのみであると判明した。おかげで我々の研究成果をバッチリと裏付けてはくれたものの、結局どちらを使ったのかはわからずじまいだ。

もし使われたのがブドウなら、この賈湖超絶飲料はブドウから作られた世界最古のワインと化学的に証明されたものとして、ワイン愛好家が一目置くことだろう。もちろんブドウ以外の原料も入っているので、ワイン以上のものではある。しかしこんなにも古くからブドウ、それもおそらくは単糖含有量が重量の二〇％にもなるマンシュウヤマブドウ（*Vitis amurensis*）などの中国産野生種が使われていたかもしれないのには正直驚いた。我々の知る限り（と言っても今後の調査で状況が変わるかもしれないが）これまでに中国で発見された推定四〇～六〇種のブドウのうち、栽培化されたものはないはずだ。

同様に、二五〜三〇種ある北米大陸産ブドウのどれをとっても北米先住民が栽培化した形跡は未だ存在せず、ましてそれでワインを作った証拠など言うまでもない。今のところ、人の手による栽培化がわかっているのはユーラシア原産のブドウ（*Vitis vinifera vinifera*）のみだ。現在一万にもなる品種があり、世界中のワインの九九％を生み出している。

通説によると、ブドウでできたワインが中国にもたらされたのは紀元前一三八年になってからで、西安（当時は長安《チャンアン》）の皇帝が武将張騫《ジャンチアン》（ちょうけん）を中央アジア及び更に西域の調査に派遣したのがきっかけとされている。戻ってきた張騫は、フェルガナ盆地に巨大な房をいくつも実らせた化け物みたいなブドウの蔓があったと伝えており、なんだか初めてカナンを見たイスラエルのスパイによる報告とあまり変わらない〔旧約聖書民数記一三章二三節で、モーセに命じられてカナン偵察に送り込まれた者が、カナンではひと房のブドウをふたりで担いでいたと述べている〕。ウズベキスタン、キルギス、タジキスタンの国境にまたがるフェルガナ盆地に実るこのブドウは、現地で有効に活用されていた。張騫曰く、このブドウは奇跡のようなワインを造り出し、一〇年以上の熟成もできたかもしれないという。張騫はそのユーラシアブドウの蔓を切り取って長安へ持ち帰った。それが中国で植え付けられて実を成し、その実で中国初のブドウのワインが作られた、といわれている。

中国ほど歴史が古く国土も広い国であれば、その何千年も昔に賈湖で何が起きていたのかを張騫が知らなかったとしても無理はない。だが今回我々は、賈湖にいた人々が早ければ紀元前七〇〇〇年頃すでに、おそらく中央アジアや西アジアからの直接的影響もなくブドウに慣れ親しんでいて、いろんな使い方も工夫していたようだと知るに至った。加えて、張騫のアジア横断ルート探究の旅より約八〇〇年前の殷王朝時代後期に、占いで使われた亀甲や獣骨に刻まれた甲骨文字には、果実ベースの飲み物「酪《ルオ》」を意味するものもあると考えられている。そしてそんな飲み物には、土着種であれユーラシア種であれ、ブドウが含まれていたかもしれない。

西安のある陝西省は黄土高原の南端に位置し、今も昔もブドウを栽培するのに最適な条件を備えている。それはもっと北方に位置する山西省や寧夏《ニンシャー》（ねいか）省のほか、西方では中央アジア内陸部の奥深くにある新《シン》疆《ジャン》ウイグル自治区といった地域にも当てはまる。ここ二〇年間にこうした地域でブドウの栽培面積が拡大し、ワインの品質も着々と向上し続けている実績により、この見解の正しさは裏付けられているのだ。重要な要素は黄土高原の土壌である。水分を保持する性質のため、灌漑は最小限で済む。またブドウの木が地表から約一二〜一五メートル下に離れた地下水面までなんとか根を届かせようとする過程で、よりおいしくて風味豊かな果実を実らせる。

賈湖で見つかった新石器時代グロッグには、恐らくブドウの他にサンザシの実も入っていたのだろう。西洋人にはサンザシで作るワインなどほぼなじみのないものだが、ヨーロッパやアメリカ品種のサンザシからもれっきとしたワインが作れる。中国のサンザシ酒は、特にその健康効果のために昔も今も重宝されている。それは「酔棗（ナツメ酒）」、カキ（柿）酒、キク酒、イチジク酒などの他、風変わりな花や根を混ぜて作った様々な酒についても同様で、中国はそんな酒の多さで有名だ。

しかし、なぜわざわざサンザシだったのか？　賈湖の超絶飲料にサンザシの実を選んで入れたのは、それがとても甘く、且つ発酵を引き起こす酵母もその果皮に存在するからだろうか。だがそれは中国産の他の果物でも同じ話だ。

その答えはむしろ、サンザシの実が伝統的な中医学において消化促進薬や高血圧緩和薬として使われてきた長い歴史にあるのかもしれない。サンザシは医学的に有益な抗酸化作用化合物を含んでいると様々な研究によって明らかにされており、ブドウに含まれるものと同じく、コレステロールを下げるといわれている。今日ではハチミツと混ぜて錠剤にしたりお茶として飲んだりする。もしかするとこの新石器時代のグロッグのように、発酵飲料として飲むのも同じくらい効果的だったのではなかろうか。しかしその健康効果を見極めるには、さらに多くの研究が必要だ。

最古の米ビールを解き明かす

賈湖飲料の主役は米だ。それは、発酵飲料造りに必要な単糖へ分解されるデンプン質をもたらすものが、この飲料では主に米だからである。しかしこんなにも古い時代に、一体どうやってデンプン質を単糖へ変化（糖化という）させていたのだろう？　私が思うに、米粒を口に入れて噛むのが、発酵可能な甘い穀類汁（ワート）を作るのに一番簡単で手っ取り早い方法だ。なにしろ人間の唾液には生の穀粒を糖化させる酵素（プチアリン）が含まれている。ただし延々と噛み続けて顎がだるくなったり、米粒の尖った部分で歯茎が傷ついたりするのは覚悟せねばならない。そしてひたすら噛んで米粒にしっかり唾液が混ざったら、糖分をいっぱいに含んだ唾液とともに吐き出して、お腹を空かした昆虫が偶然やって来るのをただ待つ。するとそんな昆虫に乗っているたくさんの酵母のおかげで発酵が始まる。

ちなみに、口噛みをさせたら世界一なのは女性だ。それについては後ほどアメリカ大陸のトウモロコシ酒チチャ（8章）で詳しく論じる。また、かつての日本や台湾では、婚礼前に一風変わった「花嫁への婚礼祝い」が行なわれていたと聞く。女性が集団で大きな器を囲み、その器をまる一日かけて唾液と混ぜた米でいっぱいにして、結婚式に必要なだけの伝統的な酒を作ったらしい。

唾液と一緒に吐き出す案はお気に召さないなら、湿度が高くて暖かい場所に棚を設置し、そこに米を広げて数日置くやり方も可能だ。こうすると米そのものに備わるプチアリンのような酵素（アミラーゼ）によって発芽し、甘いモルト（発芽穀粒）ができる。そのモルトに水を加えてマッシュ（糖化過程にある穀類入り液体）を作り、酵母を携えた通りすがりの昆虫を待てば、その酵母によって発酵が引き起こされていく。

もうひとつ別の方法もある。当時これが使われた可能性はかなり低いとはいえ、中国で用いられる特徴的手法として知られているため、言及しておくべきであろう。それは菌類、それも主として胞子が空中を漂っているコウジカビ（*Aspergillus*）やクモノスカビ（*Rhizopus*）やベニコウジカビ（*Monascus*）といったカビ類を使ってデンプン質を糖に分解するやり方で、発酵飲料の作り手たちは遅くとも殷王朝の頃までにこの作用を発見していた。穀類や豆類で作った餅を蒸しておくと、餅の周りに菌糸体と呼ばれるものがこんもりとふかふかの絨毯を形成する。そのカビの菌糸が餅の内部に入り込んでアミラーゼを放出し、デンプンを糖化するのだ。

酵母は、この「カビが生えた餅」（中国語では「麴《チュ》」）に偶発的に取り込まれていく。古い建物の天井や垂木に棲みついていたものが落ちてきたり、どんどん甘くなっていく麴に引き寄せられた昆虫に連れてこられたりするのだ。さらに中国の長い歴史のどこかで、ある特定の薬草類がこの過程を加速することも発見された。現在では約一〇〇種類の薬草を麴に混ぜこみ、酵母の活動を七倍にも高めているという。

そんな薬草のひとつに、ワームウッド（ニガヨモギ）やマグウォート（オウシュウヨモギ）と同じヨモギ属のチョウセンヨモギ（*Artemisia argyi*）がある。我々はこのチョウセンヨモギとその姉妹草であるクソニンジン（*A. annua*）を、三〇〇〇年の時を経てなお液状を保っていたほど保存状態が極めて良好だった米ビール試料中に同定した。この飲み物は殷王朝後期の青銅壺に密閉されていたもので、壺を固く封じていた蓋が腐食して首部分に癒着し、閉じ込められていたのである。壺が気密状態になるまで元の液体のいくらかは蒸発してしまっていたものの、まだ三分の一程度残っていた。

同じくらい驚異的だったのは、この液体が米やアワ・キビを使って伝統的な方法で作った上質なビール特有の香りを放っていたことだ。微かにシェリーのような酸化臭もありつつ、熟成されたランビック・ビールの如く華やかで香り高くもあった。初中国旅行で鄭州と安陽を訪れて、そんな液体の香りを初めて嗅いだときの記憶は今も忘れられない。自分で自分の嗅覚をなかなか信じられないでいると、中国の優れた考古学者である皆が、紛れもなく古代の液体だと確証してくれた。そして私がアメリカに持ち帰って試験できるように、その液体試料を持たせてくれたのである。

その古代米ビールにヨモギ属の薬草が加えられている可能性が高いと判明するや否や、我々は「発掘で秘薬発見（Digging for Drug Discovery: D^3）」プロジェクト（4章）の一環として、医薬的効能が知られているヨモギの化合物「アルテミシニン」の抗がん作用試験を、ペンシルベニア大学病院とエイブラムソンがんセンターで実施した。そしてアルテミシニンとその主要な誘導体〔ある有機化合物から基本構造や性質を保ったまま改変してできた化合物〕であるアルテスネイトは、ありとあらゆるがん、すなわち肺がん（ルイス肺がん）、結腸がん（腺がん）、眼のがん、肝臓がん、卵巣がん、神経系のがん、膵臓がん、そして血液のがんに対して効果が高い、と生体外《イン・ビトロ》試験〔試験管や培養器などで行なう試験〕で示せたのである。マウスを使った生体内《イン・ビボ》試験は未だ進行中で、ヒトの実際のがん治療にむけた臨床試験は始まったばかりだ。

アルテミシニンは強力な抗マラリア薬とも見なされており、よく最後の頼みの綱として投与される。一九七二年には、中国中医科学院の屠呦呦《トゥヨウヨウ》がアルテミシニンの単離に成功し、屠氏はその功績により二〇一五年にノーベル生理学・医学賞を共同受賞した。この受賞は、中国伝統医学に秘められた価値を、西洋医学がようやく認めた証しなのである。

クソニンジン（*A. annua*）もチョウセンヨモギ（*A. argyi*）も、古来伝統的中医学では重要な薬草であり、今も中国で非常によく使われる。通常このふたつは「青蒿《チンハオ》（せいこう）」と「艾葉《アイイエ》（がいよう）」という薬草と同じものと見なされている。どちらも痔の治療薬や一般的な性機能・疲労回復の強壮剤に使う生薬だ。また艾葉の葉は、「灸療法（お灸）」と呼ばれる治療法に使われ、身体にあるツボへ刺した針のあたまにつけて燃やしたりもする。一五九六年に出版された李時珍《リーシージェン》の大作『本草綱目《ほんぞうこうもく》』〔中国の動・植・鉱物約一九〇〇種由来の薬に関する集大成〕では、博学多才な葛洪《ガホン》による四世紀の応急処方集『肘後備急方《ちゅうごびきゅうほう》』〔中医学最初の緊急医療の専門書と言われる〕からの記述を引用しており、ヨモギ類が長きにわたり薬だった事実を裏付けている。

この薬草は、中国最古の処方箋にも記されている。竹や絹布に書かれていたその処方箋は、湖南省にある推定年代紀元前一六八年という馬王堆《マーワンドゥエ》（まおうたい）漢墓に埋葬されていたある貴婦人の、驚異の墓で見つかった。この女性はこれまで発見された中で最も保存状態の良いヒトの遺体といわれ、その内臓組織も損なわれることなく湿った状態で残っていたのである。

こんなヨモギ属を薬草として使ったのは、実はそれよりもっと昔、例えば新石器時代の賈湖にまで遡る可能性はあるだろうか？　もしそうなら、九〇〇〇年前の発酵飲料の作り手は、カビ菌を使った糖化法も知っていただろうか？　中国には途方もなく長い歴史があり、その中で何千年にもわたって伝統的に受け継がれてきた賈湖の発酵飲料造り・芸術・宗教が卓越していたのは明らかだ。また、この地に住んでいた人々は米の栽培化も試みていたほどなのだから、薬草とカビ菌の相互作用も探究していたと考えられなくもない。さらなる発掘とそれに伴う化学的・植物考古学的な調査が、いずれその答えを出してくれるかもしれない。

当時の賈湖でどうだったのかはさておき、現代中国における穀類ベースの発酵飲料造りでは、カビ菌を使った糖化（デンプン分解）法が昔ながらの確実なやり方である。そして中国では、土地ごとにその生態系における地位（ニッチ）を獲得している微生物が異なるため、各地域で発酵飲料の色・味わい・香りは互いに大きく違ってくる。例えば浙江《ジャジャン》（せっこう）省ではベニコウジカビ（*Monascus*）によって深い赤みを帯びた酒になる一方、賈湖遺跡や液状を保っていたあの三〇〇〇年前の殷王朝時代米ビールが見つかった河南省では、コウジカビ（*Aspergillus*）由来で黄みがかった半透明の秘薬となる。ある意味、こんな古代の発酵飲料は現代のクラフトビールと同じだ。これとは対照的に、日本酒は精米、単一酵母、そしてきめ細かくコントロールされた醸造工程に従って造られる〔現在は確かに単一酵母で醸すやり方が主流ではあるものの、かつては酒蔵に自生する蔵付き酵母で酒造りしていたのに加え、最近では複数の酵母を使った酒もある〕。

賈湖では、上述の口嚙み・発芽・カビ菌を使った糖化法のいずれかひとつが主流だったのか、あるいはいくつか組み合わせて使っていたのか、どちらも可能性としてはあり得る。ただ、どのやり方で米のデンプンを分解していたとしても、古代の甕を使った発酵ではかなりのかす（籾殻《もみがら》や酵母など）が液面にぷかぷか浮いていたであろう。それをやり過ごす最善策は飲料用の管やワラを使うことで、これは世界各地で使われてきた由緒正しいビールの飲み方でもある。しかし賈湖では未だかつて飲料用の管は一本たりとも出土しておらず、それはもしかすると、何らかの濾過法を編み出していた証しなのかもしれない。

表舞台に躍り出た世界最古のミード

ミダス・タッチは、現在アメリカ合衆国で一番売れているハチミツベースの発酵飲料かもしれない。だが賈湖で見つかった新石器時代のグロッグは、その化学的証拠を元に、現時点で世界最古のミードと胸を張って主張できる。そしてその伝統に違わず、今日中国は世界最大のハチミツ生産国であり、その年間生産量は五〇万トンを超える。ちなみにミダス王墳墓のあるトルコは第二位の約一一万トンだ。

ハチミツは、中国の歴史において別格の扱いを受けていた。少なくとも東周王朝が始まった紀元前七七〇年頃という早い時期から、ハチミツやハチの幼虫は特別な食べ物とみなされ、王族専用となったのである。賈湖はおそらくもっと平等な社会だったとはいえ、ここでも甘いものは特に好まれたようだ。そんな賈湖の人々は、ハチミツをただ超絶発酵飲料に混ぜ込むだけでなく、中国で花と実をつける数えきれない植物の蜜や花粉が生み出す微妙な味わいや香りの違いを既に享受していた可能性もある。例えば現在中国最大のハチミツ生産量を誇る河南省はハスの花から採れる蜜で有名だ。その土地に自生し（或いは現代だと栽培されて）、トウヨウミツバチ（*Apis cerana*）が利用するのはどの植物なのかによって、地域ごとに異なる特産のハチミツがあるのだ。

そうしたハチミツに備わる薬効や栄養効果のいくらかを、賈湖の住人たちも経験則的に知っていたかもしれない。ハチミツは今も現代中国の食生活や伝統医学における定番素材である。『本草綱目』によると、ハチミツは「病原性の発熱を冷まし、毒を消し、痛みを和らげ、脱水症状を軽減させる」という。そしてハチミツを使った中国のデザートやメインコースの数々は、絶品と誉れ高いのである。

賈湖の超絶発酵飲料を蘇らせる

賈湖の新石器時代グロッグに使われた主原料に関する情報が十分に出揃い、且つこの飲料に備わる長年の文化的背景を鑑みて、二〇〇六年、私はこの超絶飲料を蘇らせるべくサム一派に支援を依頼した。こんな異国風のビール造りに向いた新石器時代的才覚を持つ実験醸造家がいるとすれば、それはまさにサムなのだから、なぜわざわざ他を当たる必要があるだろう？

シャトー・ジアフーの再生物語は、マイク・ゲアハルト（現在はバーモント州にあるオッター・クリーク・ブリュワリーのブリューマスター《醸造責任者》）に負うところも大きい。マイクは何度か試みた再現のうち一回を、優れた微生物学者であり私との親交も深い程光胜《チャングアンシェン》による指導の下、それまでまったくやったこともなかった餅麹作成から始めた。そうしてできた餅麹を約二〇リットルの水に溶かすと、酸っぱいながらも芳しく、かすかにアセトン臭〔リンゴの腐ったような甘酸っぱい匂い〕を帯びた液体になった。その液体に日本酒醸造家が好んで使うような中粒米の破砕ライスモルト（発芽米）と、風味豊かな籾殻や糠《ぬか》を残したまま糊化〔デンプンを水と一緒に加熱して糊のように柔らかくすること〕させた（この時は蒸した）籾米を加える。するとその餅麹が、米のデンプンを糖へ活性分解させたのである。米が団子状にくっつくため四苦八苦しつつも、マイクはその糖化液をなんとか煮沸釜に移し替えた。そうして得られた糖化液の最終的な容量は、約六〇〇リットルであった。

その糖化液を煮沸する時間全体の約半分を過ぎたあたりで、ワシントン州にあるハーブ直販店から取り寄せておいたサンザシ果実の粉が釜に投じられた。そのサンザシ粉は、ブドウっぽい味とチョークの粉みたいな奇妙に独特で不思議な口当たりがした。サンザシと同じタイミングで、アメリカ産ワイルドフラワーのハチミツも投入された。そしてそろそろ煮沸終了という頃に、マイクは乾燥した菊の花を約二〇〇グラム加えた。これは私がフィラデルフィアのチャイナ・タウンに店を構える伝統的中医学の生薬を扱う店で入手したものだ。

煮沸後このワートを発酵槽に移した我々は、当時の賈湖の発酵飲料職人にはきっと使えなかったはずの近道をとった。ハチミツや果物に含まれる酵母に全てを委ねて発酵が起きるかどうか賭けてみるのではなく、日本酒用の乾燥酵母を加えたのである。そして最後に、カリフォルニア産マスカットのブドウシロップもいくらか加えた。

この実験は、アルコール飲料ができたという意味では成功だったものの、サンザシの味が強すぎで、甘みもいまいち足らなかった。我々の想定だと、糖の供給源が非常に限られていた古代の人類はきっと、もっと甘い飲み物を好んだはずなのだ。

というわけで、また新たな実験を開始した。ある日サムに、新石器時代の糖化方法として一番あり得そうなのは口噛みだ、と提案したら、じゃあそれでいこう、と一も二もなく同意してきた。しかし今の時代でこの方法は少し時期尚早かもしれない、と慌てて続けた私の言葉で、結局その試みはチチャ（8章）醸造までお預けとなったのである。

そんなふうに様々な試行錯誤を散発的に行なった末に、この再現には以下の材料で落ち着いた。

1　サンザシの実。生の実だとFDAは許可していてもTTBは禁止しているという噂で、災いの種になりそうな予感がした。結局無難な道を選んで、サンザシの実を乾燥させた粉のみを使うと決めた。おかげで政府の規制要件に無事合格し、高額になりかねない法的な厄介事を回避できたのである。

2　マスカット（ブドウ）。中国に自生していた土着品種のブドウは、未だ入手も輸入もできていない。しかしマスカットについては、それが受け継いでいるものやその美味しさを、ミダス・タッチが既に教えてくれている。

3　オレンジの花のハチミツ。中国固有のハチミツ（ハスの花であれワイルドフラワーであれ）の輸入を試みたものの、結局無駄骨に終わった。だが現代のスイートオレンジにつながる人工交配（品種改良）が、紀元前三一四年という早い時期に中国の「園芸家」によってなされた、といくつかの文献からわかっていたので、そのハチミツを使うことにした。

4　籾殻や糠付きの発芽米を糊化させたもの。これは想定される古代でのやり方に則った。

新石器時代の醸し酒にどのハーブを加えたのか（そもそも使っていればだが）はっきりしなかったので、そこは単純にしておいた。つまり何も入れなかったのである。今後の分析で何らかの植物の添加が認められたら、また改めて考えればいい。

上記全ての材料を一緒に合わせてアメリカン・エール酵母で醸し、アルコール度数を一〇～一二％まで上げた。この数値は、ミダス・タッチの時と同様に賈湖土器全てから一貫した化学的結果が得られたため、ワインとミードと米ビール（米ビールのアルコール度数はおそらく大麦や小麦でできたビールより高い）の度数を平均した値になるはず、という前提に基づいている。こうして一二日間発酵させた後、五〇日間の熟成とコンディショニング〔温度管理しながら二次発酵を促して天然炭酸の量を上げげつつビールの状態を整える工程〕が続く。まずタンク内で寝かせてから瓶詰めして室温に三～四日置き、それから二℃の低温環境に移すのである。

完成したボトルを開栓してシャトー・ジアフーをグラスに注ぐと、米のタンパク質が生み出す、まるでシャンパンのようなきめ細い炭酸ガスのムース（泡帽子）が出迎えてくれる。そして香りを嗅いで飲料を口に含めば、はっきりとした甘酸っぱさが際立つ。これは今日の中華料理のみならず、きっと遠い過去の賈湖の料理にもよく合っただろう。我々は、ついに古代賈湖の発酵飲料職人が作ろうとしていた飲料を正当に、且つ美味しく復元できたと確信した。

サムが、ある晩実際に見たという夢をもとにラベルの図案を考案した。狂騒の一九二〇年代に流行したフラッパー〔短髪にして斬新なファッションに身を包み公の場でタバコや酒を嗜むなど、自由奔放に振る舞っていた当時の若い女性〕さながらの、髪型をショートボブにしたアジア系の女性がシャンパンのフルートグラスを優雅に持っている。ボトルの中に入っている飲み物の超絶さに負けず劣らず、明らかに視覚的にきわどいデザインだ。一体どんな夢だったのか問い詰めても、サムは頑なに詳細を明かそうとはしなかった。

この飲み物が帯びる少しくすんだ深みのある黄色は、中国文明社会を築いた伝説的皇帝である黄帝の時代以来、中国では皇帝を象徴する色だ。そして我らがボトルラベルのヒロイン《女主人公》の腰を飾る謎めいた刺青《いれずみ》は、酒とアルコール飲料全般を意味する中国の文字なのだ。注ぎ口から三滴の雫が滴る壺を表したこの表語文字〔一字で意味と音を表す文字〕は、その起源を殷王朝時代に遡り、以来ずっと使用され続けている。

シャトー・ジアフーは、市場に出回るや否や一般の酒飲み人口に旋風を巻き起こした。まだそのビールを味わってもいない中国ですら、新華社通信が新聞で賈湖のアルコール飲料の科学的発見を「世界最古」と大きく取り上げたのである。おかげで北京に住む微生物学者の光胜が、「きみはすっかりＣＣＰ（中国共産党）のスターだよ」というメッセージまで送ってきた。

そんなスーパースター人気に陰りがさしたのは、アメリカ企業が古代中国のレシピを「盗んで」中国の発明で金を儲けている、という批判的な記事が出始めたときだ。それに対し私は、権威ある科学誌『米国科学アカデミー紀要（Proceedings of the National Academy of Sciences USA）』に発表したあの賈湖研究論文を共同執筆した者のほとんどが、それぞれの専門分野で名の知れた学者や科学者であり、そのほぼ半数にあたる六人は中国本土出身だと指摘した。そもそも我々の研究成果は、古代中国の革新性を世界中に知らしめて驚嘆させるべく発表したのだ。それにあの論文を読んで自分なりの「実験考古学」を実践して賈湖古代飲料を蘇らせ、さらなる理解を深めるのは誰にだって可能なのである。

今はもうそんなわだかまりもすっかりとけた。二〇一三年の賈湖記念学会では、参列していた中国の科学者や政界の重鎮に恭《うやうや》しく私からシャトー・ジアフーを二本献上した。いつか中国に輸入される日も来るやもしれない。だがそれよりもっと素晴らしい解決策は、中国の酒造会社がこの実験考古学を実践して、独自の賈湖新石器時代グロッグを作ることではなかろうか。材料も微生物も全て中国産で作ったものは、本場の味という意味でも美味しさの点でも、我々の再現を凌ぐかもしれない。いずれにせよ、この超絶発酵飲料はそれを生み出した母国、それも賈湖の遺跡で飲まれてしかるべきだ。我々の内に宿るシャーマン魂も、強くそう望んでいるのだから!

一番お気に入りの再現飲料

再現した古代エールの中で一番のお気に入りはどれですか、とよく質問される。通常は、あーとかうーとか言いよどんだ挙げ句に、どれも好きです、などと言ってしまう。しかしあえてどれかひとつを選ぶとすれば、本命はシャトー・ジアフーだ。それは単に、世界最古のアルコール飲料だと化学的に立証されているからだけではない。もうひとつの理由は、二〇〇九年にコロラド州デンバーで開催された世界で最も有名かつ最大級のビールの祭典、グレート・アメリカン・ビア・フェスティバル(GABF)で起きたある出来事に由来する。私は前著『*Uncorking the Past*』を出版したカリフォルニア大学出版局の私の編集者、ブレーク・エドガーから招待を受けて会場に足を運んだ。ドッグフィッシュ・ヘッドも自分のブースで様々な古代エールを提供しており、そのうちひとつは口噛み酒チチャ(8章)の初代版で、それを味わってみたがる好奇心旺盛な人々に注ぎ渡すのを私も手伝った。唾混じりなどお構いなしといった人だかりが、会場となった市民センターの端から端まで長蛇の列を作った。その行列のせいで誰も自分たちのブースにたどりつけない、と当時ビール市場のほとんどを牛耳っていたビール会社御三家〔バドワイザーのアンハイザー・ブッシュ社、クアーズ社、ミラー社〕から苦情が出るほどだったのである。

フェスティバルの最中、ビール関連本の著者用に用意された部屋で自著にサインをしている間に、ブラインド・テイスティングの授賞式が行なわれていた。すると突然、シャトー・ジアフーが特殊ハチミツビール部門で金賞を受賞したとの知らせが舞い込んだ。サムと私が慌てて表彰台に向かうと、なんと自家醸造の神も同然であるチャーリー・パパジアンその人が、賞を贈呈してくれたではないか。そして、これまでにもう数々のメダルを手にしていたサムは、私の方を向くや否や、そのジアフーのメダルを私の首にかけたのである。祭りが終わってフィラデルフィアに戻った私は、我が研究室に小さな祭壇を作った。あのメダルは今、サムの夢に現れた謎めく女性をラベルに抱いたシャトー・ジアフーの瓶に華を添えている。傍らには、分析に使った九〇〇〇年前の土器片もいくつか一緒に置いてある。研究室に入るとまずこの祭壇に頭を垂れて今日のひらめきを得るのが、私にとって毎朝の日課なのだ。

シャトー・ジアフーの自家醸造用アレンジレシピ

作：ダグ・グリフィス
参考：McGovern, 2009/2010

材料	分量	必要になるタイミング
水	19L	煮沸開始前
ドライモルト（粉末）のライトまたはエクストラ・ライト	1.8kg	煮沸終了60分前
ライスシロップパウダー	900g	煮沸終了60分前
乾燥サンザシ	230g	煮沸終了30分前
シムコー・ホップ	7g	煮沸終了10分前
スイートオレンジのオレンジピール（果皮）	14g	煮沸終了10分前
ハチミツ	1.4kg	煮沸の最後
酵母 Fermentis Safbrew Abbaye（アビィスタイル） White Labs WLP530（アビィエール） Wyeast 4134（清酒酵母）など	1袋	発酵
濃縮白ブドウ果汁	480cc	発酵2日目
プライミング・シュガー	140g	瓶詰め
瓶詰め用ボトルと王冠		瓶詰め

初期比重：1・088
最終比重：1・015
最終的な目標アルコール度数：8・5％
国際苦味単位（IBU）：10
最終容量：19L

・・**作り方**・・

備考：リキッドイースト（液状酵母）を使用する場合は、酵母細胞数を最大限にするべく、発酵のスターターづくりを醸造の24時間前に開始するよう推奨する。

① 醸造鍋に19Lの水を入れて火にかけ、沸騰させる。
② 沸騰し始めたら、鍋を火から下ろす。
③ ドライモルトとライスシロップパウダーを加える。鍋底で固まったり焦げついた

りしないようによくかき混ぜて、鍋を再び火にかける。

④ ワートが沸騰したら、そのまま30分間沸騰させ続ける。吹きこぼれを防ぐための消泡剤を使う場合、説明書通りに添加する。

⑤ ④でワートが沸騰している間に、サンザシの実をミキサーに入れ、そこへ煮沸中のワート（熱いので注意すること）をいくらかすくい入れてサンザシをワートでひたひたにし、丁寧にピュレ（食材をすりつぶしたなめらかな半液体）状にする。

⑥ 合計1時間行なう煮沸の30分経過時点で、ピュレ状にしたサンザシを加えて沸騰させ続ける。

⑦ 煮沸の50分経過時点で、シムコー・ホップとオレンジピールを加える。

⑧ 煮沸の1時間が経ったところで火を止めて、ハチミツを加える。ワートを2分間かき回してワールプール（渦）を作り、かすを寄せ集める。かき混ぜるのをやめたら、そのまま10分間休ませる。

⑨ 冷却装置か氷水をはった水槽に醸造鍋を入れて、ワートを24℃以下まで冷ます。

⑩ 冷めたワートを発酵槽に移し替え、「赤ん坊をあやす」ように容器を1分間揺らして空気を含ませる。

⑪ 発酵槽に酵母を投入する。

⑫ 発酵槽の19Lの目盛りまで冷水〔分量外〕を加える。

⑬ 発酵の2日目に、白ブドウの濃縮果汁を加える。

⑭ 14日目くらいに瓶詰めできる状態になる。さらに清澄化させたい場合は、サイフォンを使って19Lのカーボイに移し、もう7日程度置く。

⑮ 瓶詰め前に、瓶と王冠を洗って殺菌する。沸騰させた湯240cc〔分量外〕にプライミング・シュガーを溶かして、プライミング溶液を作っておく。

⑯ 殺菌した瓶詰めバケツに、サイフォンを使ってビールを移し替え、プライミング溶液を加えてそっとかき混ぜる。ビールを瓶詰めし、王冠で蓋をする。

⑰ 瓶詰めしたビールを21〜24℃くらいの環境に置いてコンディショニングする。10日程度で飲み頃になる。

シャトー・ジアフーとのペアリング料理

スパイシー豆腐

作：クリストファー・オットセン

シャトー・ジアフーと一緒に食されたかもしれない食事に関する直接的な化学的証拠はないものの、何度も中国を訪れるうちに私の大好物となった中華料理は、スパイシー豆腐である。学者仲間で微生物専門の程光胜が、米酒の発祥地という触れ込みの紹興《シャオシン》（しょうこう）名物「臭豆腐」〔発酵させた豆腐でかなり臭い〕も含め、バラエティに富む豆腐料理の素晴らしさを私に味わわせてくれた。豆腐は、発酵させて使う場合も多い加工食品で、その原料である大豆は、中国で最初に栽培化された植物のひとつでもある。

我が家では、妻がメイン・ディッシュに美味なるスパイシー豆腐を作ってくれる。そのレシピは『*Martin Yan's Feast: The Best of Yan Can Cook*（マーティン・ヤンのご馳走：ヤンさんの自慢料理ベスト）』（1998）〔テレビ番組「Yan Can Cook」（ヤンさんの自慢料理）は日本でも1990年代に放映された〕を参考にしたものだ。以下に掲載したクリストファーのレシピと異なるのは、妻はハムを加える点で、それは中国で豚が飼育された最古の痕跡が賈湖遺跡で発掘されているのに相応しいかもしれない。また、黒豆以外の野菜類は使わず、ソースを事前に作っておく代わりに豆腐以外の材料を薄く引いた油で全て調理してから豆腐を加えて焼き目をつける。いずれにせよ、スパイシー豆腐はこの再現飲料の甘酸っぱい味わいにこれ以上ないほどよく合う。

・・作り方・・

① ボウルで受けたザルに豆腐を置き、豆腐に皿を被せてその上に重し（缶詰など）を載せ、豆腐の水切りをする。少なくとも1時間おく。

② ①の豆腐を角切りまたは長方形に切る。標準的な

材料（4人分）	分量
硬めの豆腐	400g（1丁）
野菜 青梗菜、菜心〔菜の花の一種〕、白菜などのアジア系葉野菜の他、サヤエンドウ、アマランサスの葉、中国白ネギまたはニンニク、パセリ、ベビーリーフ、ブロッコリー、キュウリ、ケール、ほうれん草など	手に入る種類や使いたい量に合わせて調節する
たまり醤油	大さじ1
米酢または黒酢	大さじ1
みかんの皮のすりおろし	大さじ1
シナモンパウダー	大さじ1
ショウガのすりおろし	大さじ1
フェンネルシード（茴香《ういきょう》）粉末	小さじ1
ゲンチアナ（竜胆《りんどう》）の根の粉末	小さじ1
花椒（四川料理用の華北山椒）粉末	小さじ1/2
クローブ粉末	小さじ1/2
アニスシード粉末	小さじ1/2
塩	ひとつまみ
発酵黒豆ソース（次ページのレシピ参照）	適量

大きさのものであれば、縦三つ、横三つに切るとだいたいちょうど良い。

③ 野菜を豆腐と同じくらいの大きさに切る。

④ 小さな器に、たまり醤油、米酢または黒酢、みかんの皮のすりおろし、スパイス類〔材料表のシナモンパウダーから塩まで〕を合わせておく。

⑤ 中華鍋かフライパンにキャノーラ油またはひまわり油〔分量外〕を引いて、豆腐を軽く炒める。

⑥ 豆腐に満遍なく焼き目がついたら、④の合わせ調味料、野菜、発酵黒豆ソースを加える。

⑦ 野菜が柔らかくなるまで、約5分程度炒める。

⑧ 炒った赤米〔分量外〕を添えて出来上がり。

発酵黒豆ソース

材料	分量
発酵黒豆（中国語では「豆豉《ドウチ》」） 市販品または自家製（次ページのレシピ参照）	小さじ山盛り3杯 （または100g）
ニンニクのみじん切り	小さじ1
タマネギ	1個
みかんの皮のすりおろし	小さじ1
ショウガのすりおろし	小さじ1
ゲンチアナの根の粉末	小さじ1
酒またはみりん	大さじ1
醤油またはたまり醤油	大さじ1
甜麺醤《テンメンジャン》または海鮮醤《ホイシンソース》	大さじ1
鶏ガラスープ	240cc
市販か自家醸造版のシャトー・ジアフー	120cc

・・作り方・・

① 豆をザルに入れ、冷水でさっと洗っておく。

② キャノーラ油またはひまわり油〔分量外〕で、ニンニクとタマネギを、焦がさないよう気をつけながら炒める。

③ みかんの皮のすりおろし、ショウガ、ゲンチアナの根を加え、弱火で炒め続ける。

④ 発酵黒豆、酒またはみりん、醤油またはたまり醤油、甜麺醤または海鮮醤を加える。そして鶏ガラスープとシャトー・ジアフー（市販もしくは自家醸造版）を加えて、10～15分コトコト煮込む。

⑤ ④をミキサーかフードプロセッサーに入れて、まず低速で30秒、次に高速で2分間攪拌する。さらに味を濃くしたい場合は、分量外の醤油またはたまり醤油、酒あるいはみりんなどを必要なだけ加える。

⑥ ⑤を目の細かいザルで裏ごしするか、そのまま使う。

発酵黒豆（豆豉）

材料	分量
黒豆（乾燥もしくは缶詰）	200g
水	適量
野菜を乳酸発酵させた漬け汁（次ページのレシピ参照）	適量

・・作り方・・

① 豆を水に浸け、24時間室温に置く（膨らんで倍になる）。12時間経過時点で一度水を替える。
② ①の豆を、柔らかくなるまで茹でる。
③ 湯切りして豆を冷まし、手で皮を剥く。
④ 豆に下味をつけたければ、スパイシー豆腐（115ページ）と同じ合わせ調味料を混ぜる。
⑤ 殺菌した瓶に豆を入れ、発酵野菜の漬け汁を瓶いっぱいまで注ぎ入れて、瓶に蓋をする。
⑥ 室温で発酵させ、発酵が完了する（泡が出なくなる）か、水素イオン指数が3・3pHになるまで1週間程度置く。それから冷暗所で保存する。保存期間は長ければ長いほど良い。

大根の漬物

クリストファー・オットセンのレシピ

材料（4人分）	分量	準備
塩	小さじ6	
塩素の入っていない水	1L	
白ネギ もしくはニンニク	適量	
大根 （何色のものでも可）	適量	薄切り
ビール用液状ラクトバチルス（乳酸菌） White Labs WLP677 （ラクトバチルス・デルブリュッキー） など	試験管タイプ 1本	

・・作り方・・

① 分量の塩を室温の水に溶かす。

② パイント・サイズ（480cc）のガラス瓶の底に、白ネギまたはニンニクを敷き詰める。その上に薄切りにした大根を、瓶の3分の2まで入れる。

③ 塩水を瓶いっぱいまで注ぎ、乳酸菌を加える。

④ 瓶の蓋を閉め、1週間程度室温に置く。

⑤ 毎日瓶の蓋を開けて、ガスの圧力を逃す。ガスが蓄積しなくなるか、水素イオン指数が3・3pHになったら、瓶に蓋をして冷暗所に貯蔵する。貯蔵期間は長ければ長いほど良い。

4章　タ・ヘンケット

陽気なアフリカの祖先に
ぴったりなハーブ炸裂ビール

ヨルダン川
ガザ地域
死海
カイロ
南レバント
サッカラのネクロポリス（ティのマスタバ）
ダハシュール
ナイル川
アビドス
デンデラ神殿
スコルピオンI世の墓
（U-j墓）
サハラ砂漠
アスワン
ワディ・クッバニア遺跡
ナブタ・プラヤ遺跡
サヘル地域

ではここで、人類が初めてアルコール飲料を造り始めた場所へ帰ろう。アフリカだ。世界中に散らばる超絶発酵アルコール飲料を辿っていくサムと私の大冒険物語は、運命の巡り合わせで鉄器時代に近東で飲まれた飲料「ミダス・タッチ」で幕を開けた。これがさらなる「古代エール」探求への礎となり、考古学・化学・植物学・歴史学・民族誌学的に優れた有用なデータがふんだんにあれば、何が可能かを教えてくれた。そして二番目に再現した新石器時代初期飲料「シャトー・ジアフー」では、正しく発掘のなされた考古遺跡からは九〇〇〇年前にまで遡れるほどの有機化合物がそのまま残された、保存状態良好な容器すら入手できるのだと証明してくれた。だが既に嘆いたように、我らが祖先の「故郷」であるアフリカ大陸発祥の飲料は、恐竜ビールどころか旧石器ビールでさえ再生までの道のりは遠い。とはいえ、祖先が超絶発酵アルコール飲料を模索していた痕跡を追って地中海を渡り、ヨーロッパを北上してさらに新世界へと旅を続ける前に、アフリカをじっくり吟味しておいて然るべきであろう。

ここまでに私は、「旧石器時代の仮説」や「酔いどれの猿説」に内在する蓋然性を鑑みて、アフリカにいた祖先たちがこの惑星に出現した当初からありとあらゆる種類の超絶発酵飲料を作っていた可能性の高さを提議した。しかしその確証を得るには、より感度の高い科学機器やさらなる考古学調査が必要だ、とも述べた。では今現在、アフリカでその昔人類が作って味わっていたものを科学的により深く把握し、さらに蘇らせるには、どれくらい昔まで遡れるだろうか?

サムと私は、我々の超絶発酵アルコール飲料「タ・ヘンケット」(古代エジプト語、「パン・ビール」の意)で、かつてない試みに挑んだ。それまでほぼ全ての再現飲料でやってきたように強力な科学的証拠を入手した考古遺跡一カ所のみから再現するのではなく、南エジプト地域で場所も年代もそれぞれ異なる三つの古代遺跡をベースにしたのである。ひとつめは一万八〇〇〇年前(後期旧石器時代)のワディ・クッバニア遺跡、次に八〇〇〇年前（新石器時代）のナブタ・プラヤ遺跡、そしてアビドスにある五〇〇〇年前のスコルピオン一世の墓だ。ふたつの先史時代遺跡からは植物考古学遺物と考古学遺物、そしてスコルピオン一世の墓からは同じ系統の証拠とその化学分析データを再現の根拠にした。つまり、この非常に「ごちゃ混ぜ」な飲み物作りで使う材料は約一万三〇〇〇年分の時間軸に散らばるわけで、昔日のエジプトあるいはアフリカ全体に関わる超絶発酵飲料再現において現在遡れる最大限の過去、それも貫湖グロッグよりもっと昔へと我々を連れ戻してくれるのだ。この飲み物を形作っていった物語も一風変わっており、この後お読みいただくテレビ番組収録でカイロ旧市街にある喧騒と混乱に満ちたハン・ハリーリ市場を訪れた時にまず我々の頭の中で固まっていき、そしてドッグフィッシュ・ヘッドのリホボス・ブリューパブにある小さな試験用醸造施設で現実のものとなったのである。

証拠を揃える

考古学、それも特にアフリカの考古学といえば、まず思い浮かぶのはエジプトだ。ミイラに魅了されて将来考古学者になることを夢見る子供や、インディ・ジョーンズを気取りたがる大人が一体何人いることか？　私はそんな妄想とはまったく無縁で、二五歳頃に自分の「起源」を探るべく考古学の世界に足を踏み入れた。ペンシルベニア大学は世界各地できちんと発掘された考古資料を収蔵する博物館を有し、私の目指す目的の追求にはうってつけであった。さらに博士課程の研究テーマを「アフリカにおける人類の起源から旧世界・新世界の文明の夜明けまで」と地球全域に及ぶ内容にして、大好きな言語・人文学・自然科学の全てを研究内容に組み込めたのである。

ペンシルベニア大学にはエジプトで発掘調査を行なってきた長年の伝統があり、その歴史は一九世紀にまで遡る。そのため私が副専攻にエジプト学を選んだのは至極当然であった。砂漠気候のためエジプトで発見される考古学遺物（細部まで作り込まれた芸術作品、かなり初期の文献、それに何と言っても有機遺物など）はとにかく別格で、保存状態の良さは世界でもあまり類をみない。私はアフリカに存在していた人類について書類に残された記録のうち最古となるおよそ七〇万年前から、クレオパトラがローマ世界の愛憎をかき立てたファラオ時代の終焉である紀元前三〇年あたりまでをもっと知ろうとしたのであった。

フレッド・ウェンドルフが発掘したエジプト先史時代のワディ・クッバニア遺跡とナブタ・プラヤ遺跡は、エジプト南部でアスワンに近い砂漠（広大なサハラ砂漠の一角）にあり、互いに二〇〇キロ離れている。

旧石器時代に狩猟採集民族の季節的居住地だったワディ・クッバニアで、ウェンドルフはデンプンの粒子が表面にこびりついた磨石をいくつも発見した。つまりそれを使って何らかの植物の塊茎を潰していたわけで、その植物は当時もその後も好まれていたブルラッシュ（カヤツリグサの一種）かもしれない。しかし何のために潰したのだろう？　もしかして発酵アルコール飲料造りで植物を噛んで吐き出すという、既に先史時代のイスラエルや中国での観察から仮説を立てたり、本書後半で紹介する新世界でも一般的だったりするやり方の、事前準備だったのだろうか？

ナブタ・プラヤの考古遺跡も同じくらいいろんな想像を掻き立てる。ここは新石器時代に、人類の祖先が大きな湖のほとりにおそらく低木を使って二〇個の小屋を建てて定住していた場所だ。近くにある砂漠では、世界最古といわれる天文学的配置の巨石構造物の数々がむき出しになっている。そのひとつであるストーンサークル「構造物A」は、イギリス南部にあるストーンヘンジに不気味なほど似ているが、ストーンヘンジより二〇〇〇年も昔のものだ。この巨石群は、雨季が到来し大地に新たな命が芽吹く前触れである夏至の日に、最初に差し込む陽の光を示す役割を担っていたとも考えられる。もしそうなら、我々はエジプト宗教の芽生えを目の当たりにしているのだろうか。

さらにそこでは牛を埋葬した夥《おびただ》しい数の塚が発見された。それは後に牝牛の姿や、太陽を表す円盤を牛の角の間に抱いた頭飾りを被る人の姿で描かれる女神ハトホルが、ナブタ・プラヤの中心的な神だった可能性を匂わせる。とはいえこれは文字が存在する前なので断定はできない。それより後の時代には、ナブタ・プラヤからナイル川に沿って三〇〇キロ北上したあたりのデンデラ神殿で「ハトホルの酩酊祭」という盛大な祭りが行なわれ、ハトホルは大いに讃えられていた。年に一度のこの神事は、毎年夏に起きたナイルの氾濫と時期を同じくする。祭典の起源となった古来のハトホル伝説によると、ハトホルは人類を滅ぼせという太陽神ラーの命令を、牝ライオンの女神であるセクメトに姿を変えて実行した。だがすんでのところでラーは態度を和らげ、ナイルを増水させて「真っ赤なビール」を大地に氾濫させる。ハトホルはこのアルコール飲料を舐め尽くして酔っ払い、赤い液体が溢れているのは自分に課された血生臭い任務が完了したからだと思いこんだという。こんな物語は、氾濫期になると上流から大量に流れてくる鉄分豊富な土でナイル川が赤くなるのとちょうど合致する。またハトホルには「酩酊の女主人」という呼び名があり、その「聖なる酔いどれ状態」は、古代中国の儀式でシャーマンが担った役割のように、神と先祖と現世に生きる者との対話を取り持っていたと考えられるだろうか。

これまでナブタ・プラヤ遺跡において発酵アルコール飲料に関する決定的な証拠は何も見つかっていない。我々の試みたいくつかの分析からは、はっきりした結論を出せなかった。しかし貯蔵用の穴、炉、井戸、掘り下げた床などから豊富に出土した植物考古学的遺物は数万点に及び、今後さらなる試験が期待される。

この遺跡でよく見つかっているのは、東アフリカの主要穀類であるソルガム（タカキビ）やミレット（ヒエ・アワ・キビの一種）だ。特にソルガムは、紅海から大西洋までアフリカ大陸を横切る半乾燥地のサヘル地域をそのままなぞったような「ソルガムビール帯」の基本的な主食として現在でも大いに好まれている。ひょっとすると、この穀類を栽培化していたかもしれないナブタ・プラヤが、ソルガムを用いた醸造酒の発祥地という可能性もある。

ソルガムビールは、栄養価が高いだけでなく、東サヘルでは今も昔も日常的な経済・社会・宗教の要だ。この地域では女性たちがソルガムの穀粒を噛んでは吐き出す昔ながらのビール造りを今も普通に見かけるものの、このやり方がファラオ時代のエジプトでも使われていたかどうかは定かではない。この穀類からは発酵生地も作られ、濃厚なポリッジ（粥の一種）や団子にされたりもする。ソルガムにはグルテンがないのでパンを作れない。そこがアフリカのサハラ砂漠以南と、オオムギやコムギの育つ中東の大きな違いだ。

ソルガム以外にナブタ・プラヤで発見された植物四〇種のうち、発酵飲料造りの主原料あるいは副原料になりそうなものとして特に際立ったのは、カヤツリグサの一種で俗にブルラッシュと呼ばれるホタルイ属（*Scirpus*）の草、ソバの仲間でドックやソレルと呼ばれるハーブ（*Rumex*）、豆類、通称猫じゃらしのエノコログサ（*Setaria*）、カラシナ（マスタード）、ケイパー、チャイニーズ・デーツの呼び名をもつジュジュベを含むクロウメモドキ科のナツメ（*Ziziphus*）の実と種、そして何なのかは未確認の様々な塊茎である。このうちブルラッシュや猫じゃらし、豆類といった植物の塊茎類は、すりつぶしたり唾液と混ぜたりするのに適していたであろう。またナツメの実はとても甘いので、何もせずとも自然に発酵したはずだ。

ナブタ・プラヤよりずっと古い時代のワディ・クッバニアでも、確認はまだこれからとはいえ、アルコール飲料造りに使えそうな植物がいろいろと見つかっている。前述のブルラッシュに加え、未だ正体は不明な野生の穀粒や塊茎類の他、カモミール、睡蓮属の一種（*Nymphaea* sp.）、そして特に糖度が高いため発酵には理想的だったであろうドームヤシ（*Hyphaene thebaica*）の実も記録されている。またヤシの樹液も歴史的に発酵飲料にされてきた材料であり、熱帯地域のソマリアやジブチでは、現在でもそう使われている。

悠久の旅へのワインとビール

一九八八年、カイロにあるドイツ考古学研究所でギュンター・ドレイヤー博士の指揮下にあったドイツ考古発掘チームは、アビドスで君臨した古代エジプト王のひとりで、第〇王朝時代（紀元前三一五〇年頃）に権力を握ったスコルピオン一世の墓（U－j墓）を発見した。そして自らの手で掘り起こしたものを見て言葉を失ったに違いない。アスワンから北に約二五〇キロ離れたアビドスは、上エジプトで最初に首都となった街のひとつであり、死と再生と豊穣の神であるオシリスの聖地と捉えられている。この場所は、これまでに並外れて多くの目覚ましい考古学的発見をもたらしてくれた。さらに、アビドスでナイルの増水を祝って三日間繰り広げられた乱痴気騒ぎであるオシリスのいわゆる「ワグ祭」と、その翌日に行なわれたハトホルの「酩酊」祭りを合わせると、発酵アルコール飲料も大洪水になる。ミダス王あるいはゴルディアス王に捧げたような王家の葬宴にしても、最終的にどうなるかは目に見えている。とにかく浴びるほど飲むのだ。

スコルピオン一世の墓は「埋葬用の模型宮殿」として建てられ、部屋と部屋の間は、死霊のみが通り抜けられるように幅二〇センチほどの非常に細長い切り欠きで繋がれている。砂漠の砂を約二・五メートル掘り下げてこの宮殿の基礎を作り、埋葬後に天井を部屋に載せて、砂の山で全体を覆ったのだ。それから五〇〇〇年以上経ってドイツ発掘団がやってきたとき、この墓は元の状態のまま発見された。そしてその副葬品の数々、とりわけ有機素材の品々は、暑く乾燥した気候のおかげで非常に保存状態が良かったのである。

発掘調査隊が部屋をひとつまたひとつと発掘していくと、まるでエジプト王朝が最初に花開いた時代のタイムカプセルを発見したかのようであった。墓の一番奥にある広い埋葬室には木製だった祭壇の名残があり、その上に象牙でできた笏杖《しゃくじょう》を傍らに置いて王の遺体が横たえられていた。他の部屋には種々雑多な品々がうずたかく積み上げられ、パンの塊とその焼き型、衣類を詰め込んだいくつもの杉箱、油や脂肪を入れる石製容器、そしてなんと言っても我々の目的に最も重要な、ワインやビールの入った大きな土器壺が一〇〇〇個以上、死後の世界でもこの王が飲み続けられるように置かれていたのである。

後の時代にエジプトで使われた様式との類似性から判断して、恐らくビール用と思われる壺が数多く見受けられた。だがその分析はまだ実施されていない。しかしエジプトではいつの時代もビールが基本の発酵アルコール飲料だったため、死後の世界で飲むのに十分な量を確保しておくのは王にも一般庶民にも極めて重要であった。さらに、アビドスにはエジプトで発掘された同時期の遺跡の中でも最古で最大規模となる、ビールをマッシングする（麦芽の糖化液を作る）設備すら存在していたのだ。

墓にあった部屋のいくつかでは、骨や象牙製の板に穴を開けたものが、特に石製容器まわりの床に散乱していた。板にはエジプト最古のヒエログリフといわれる絵文字が刻まれており、その中に写実的なサソリ（スコルピオン）を描いたものがあったため、この王をその名で呼ぶようになったのである。こうした板は壺の中身や所有者、あるいは譲受人を示した可能性が高く、かつては縄で壺に括り付けてあったのがバラバラになってしまったのだろう。

私が最も興味を惹かれたのは、北東側に位置する三つの部屋で見つかり、全部で約七〇〇個にもなりそうな異国風の壺だ。なんと床から天井まで何層にも積み上げられていた。容量はそれぞれ七〜八リットル程度あり、もし元は満杯だったなら、大体四五〇〇リットルくらいの液体が入っていたと考えられる。

壺の中は砂でいっぱいだった。その砂を出してみると、壺の内側に黄色っぽい残渣の粗い粒で描かれた斜めの輪が現れた。これは液面の高さの跡を示す「満潮線」と考えるのが一番理に適う。中の液体がだんだん蒸発するにつれて、液面だった位置に浮いていた固形物が取り残されたのだ。それまでに壺が動いたら、その線は水平より傾く。底部分に溜まった残渣には、液体に含まれていた残りの固形物が沈殿していた。

この器にはもともと何が入っていて、どこから来たのだろう？　謎多き壺の秘密を探るべく、発掘調査責任者のギュンター・ドレイヤー博士と土器専門家のウルリッヒ・ハルトゥングが私に連絡してきたのは、一九九三年であった。

我々はまず、三つの異なる壺からあの黄みがかった残渣を採取していつもの分析ツール一式にかけ、自然産物の可能性を示すバイオマーカーがないか検査してみた。そしてデータが出揃ったところでじっくりそのデータを見直すと、ユーラシアブドウの存在を示すフィンガープリント化合物「酒石酸」が残渣に含まれているのはほぼ間違いなかった。中東では、ブドウを潰して液体にすると、自然に発酵してワインになるのだ。

この結果には非常に驚かされた。ナイル川デルタにエジプト王家のワイン醸造産業が確立したのは、スコルピオン一世の時代からさらに数百年後の紀元前三〇〇〇年頃である。加えて野生のブドウ（*Vitis vinifera sylvestri*）がエジプトの乾燥した気候の中で自生することは決してなかった。もしこの分析結果が正しければ、我々はエジプト最古のブドウのワインを発見したことになる。

そこで、さらにもう一歩踏み込んで一〇億分の一の単位で酒石酸を検知するべく、現在利用可能な分析機器のうち最も感度の高いものを使ってあの残渣を再検査する必要があった。それはＬＣ－ＭＳ－ＭＳである。だが博物館のしがない研究室にそんな高尚な設備はない。こんな時、いつもならもう少し恵まれた環境にある学者仲間を頼るのだが、この時は違った。二〇〇五年に、ＴＴＢの Scientific Services Laboratory（科学サービス研究所）から突然お呼びがかかり、我々はアブドゥル・マブッド所長と研究員諸君に招待されて、メリーランド州ベルツビルの研究所を訪れたのである。全米のアルコール飲料販売から得た税収を資金源とするＴＴＢの研究所は、国内で最も設備の整った研究所のひとつであり、ずらりと何列も並んだＧＣ－ＭＳのほか、ありとあらゆる最先端の科学機器が揃っている。そんなＴＴＢの研究員たちは、我々が古代発酵アルコール飲料に関して革新的な研究を行なっているらしいと小耳に挟んで、もっと詳しく知りたいと考えたのだ。そしてできる支援はなんでもするつもりだったのである。

おかげで、本当に助けられた。我々の訪問からまもなく、共同でスコルピオン一世の残渣を徹底的に再検査し、その他数多くの考古生化学プロジェクトにも着手する運びとなったのである。特にＴＴＢ研究員のアルメン・ミルゾヤンが、分析作業の調整と実行に携わってくれた。アルメニア出身のアルメンは、この仕事にはまさに適任であった。アルメニアは古くからワインの産地として有名なだけでなく、現在も極上のワインを作るアレニ村では、近年世界最古のワイン醸造施設も見つかったからだ。またアルメン自身も、古代ワインと現代ワインのどちらにも情熱的ときている。そんなアルメンが直々にスコルピオン一世の試料を再検査してくれた。結果は、酒石酸の存在を明白に示していた。あれは間違いなく、エジプト最古のワインだったのである。

壺の中身はワインだと確信できたら、今度はあれほど大量のワインがどこで作られ、どういう経緯でスコルピオン一世の墓に納められたのかが知りたくなった。出自の謎を解く鍵は、エジプトのものとは異なる壺の形や装飾、細かい造作などである。例えばこの墓にあったエジプトスタイルのビール壺には取っ手がなく、装飾も最小限であった。一方ワイン壺の方は、大抵左右に一対の取っ手があり、白地に赤い塗料で大胆な装飾が施されている。さらにそのうちのひとつ、壺全体に渦を巻くような「虎斑《とらふ》」と呼ばれる模様は、通常エジプトでは見られない。だがこれも他のワイン壺模様も、ヨルダン渓谷や死海付近、あるいは地中海沿いのガザ地域といった、エジプトに一番近い南レバント定住地あたりの遺跡では既知のものだ。

とはいえ、ある土地に住む土器職人が別地域にいる職人のデザインを真似る場合もあるため、様式だけを比較して判断すると誤った結論に繋がる可能性もある。今後エジプトで行なわれる発掘調査でアビドス以外の場所でも似たようなワイン壺がさらに見つかり、地元エジプトで作られた品だと示唆するかもしれないのだ。

その答えを出すべく、再び化学分析の出番となった。我々は、ミズーリ大学コロンビア校に所属する研究用原子炉の学者陣と共同で、機器中性子放射化分析〔研究用原子炉を中性子源として試料に中性子を照射し、安定した原子核を不安定な原子核に変換したのちに安定核種に変わろうとして放出される放射線の強度とエネルギーを測定して、元の安定核種の種類と量を求める分析法〕を実施したのである。そして三五種類もの化学元素、特に希土類元素(レアアース)を測定し、そのデータを非常に強力な統計分析手法で解析した結果、スコルピオン一世の墓にあったあのワイン壺は、これまでに見つかっているヨルダン渓谷・ヨルダン川西岸およびトランスヨルダン(東岸)の高地・ガザ地域で出土した壺と同じ粘土で作られた可能性を、九九%の確率で証明できたのであった。

様式に関する洞察と化学的な発見が単なる偶然で一致するなどほぼあり得ない。また、前期青銅器時代I期〔紀元前三六〇〇~前三一〇〇年〕ほども昔の南レバントでは、ほとんどの土器が自宅で営む小さな工房で作られていた。そして粘土は地元の粘土層から入手されていた。とすると導き出される結論は明らかだ。この土器が作られた場所で、壺の中のワインも作られたのにほぼ間違いない。

だがここで疑問が残る。スコルピオン一世はなぜこんなにも大量のワインを輸入し、「悠久のワインセラー」とでも呼べそうなほど墓にため込んだのか? この王は生前、恐らくは自分の富と地位をひけらかすために時折レバントの美酒を楽しんでいたのかもしれないが、なぜ死に至ってこれほど極端な真似をしたのだろう? なぜ同じくらい美味しくて宗教的な重要性もあり、すぐ手に入るエジプト産のビールだけに留めなかったのか？

答えは恐らく「エリート《上位者》の模倣」、もっと単純に言えば「見せびらかすための買い物」絡みだったのだろう。つまりスコルピオン一世は、一ケース約七七〇万円もするボルドーの赤ワイン「シャトー・ペトリュス」の一九八二年ものを注文するような現代の富豪と大して変わらないのだ。また、初期のエジプト王は、ビールよりワインを上位に位置付けていた近東の王を真似ようとしたのかもしれない。他国の支配者たちが勝利を祝ってワインを飲む特別な儀式を行なったり、高等司祭の役割を担って生贄の血の象徴であるワインを神々に捧げたり、宮殿や墓にもエリクサー《秘薬》であるワインをため込んだりしたのを、スコルピオン一世も知っていたと思われる。協定や王族の婚姻を結ぶ贈り物として、あるいは親善を深めるためや支配者としての威信を高めるために、近東の王たちはワインや特別な酒器セットを日常的に贈り合っていたのだ。そうしてエジプトの王はひとりまたひとりとワインを取り入れ、それに伴う社会的・宗教的な要素も一緒に受け入れていき、「ワイン文化」が定着していったのである。

まるで金の液体を輸入するかの如くだったに違いないにもかかわらず、スコルピオン一世をはじめとするエジプト初期の権力者たちは皆同じように、数千年にわたるワイン造りの歴史と経験を持つ近隣地域レバントからワインを輸入していた。そんなワイン壺の数々は、ロバやおそらく船も使っておよそ七〇〇～八〇〇キロもの道のりを運ばねばならず、輸送費もかさんだ。おまけにそんな旅路ではワインがひどく揺さぶられ、熱せられ、酸化の脅威にも晒されるため、ワインにとっても決して好ましくなかったはずである。

スコルピオン一世の後に続くエジプト第一王朝の王たちは、やがてそうしたワイン輸入における粗悪な輸送や高額な費用の問題を解消した。紀元前三〇〇〇年頃に、ナイル川デルタに王家のワイン醸造産業を創設したのである。多分スコルピオン一世にワインを提供した人々と同じセム族のカナン人を雇ってナイル川デルタに初のブドウ畑を作らせ、ブドウの育て方からワインの作り方まで、ワイン醸造に不可欠な専門知識全てを伝授させたのであろう。

自国の醸造産業では、以前より遥かに多くのワインを定期的に、より低コストで、地元民の味覚に合わせて作れるという利点があった。灌漑された土地が延々と広がり、晴れの日が多く雨季の短いナイル川デルタ地帯は、ブドウ栽培に理想的な環境でもある。エジプトの墓にあるワイン造りを描いたレリーフは古代世界でも珍しく、入念に手入れされたブドウの木やブドウ踏みの設備、ワインの発酵・貯蔵に使うアンフォラ（細長く底の丸い素焼き双耳壺。詳細は5章）と呼ばれる土器壺などが描かれており、これほど古い時代にどれだけこのワイン産業が発達していたのかをうかがわせる。そうしてできたワインを入れた壺は粘土製の栓で密閉され、栓には当時のファラオが統治していた年や、時にはワイナリーの所在地を記したりもした。言わば世界初のワインラベルである。

しかしこうしたナイル川デルタのワイン醸造産業が実現するのは、第一王朝初代の王ナルメルがエジプトを統一した後の未来で起きた話だ。それより昔の第〇王朝時代に南エジプトを統治していたスコルピオン一世は、ワインを全てレバントから輸入しなくてはならなかったのである。だがこのワインはこれまでにエジプトで発見された最古のものであり、レバントのワイン産業の指標になるものとして、詳しく調べてみる価値は十分にあった。

副原料は樹脂とハーブと果物

化学分析で同定された特徴的なジテルペノイドとトリテルペノイド化合物（不飽和環式炭化水素）の存在か

ら、スコルピオン一世のワインには松脂とおそらくはテレビン油（テレビンノキの樹液）が加えられていたと判明した。これまでの研究により、新石器時代から中世ごろまで、ほとんどの古代ワイン作りで樹脂を混入していたのがわかっている。それはおそらく樹脂に含まれる抗酸化成分でワインが酢に変質するのを防ぐためと、それでもダメだった場合に傷んでしまったワインの香りや味をごまかすためだったのだろう。だからこそ古代ワインにあまりにもよく見られる樹脂の存在は、作ろうとした飲み物がワインだったという説得力を高める。だが不可思議にも、この古代の慣習を今日も引き継いでいるのはギリシアのレツィーナのみだ。とはいえ樫樽の風味を強く効かせているワインも同じ部類に入るといえる。

スコルピオン一世の残渣に対してもう一歩踏み込んだ分析を行なうべく、アルメンをはじめとするＴＴＢ研究所の研究員とともにＧＣ－ＭＳとＳＰＭＥを組み合わせた化学分析（序章）を実施した。この手法は低分子の揮発性化合物を検知するのに向いている。例えば今回の分析では様々なアルコール類、酸、エステル、アルデヒドといった、通常ブドウのワインによく見られる化合物を同定できた。これが五〇〇〇年以上もの長い時を経てもなお残っていたのには驚くばかりだった。

こうした単純であまり決定的ではない化合物以外にも、リナロール、カンファー（樟脳）、ボルネオール（竜脳）、Ｌ－メントール、α－テルピネオール、カルボン、チモール、ゲラニルアセトンなど、より複雑なモノテルペン類の数々が検出されたため、スコルピオン一世のワインには様々なハーブも混ぜられていたと明らかになった。こうしたモノテルペン類を最も多く説明づけられる自然の産物を探して化学文献をくまなく検索した結果、使われた可能性の高いハーブには、セイボリー（*Satureja*）、ニガヨモギと同属のアルテミシア・シエベリ（*Artemisia sieberi*）、ブルータンジー（*Tanacetum annuum*）、レモンバーム（*Melissa*）、センナ（*Cassia*）、コリアンダー（*Coriandrum*）、ゲルマンダー（*Teucrium*）、ミント（*Mentha*）、セージ（*Salvia*）、タイム（Thymus/Thymbra）などがあるのを突き止めた。

特筆すべきは、このほとんどのハーブが、スコルピオン一世のワイン原産地だと我々が提議している南レバントに自生する点だ。ただしうち三つ（セイボリーとセンナとセージ）はエジプト産もあり得るものの、あくまで可能性にすぎない。ワインに入っていたハーブ全てがレバント産だったとも十分に考えられる。

壺からは、原形をとどめた果物の試料も採取された。五〇〇〇年間そのまま残っていただけでも大したものなのに、我々の化学的発見のいくつかを裏付けてもくれて、おかげで古代レバントのワイン造りに関する新たな情報も得られた。そんな果物の中にはおびただしい数のレーズンがあり、皮や種も一緒に残っていた。明らかにこのワインは丁寧に濾過されていないわけで、おそらく香りと苦味の成分を存分に引き出そうとしたのだろう。

最も変わった発見は、いくつかの壺にひとつ入れられていた乾燥イチジクだ。そんなワインの作り方は古代・現代を問わず独特だった。どれも薄切りにされて真ん中に穴が開けられていた。発掘隊の推測では、ワインとの接触面が増えるようにスライスして、壺口から紐で吊るしてワインに浸したのではないかと考えている。それは甘味や特殊な風味づけのためだったのかもしれないし、発酵を促す酵母をさらに追加するためだったのかもしれない。あるいはもうひとつ、多少実用性には欠ける理由だった可能性もある。エジプト古王国時代のピラミッド・テキスト〔ピラミッド内部の壁に刻まれた葬礼の呪文〕には、「王は神の園にあるイチジクとワインで食をとる」という文言がある。ゆえに、イチジク入りのワインを用意しておけば、この死したる王はあの世で完璧に神聖な食物を間違いなく得られるというわけだ。

いつまでも変わらぬワイン

スコルピオン一世の壺に入っていたのはワインだとする化学と植物考古学に基づいた主張は、考古学的な証拠でさらにその信憑性が高まる。例えば、スコルピオン一世の壺はおそらく七〇〇℃にもなる高温で焼成されており、それによって粘土の分子が融合して壺の外側から入り込む酸素を最小限に抑えたと考えられる。酵母を育みタンニンをまろやかにする程度の酸素はワインに有益なのだが、多すぎると完璧なワインを完璧な酢に変えてしまい、ワイン醸造者と愛飲家のどちらにとっても忌まわしい状況になりかねない。

ワインの保存でさらに重要なのは、容器の口を固く封じる方法である。当時ガラス瓶やコルク栓など存在しなかったのを思い出していただきたい。そうした物の代わりに、古代ワインの作り手たちは焼成前の粘土でどうにか蓋をしていたのだ。壺の首に草や布を詰めてから開口部を土器片で覆い、その上から粘土で塞いだりもした。このやり方は墓のレリーフにも描かれており、紀元前三〇〇〇年頃からずっとワイン醸造家たちに使われた方策だったのである。

だが南レバントから輸入されたスコルピオン一世のワイン壺は、また別の方法で封じられた可能性が高い。まず、壺の周りには粘土製の封印が大量に散らばっていた。封印の裏側には、壺の口と紐の跡がある。表側には、レイヨウ・魚・鳥・蛇などの動物と幾何学模様を流れるような図柄に組み合わせるなど、エジプトとは趣を異にするデザインを細かく彫りこんだ円筒印章で印影を残している。円筒印章は通常石製で、模様を左右逆に（つまり鏡に映したように）彫りこんでいるため、湿った粘土に押し付けながら転がすと、意図した通りの図柄が現れる。どうやらスコルピオン一世のワイン壺は、ひとつひとつ口に覆い（おそらく革）をかけて紐で固定した上から粘土を押し被せ、粘土がまだ湿っているうちに円筒印章を転がしたようだ。そして紐と覆いが朽ちた時、封印が緩んで地面に落ちたのだろう。

考古学関連の文献をしらみつぶしに探してみたが、この円筒印章の図柄と完全に一致するものは見当たらなかった。だが最も類似性の高いものは、やはりヨルダン渓谷北部と死海東岸地域を示唆している。もしかしてそこに描かれた動物たちは、南レバントに存在したワイナリーや特定の種類のワインを意味したのだろうか。その真実は永遠に謎のままかもしれない。

歴史に残る酵母

さらにもうひとつ、今度は分子生物学の領域からもたらされた化学的情報により、スコルピオン一世の壺にワインが入っていたのはほぼ確実となった。壺に入っていたブドウのジュースが発酵していたのなら、酵母の存在を（もし残っていれば）確認できるはずだ。そこでフィレンツェ大学・ハーバード大学・カリフォルニア大学バークレー校の研究者たちによる共同プロジェクトで、我々が化学分析してきたあの残渣試料を、今度は酵母に関して分析・検査したのである。

この試料からは、これまでで最も長い古代ＤＮＡ断片のひとつとなる八四〇塩基対をそのまま抽出できた。そしてその塩基配列は、現代ワイン酵母であるサッカロマイセス・セレビシエの一二番染色体にあるリボソーム領域とほぼ同一だったのだ。差異は古代ＤＮＡ塩基対の挿入や欠失五つのみで、この古代エジプト酵母が現代の主要なワイン酵母の前駆体だった可能性を示唆している。だが「培養された」酵母の先祖代々のつながりを、可能ならビール酵母やパン酵母も含めて組み立てるには、特に近東地域の酵母に関してまだまだたくさんの研究が必要である。何が先で何が後かの議論は、常に熱く意見が交わされる問題なのだ。

この研究者たちの推定によると、スコルピオン一世の壺にはもともと酵母のDNAが一二ミリグラム含まれていて、かなり活発な発酵を引き起こすには十分だったはずだという。これは非常に重要な証拠だ。なぜなら、このブドウジュースが発酵していたと証明できたはずのエタノールは遥か昔に蒸発し、消えてなくなっているからだ。

このサッカロマイセス・セレビシエの祖先が、おそらくは他の菌類や細菌類と一緒に作用して、スコルピオン一世の壺に入っていたワインのアルコール生成に直接関わったと我々は考えている。そしてそんな菌類のひとつが（まだ科学的な分類はされていないものの）、イタリアのアルプスで見つかったアイスマンの服からも採取され、そのアイスマンの推定年代がスコルピオン一世のワインとほぼ同時期なのも興味深い。

考古学的な腫瘍学と医学――発掘で秘薬発見

スコルピオン一世のワインに入っていた植物と果物に関しては、なぜ発酵アルコール飲料が何千年もの間人類にとって普遍的な薬だったと考えられるのかについて語っておくべきもうひとつの物語がある。我々がスコルピオン一世のワインから化学的に同定したハーブ類とそれに関連する化合物は、古代エジプトでの医薬品作りに関係する最古の化学的証拠となったのだ。

スコルピオン一世の墓より一〇〇〇年以上後になる墓の数々で発見された医学パピルス（古代エジプト医学を記したパピルス書）や植物遺体の存在から、古代エジプトの医師たちは幅広い情報を網羅した医学書をいつでも使いたいときに使えていたのがわかっている。この医学大全は、世界で最も包括的かつ詳細にわたるもののひとつとなるまでに内容を充実させていった。そんな医学パピルスに書かれた一〇〇〇を超える処方箋で最も散見されるのは、飲んだり皮膚に塗ったりする薬の投与媒体としてアルコール飲料（ワインやビール）を材料のひとつに記載したものだ。樹脂（テレビンノキ、松、フランキンセンス《乳香》、ミルラ《没薬》、モミなど）や幾多のハーブ（スコルピオン一世のワインから検出されたものの多くを含む）の有機化合物は、水よりもアルコール飲料に溶けやすい。植物そのものとそこから滲み出た液を一緒に潰して混ぜてからアルコールに漬け込んだのだろう。こうした薬はあらゆる病の治療に使われ、現代のエジプト伝統医療でもいまだに同じ処方のまま使っているものも多い。最古のエジプト医学パピルスは紀元前一八五〇年頃のものだ。だがスコルピオン一世のワイン壺の生体分子学的・植物考古学的証拠を説明づけようとすると、エジプトの医療はそのずっと前から、おそらくはレバントのハーブをワインに加えていたカナン人のやり方を参考にして、既に実践されていたと考えるのが妥当だろう。

我々は、この非常に初期のエジプト医療に関する推論からさらにもう一歩踏み込んだ。ペンシルベニア大学のエイブラムソンがんセンターの研究者と共に、あるプロジェクトを始動したのである。この取り組みはまったくの偶然から始まった。ある日カリフォルニアへ向かう飛行機で隣に座った女性が、論文のコピーを次から次へと熱心に読んでいた。どうにも気になって肩越しに覗くと、そのうちのひとつが最近の脳研究に関する論文だとわかった。私はニューヨーク州のロチェスター大学でしばらくそのテーマを学び、細胞膜間の神経伝達物質輸送について博士課程の研究を始めた経験がある。好奇心を抑えきれず、なんの研究をしているのかさりげなく聞いてみた。するとこの女性はペンシルベニア大学の心理学教授で、エイブラムソンがんセンターの副センター長も務めるキャリン・レルマンだと判明したのである。すぐに会話が弾み、残りの飛行時間中ずっと活発な議論を交わしたのだった。

その後フィラデルフィアに戻ったキャリンから連絡があり、これまで我々が古代試料から検出した古代の植物や関連化合物に抗がん作用などの医薬効果があるかどうかをペンシルベニア大学提供の資金を元手に研究しないか、ともちかけられた。何百万年も昔の旧石器時代からずっと、我々の祖先は病に効きそうな薬をとにかくなんでも見つけようという強い意志に突き動かされていた、という考えがこのプロジェクトの大前提である。そうすれば先の見えない世界を少しでも長く生きながらえるかもしれないからだ。長い時間の間に、たとえ科学的には説明できなくとも効果的な治療法を見つけていた可能性は大いにある。中には迷信も紛れ込んでいたかもしれないとはいえ、例えば数多くの植物が栽培化された新石器時代など、時代によっては周りの環境をくまなく調べて最も効果の高い植物を選りすぐったりもしたのではなかろうか。だがそんな発見は、その文化が崩壊し消滅した時一緒に失われてしまったのかもしれない。考古生化学を導入すれば、失われた治療法を再発見したり研究する植物の数を絞れたりして、治療薬発見のプロセスを加速できるチャンスがあるわけだ。キャリンはこの新プロジェクトを「考古腫瘍学：発掘で秘薬発見（Digging for Drug Discovery: D^3）」と銘打った。

　このプロジェクトは大いなる可能性を秘めていた。過去の例として、南米に育つキナノキ属の木や低木（*Cinchona* spp.）の樹皮から得られる成分、キニーネの強力な抗マラリア作用は、古代ペルーより伝わる知恵がその「発見」につながっている。同様に、古代メソポタミア・エジプト・ギリシアの古文書からヒントを得て、一九世紀にヤナギ類（*Salix* spp.）の樹皮からサリチル酸が単離され、のちに改良された。それが現在最も幅広く使われる鎮痛剤、アセチルサリチル酸（アスピリン）である。

　我々はほどなくワフィク・エル＝デイリーとメルポ・クリストフィドウ＝ソロミドウそれぞれの研究室と共同プロジェクトを開始し、生体外《イン・ビトロ》での試験をがん組織に対して実施した。そしてアルテミシニンの優れた抗がん作用（3章）を研究したほか、スコルピオン一世のワインにもおそらく使われたハーブのタイムに含まれるトリテルペノイドのウルソール酸が、細胞内において重要なタンパク質「p53」〔がんを抑制するタンパク質〕を増加させ、特に酸素欠乏（低酸素）環境で大腸がん細胞を死滅させると発見したのである。

死者の世界に降り立って

「タ・ヘンケット」の再現は、サムと私にとってまったく新しい取り組み方と冒険を意味するものであった。後期旧石器時代・新石器時代・前期青銅器時代におけるエジプトの超絶発酵アルコール飲料を再現する根拠となる科学的証拠は既に十分揃っていたものの、それぞれの出どころは一万三〇〇〇年以上にわたる時間軸と三カ所の異なる遺跡に散らばっている。出来上がる飲み物は果たして本場物と言えるのか、また実現すらできるのか疑問がなきにしもあらずとはいえ、とにかくやってみようと決めた。そして原材料の調達と、それなりに正当なレシピを考案すべく、二〇一〇年九月、我々はテレビ番組『ブリュー・マスターズ』の撮影でエジプトへと旅立ったのである。エジプトはこれまでに何度も訪れていたが、番組の撮影で行ったのはこれが初めてであった。お茶の間スター予備軍としてエジプトへ行くのは何だか奇妙で、心躍るような気すらした。しかし蓋を開けてみると、撮影準備はやたら入念なのに、番組そのものは必ずしも科学的調査基準に見合うとは限らなかった。

始めに、視聴者への登場人物紹介にするからと言われて、サムと当時ドッグフィッシュ・ヘッドのブリューマスター《醸造責任者》だったフローリス・デリーと私の三人でエジプトの首都カイロ旧市街にある裏通りを歩いた。だが結局このシーンは編集段階でボツにされた。そしてその他多くのシーンも同じ運命を辿ったのである。番組ディレクターのベント・アンダーソンによると、ドキュメンタリー風のビジネス系リアリティ番組とはそういうものらしい。その言葉の意味は、後に完成映像を見たとき理解した。番組としては、古代エジプト飲料を再現するための証拠に焦点を当てるより、大金をかけたシャトー・ジアフーの仕込み分をすべてどぶに捨てるエピソードの方を優先したのである。

次に我々は、人や車でごった返す狭い路地を車で駆け抜けていく、命知らずなとんでもない冒険を繰り広げた。ハンドルを握ったのはインディ・ジョーンズもどき（あの中折れ帽とか諸々全て）のラミー・ロマニー。ラミーは映画『インディ・ジョーンズ　魔宮の伝説』の少年タクシー運転手だったショート・ラウンドを彷彿とさせた。実は我々も自作短編映画『Burton Baton and the Legend of the Ancient Ale（バートン・バトンと古代エールの伝説）』でこのショート・ラウンドというキャラクターを見事に「再現」したことがある。ラミーはさらに、私の大学院時代の学友で後にエジプトの舞台や映像で一躍スターになった（考古学的にだが）ザヒ・ハワスを若くした感じでもあった。そしてこのシーンは、もちろん最終映像に残ったのである。

その翌日、再びラミーが最初の撮影現場まで我々を「車で運んで」くれた。と言っても、泊まっていたホテルとギザのピラミッドからはほんの目と鼻の先だった。そこはザヒと共同指揮者のマーク・レーナーが発掘した遺跡で、四五〇〇年前にピラミッド建造の労働者が居住した集落跡である。出土した多くの大桶、パン型、ビール壺の数々は、そこが「ビール醸造所とパン焼き工房」を併せ持つ施設だったと示唆していた。だがその時ザヒはスペイン滞在中で現場におらず、部外者の遺跡立ち入りは許可されなかったため、我々はその上に位置する崖から集落跡を見下ろすよりほかなかったのである。本当はもっと近くでビールづくりの証拠を検証したかった。なにしろ、古代ではどの工程で実際にビールを醸造していたのか、その答えを知りたくてたまらなくなる疑問が未だに提起されたままなのだから。

ともあれ、古代の現場監督は自分の下で働く労働者をよく理解していて、飲ませるビールをきらさないよう周到に用意していたのだろう、という結論は出せた。エジプトの焼けるような太陽の下で、つらい労働を終えた後には喉を潤すあの液体が不可欠だったのだ。さもなくば暴動が起こり、あの巨大建造プロジェクトは完了し得なかったかもしれない。まさにエジプト文明の命運がかかっていたわけで、成功させるには、ビールの大量生産が不可欠だったのである。

次にラミーが車を飛ばして向かった先は、ギザのピラミッド群から南に一六キロ離れた町、サッカラにあるティのマスタバ〔古代エジプトの長方形の墳墓〕であった。紀元前二四五〇年頃の第五王朝時代において有力者だったティは、ファラオの「無二の友」「宮殿の理髪師の最高統率者」「ピラミッドの監督官」など、様々な呼び名をもつ。エジプトを初めて訪問する人にとって、ピラミッドや墳墓に足を踏み入れた瞬間の興奮はまた格別だ。そして有名な古代エジプト建築家イムホテップの設計した階段式ピラミッド（ピラミッドの原型と言われる）付近に位置するティの墳墓は、サッカラにある墳墓の中でも装飾が素晴らしく、保存状態も良いもののひとつなのである。

入口から長い通路を歩いていくと柱に囲まれた広間にたどり着き、その周りに数々の部屋があった。部屋の壁はいずれも床から天井まで多彩色に色付けされたレリーフが何段も連なり、ティの領地の様子を事細かく描写している。笛奏者の演奏に合わせて麦畑で大麦を刈る鎌を手にした農作業者、動物を屠畜し解体する人々、沼地で網を引く漁師達、カバ狩りの船を指揮するティ、世界最古のフォアグラ作りでガチョウや鶴に強制給餌する様子（ちなみにフォアグラはこの再現ビールによく合った）、ティと妻と主要な息子ふたりとの一家団欒の場面、ありとあらゆる副葬品を運ぶ人夫の行列など、枚挙にいとまがないほどのこうした絵は、今からほぼ五〇〇〇年前の過去へと我々を誘ってくれた。これほど古い時代に、こんなエジプト写実主義芸術と匹敵するものは古代世界のどこにもない。似たような細部へのこだわりは、エトルリア人〔紀元前一千年紀頃ローマ人より前にイタリア中部に住み、高い文明を持っていた民族。詳細は5章〕やギリシア人、ローマ人の登場までお目にかかれないのである。

　主要な廊下の一番奥には礼拝堂（アラビア語で「セルダブ」）があり、狭い切り欠きから中を覗くと、ティの「カァ（魂）」を表す等身大のティの像が見える。この状態になったティは、墓の中を自由に動き回って供物の香りを嗅げるのだ。

　だが我々のそもそものお目当ては、セルダブから廊下を少し戻ったところにあった。我々は薄暗い照明に照らされた「ストアルーム（貯蔵庫）」と呼ばれる小部屋に描かれたパン作りとビール造りの図解記録を、じっくり間近で観察するために来たのである。絵にはヒエログリフで文章が添えられており、解読できればある意味漫画のト書きのようなものだ。奥側の壁の一番上に撮影用の強烈な照明を当てると、男たちがろくろを使ってビール醸造用土器壺を成形し、それを窯で焼いている絵が照らし出された。そのずっと下にある段では、背の高い円筒型サイロからオオムギとエンマーコムギ〔古代の二粒コムギ〕と思しき穀類を取り出して、書記官が計量し、長い棒を持った立ち姿の男たちが粉砕して脱穀している。その穀粒を地面に膝をついて座っている女性達が磨石で細かい粉に挽き、粉をふるいにかけ、パン生地をこね、丸くて大きなパンに成型して、窯で焼いている。

　続きは上の段へと上がり、ビールをどう作っていたのかを示していた。横向きに置かれた大きな壺があり、その中でオオムギを湿らせて発芽させ、モルト（麦芽）を作ったと考えられている。おそらくそのモルトを壺の隣に描かれた窯で焙煎してから、図に描かれた大きな平たい石皿の上ですりつぶしたのだろう。隣にはパンをうずたかく積み上げた大皿を運ぶ男がいる。後に続く大きな壺の数々は、きっとその中でモルトとパンを一緒に「マッシング（穀類の糖化を促す煮込み）」（つまり炭水化物を発酵可能な糖に分解）して糊化したのだ。そうしてできた液状のワート（糖化した穀類の汁）が小さめの器に注がれ、すぐそばに描かれた石か土器かを緩く積み重ねて作った窯で火加減を調節しつつ熱したようだ。冷めたワートを籠で濾し取っているように見える図の次に、ひとりの男性が小さな壺に入った液体を広口壺に加えている。これはワートの発酵を引き起こすために加えている酵母たっぷりの果汁か、以前作ったビールなのだろうか？　最終工程の作業者たちは発酵中の飲み物を壺に注ぎ入れ、発酵により生じるガスが減少したところで栓をしてラベルをつけている。そうして出来上がったビールの量を、書記官が正しく記録しているのであった。

こうした私の解釈のいくつかには議論の余地もあるだろう。そこはともかく、パン作りからビール造りまで全体的な工程は十分わかるのに加え、なぜ発掘調査で見つかるビール醸造所が製パン所の隣にある場合が多いのかの説明もつく。両者の原材料も手順も、重なる部分が多いのだ。

この工程をほぼそのままなぞった立体模型や芸術的な描写が、何千年もの間何度も様々な墳墓で繰り返されている。やはり死後の世界でビールを大量に作るための正統派的な図が一度決まってしまうと、その定石から外れたくはないものなのだ。

カイロのスーク《市場》でぶら歩き

考古学的聞き込み調査についてはもうこれくらいにしよう。今度は、古代エジプトの超絶飲料を再現する任務にふさわしい酵母と材料を入手する番だ。実際に使われた可能性のある植物の化学的証拠は、スコルピオン一世の壺にあった残渣の分析からもういくらか揃っていた。だが我々は、祖先たちがまだこの地を彷徨っていた一万八〇〇〇年前の後期旧石器時代にまで遡った植物考古学的な証拠をもとにして、可能性の引き出しを増やしたいと考えたのである。

今回の「古代ビール」再現では、一風変わった方法を使ってみた。考古学調査の翌日、サムとラミーと私の三人で、カイロ旧市街にある騒々しくごった返した迷路のようなハン・ハリーリ市場をぶらぶらと歩いたのである。スパイス専門店から果物の露天商まで様々な店を物色し、合間にエジプトの濃厚なコーヒーを飲んだり特別に水タバコを吸ったりして冒険に彩りを添えた。サムはこれを「これまでで一番奇妙な遠足」と呼ぶ。そんな中、アラビアの有名なスパイス「ザアタル」をひとすくい手に取ってその香りを嗅いだ私は、これこそスコルピオン一世のワインに入っていたのと同じハーブ類をふんだんに混ぜ合わせたものだ、と直感した。ザアタルは、アラブの各家庭でそれぞれ異なるハーブの組み合わせや割合のレシピに基づいて作られるスパイスだ。ただし最低限ワイルドタイムとセイボリーが含まれる。そこへさらにオレガノ、スマックシード、コリアンダーなど、いろんなハーブを何種類も加えたりする。そうして出来上がった強烈な香りと味わいのある香辛料を、アラブ人はパンを浸すオリーブオイルに入れて風味づけしたり、小さめのピタパン（ポケットパン）に塗ってピザのようにオーブンで焼いて食べたりする。中東にしばらく住むと、このスパイスが大好きになるものだ。このハーブミックスはきっと、我々の実験醸造で苦味づけ成分の役割を見事に果たしてくれるだろう。

さらに歩いていくと、籠に積まれた茶色いドライフルーツに目が留まった。それは砂漠で採れたドームヤシの実だ、と店主が言う。一万八〇〇〇年前のワディ・クッバニアで発酵飲料造りに使われたかもしれないと私が提案している果実だ。糖蜜のような強烈な風味があるその類まれな香りと味わいに、我々はすっかり再現で使う気満々になった。そして市場のもっと奥深くに進むと、今度はやはりワディ・クッバニアでその存在が証明されているカモミールに出くわした。その繊細な花の香りはとても魅惑的だった。

そのときサムが、なにやら曲がりくねった灰色の根のようなものを入れた籠に気づいた。ラミーが通訳してくれたそれは「鹿の陰茎（ペニス）」。鹿は確かにエジプトの砂漠をうろついていたし狩りもされていたので、副原料候補としてなくもない。それに鹿の陰茎は、中国伝統医学において媚薬や精力増強剤、妊娠を助ける薬として一定の役割を果たしているのだ。これにアシカの陰茎と犬の陰茎を組み合わせれば「三鞭酒《さんびえんちゅう》」〔三種の動物の陽根を漬けた酒〕ができる。だが古代エジプトにそんな飲み物が存在した証拠はない。ともあれ物珍しさにいくつか購入し、スフィンクスと大ピラミッドの向かい側にあるレストランで昼食を取ることにした。

レストランには午前中の買い物三昧で入手した戦利品を持ち込んだ。まずはその品々を吟味するべくテーブルの上に並べ、匂いを嗅ぐ。次にひとつずつぬるま湯に浸し、発酵アルコール飲料に加えたときの香りや味の見当をつける。さらに、私がエジプトでずっと飲んできた「ステラ」という現代のエジプトビールにも浸してみた。味気ないラガービールとはいえ、今回の目的には合う。こうしたハーブ溶液をテーブルについたメンバーの間で順番に回して、それぞれ気になった特徴や、どれくらい再現飲料に入れるのが良さそうかをコメントしていった。古代飲料で使われた原材料の正確な量ははかれたためしがないため、このやり方はなかなか理にかなう。我々は向かいに見える謎めいたスフィンクスを時折眺めつつ、たくさんのひらめきをもらったのであった。

ショウジョウバエの出番だ

サムがまたひとつ、隠し持っていたこんな案を出してきた。エジプトの砂漠の夜空に漂う天然酵母を捕らえて、それで発酵させてはどうだろう？　そんなわけで早速車を走らせ、サッカラからさらにナイルの上流側へ三キロ南下したダハシュールのデーツ果樹園へと向かった。そして酵母が運よく上から落ちてきたり、あるいは少なくとも酵母を乗せた昆虫が偶然さまよってきてくれたりしないかと願いつつ、寒天を載せたペトリ皿をあちこちに設置したのである。とか言いながら実のところ果樹園は、糖やアルコールが大好きで我々と同じ酩酊の遺伝子を持つショウジョウバエだらけなのだ。

そんなショウジョウバエたちは、粘着性のある寒天に絡めとられていとも簡単に捕獲された。その虫の固まりを集めてベルギーの研究所に送り、そこで酵母を分離・複製して再現飲料の主要酵母とするのに十分な数まで増やしてもらったのである。その酵母は度数五・五％以上のアルコールは生み出せなかったものの、まずまずとしよう。ただ、これが本当に「野生の」酵母なのかどうかはわからない。どこかの現代酵母の群れから迷い込んできたのかもしれないのだ。また、この酵母のＤＮＡ配列は未だ解析されておらず、スコルピオン一世の壺から見つかった酵母にどれくらい近いのかは不明である。

ナイル川セーリング

今回のエジプト遠征を締めくくる打ち上げとして、フェラッカ（アラビア語、「帆掛け船」の意）〔エジプトの伝統的な木造の帆船〕を借りきってナイル川をクルーズした。喉を潤す液体は抜かりなくたっぷりと積み込まれていたばかりか、撮影カメラの準備もバッチリで、我々の再現ビールにパンを加えるべきかどうかの熱い議論が記録できた。パンとビール論争はエジプト学者のデルウェン・サミュエル博士によって既に解決済みだ、と我々に同行した考古学とメディア関連のコンサルティング会社「Past Preservers（パスト・プリザーバーズ：過去を保存する者）」のナイジェル・ヘザリントンは固く信じている。古代エジプト新王国〔エジプト第一八〜二〇王朝〕時代である紀元前一三五〇年頃のエル・アマルナ遺跡で発見されたビールの残渣をサミュエル博士が調べたところ、そこにパンは含まれていないと明らかになったのだ。唯一確認できたのは、エンマーコムギとオオムギの破砕モルトが部分的に糖化し糊化したデンプン粒だけであった。博士はさらにその発見をもとに独自のエジプト新王国ビールを再現し、「Tutankhamun's tipple（ツタンカーメンの常酒）」や「Nefertiti's nip（ネフェルティティの舐め酒）」などと名づけて売り出したところ、あっという間に売り切れたという。

私は、ある一時代のたったひとつの遺跡から得られた発見をエジプトの歴史全体に当てはめてしまう考え方には懐疑的だった。私の意見は、ティの墳墓で見たような同一壁面でビール醸造とパン焼きを一緒に描いた墳墓レリーフや、ギザのピラミッド作業者の居住区跡にあったような両者の関係の近さを示す考古学的証拠の方に傾いていたのである。あのやり方は、材料と工程を共有する上で理想的だったのだ。それに、もっと広範囲にわたる中東全体の伝統を反映する古代メソポタミアのビールもパンから作られていたのだし、ヌビア人の船乗りたちがよく作るエジプトの伝統的なビール「bouza（ブーザ）」（ちなみに英語でアルコール飲料を指すbooze《ブーズ》と語源的つながりは皆無）に入っているのはほとんどがパンなのも有名な話だ。

デラウェア州帰還

アメリカに戻るまでに基本的なレシピは出来ていた。あとはそれを現実のものにするだけだ。だが案の定、FDAが大きな障害となった。ドームヤシの実を何週間も税関に留め置いて、多大な費用を被らせてくれたのである。しかし待っている間に用意しておくべき材料は他にもあった。そして当時ブリューマスターを退任する予定だったブライアン・セルダースは、古いサワードウ・スターター（発酵種）を使ったエンマーコムギのパンを、リホボスのブリューパブにある窯で既に焼いてみていた。近東の穀類であるエンマーコムギは新石器時代に栽培化された植物のひとつで、後にエジプトにも移植されたのだ。ともあれ最終的にドームヤシの実、ザアタル、カモミール、モルトなどすべての材料が揃い、デーツのオアシスで採取した酵母も出番を待っていた。このビールが初めて醸造されたのは二〇一〇年一一月、続いてその一年後に商品化された。

このビールの名を「タ・ヘンケット」にしたのは、酵母と焦がした糖の風味をたっぷり帯びた焼きパンを材料に使うと決めたからである。タ・ヘンケットのラベル（本章の扉参照）を見ると、パンを意味する「タ」が半円型のパンの塊で表され、その真下にビールを意味する「ヘンケット」が壺で表現されているのがわかるだろう。

タ・ヘンケットは、先史時代と原史時代エジプトの超絶発酵アルコール飲料としてあり得る無数の解釈から、たったひとつ組み合わせてみたものにすぎない。それに古代エジプトの器からはまだこんな飲み物は見つかっていないのだ。それでもこのビールは、化学・植物考古学・文献から得られた証拠を存分に活用している。それでいえば、幻覚作用をもたらす睡蓮のブルーロータス（青睡蓮）に関する証拠もあるのだから、そんな植物を副原料に加えてもう少し攻めても良かったのだが、今回はやめておいた。既にFDAからドームヤシの実とザアタルへの許可が下りていたので、あまり調子に乗らない方が得策だと考えたのである。

飲料の再現でやりすぎた例を紹介すると、一九世紀にアメリカ先住民アパッチ族が飲んでいたアルコール度数の低いコーン・ビール「ティズウィン」（8章のメキシコに起源をもつコーン・ビール「チチャ」参照）を再現しようとした、また別のテレビ局から協力を要請された時の話がある。撮影は、コロラド州南部フォー・コーナーズ〔アリゾナ、コロラド、ニューメキシコ、ユタの四州の境界線が集まる地点〕に位置するメサ・ヴェルデの断崖に築かれた驚異の岩窟住居跡で行なわれると聞かされた。メサ・ヴェルデは、妻と私がフォルクスワーゲンのマイクロバスでアメリカ横断旅行をしたときに訪れてすっかり魅了された場所だったため、思い出の地を再訪するチャンスだとふたつ返事で引き受けた。だがもっと慎重に対応すべきだった。撮影中、その地に七〇〇年以上（西暦五五〇年から一三〇〇年まで）住んでいた狩猟採集民族のアメリカ先住民アナサジの祭祀場「キバ」を、なんと「醸造所」と呼んだのである。現地の考古学情報に詳しく、当日も撮影を見守っていた国立公園のパークレンジャーと私は思わず耳を疑った。アナサジがビールを作った事実はなく、そんな発言を放映すればアナサジの血を引く現代アメリカ先住民の怒りを買うかもしれない。しかも再現された飲み物には、アパッチ族が使ったこともないホップを山ほど入れていたのである。

ひと癖あるビール

タ・ヘンケットは、二〇一〇年一一月一八日にタイムズ・スクエア近くの劇場でお披露目された。会場は飲み物に相応しくエジプト風に飾りつけられ、巨大な柱と様々な神々やファラオが我々を見下ろしていた。サムとフローリスがこの新たな再現古代エールのビア樽にディスペンサーを取り付けてビールを注いだ後、我々はステージに上がって座り、集まったメディアや聴衆からの質問に答えた。そして皆でビールを味わい、参加者全員から拍手喝采を浴びた……と思っていた。

残念ながら、タ・ヘンケットは一般的な酒飲みの間でまったく人気が出なかった。売上が振るわず、発売後まもなく市場から姿を消したのである。ドームヤシの実と、特にハーブの風味が強烈なザアタルは、おそらく平均的なアメリカ人の口には合わなかったのだろう。大好きだと言う者もいれば、あの味を極端に嫌う者もいた。このビールは、強烈な味が広く一般的に好まれる中東ならもっと売れたのかもしれない。

私はこのビールが市場から消えてしまう前に、フィラデルフィア界隈に残っていたボトルを出来る限り買い集めた。おかげで、このビールは年を経るほどに良くなるとわかったのである。三年経つとザアタルの風味がまろやかになり、卓越した味わいになると個人的には思う。願わくはタ・ヘンケットが歴史のゴミ箱に追いやられたりしないように、そしてもしドッグフィッシュ・ヘッドがこれを復活させないのなら、自家醸造家諸君が代わりを務めてくれるように期待しよう。

タ・ヘンケットの自家醸造用アレンジレシピ

作：ダグ・グリフィス
参考：McGovern, 2009/2010

材料	分量	必要になるタイミング
パン用ドライ・イースト*	1袋	醸造日前日
ぬるま湯*	240cc	醸造日前日
ひきわり小麦*	230g	醸造日前日
ドライモルト（粉末）のライト*	カップ60cc分	醸造日前日
塩*	小さじ1/2	醸造日前日
全粒粉*	230g	醸造日前日
水	19L	煮沸開始前
硫酸カルシウム（石膏）	大さじ1	煮沸開始前
ブリュー・バッグ（醸造用メッシュバッグ）	1	煮沸開始前
ひきわりカラメルモルト薄色（ロビボンド40／EBC79）**	230g	煮沸開始前
ひきわり小麦モルト**	460g	煮沸開始前
ひきわりエンマー小麦**	460g	煮沸開始前
ドライモルト（粉末）のライト	1.4kg	煮沸終了65分前
ケント・ゴールディング　ホップ（ペレット）	14g	煮沸終了60分前
乾燥デーツ（ナツメヤシ）	115g	煮沸終了15分前
アイリッシュ・モス〔「ツノマタ」とも呼ばれる海藻〕	小さじ1	煮沸終了15分前
モスリン・バッグ（木綿の巾着袋）（小）	1	煮沸終了5分前
カモミール	230g	煮沸終了5分前
ザアタル（中東のミックススパイス）	小さじすりきり3	煮沸終了5分前
酵母 Fermentis S-33（ベルギーエール） White Labs WLP400（ベルギーウィートエール） Wyeast 3942（ベルギーウィート） など	1袋	発酵
プライミング・シュガー	140g	瓶詰め
瓶詰め用ボトルと王冠		瓶詰め

＊……パンを使う場合　＊＊……パンを使わない場合

初期比重：1・046
最終比重：1・012
最終的な目標アルコール度数：4・5%
国際苦味単位（IBU）：12
最終容量：19L

・・作り方・・

◉パンを使う場合

① ぬるま湯（38℃）にパン用ドライ・イーストを加え、かき混ぜて溶かす。そのまま10分間置く。
② ボウルにドライモルト、塩、〔古代の小麦粉を模倣するべく分量のひきわり小麦を加えた〕全粒粉（初めに加える量はカップ山盛り2杯程度）を入れて混ぜ合わせ、①を加える。
③ ②を混ぜてこね、必要に応じて全粒粉を追加しながら、弾力のあるまとまった生地にする。
④ ボウルに覆いをかけ、暖かい場所で寝かせる。生地の大きさが2倍程度になるまで膨らませる。
⑤ オーブンを180℃に予熱しておく。
⑥ パン型に油〔分量外〕を塗るかクッキングシートを敷いて、④のパン生地を入れる。
⑦ 45分程度加熱して焼きあげる。できたパンの密度は高く、中も非常にしっとりしているかもしれない。
⑧ パンを冷ましてから約1㎝角に切るか、一晩乾かしてからミキサーで粗挽きにする。

◉醸造手順

① 醸造用の鍋に水19Lを入れ、硫酸カルシウム（石膏）を加える。
② ①を65℃になるまで加熱する。
③ ブリュー・バッグに、A：パンを使わない場合はひきわりモルト2種とエンマー小麦、B：パンを使う場合はパンを入れる。バッグの口を縛り、液温が65℃になった②の鍋に入れる。
④ 65℃の液温を30分間保ちつつ、5分ごとにバッグを上下に揺らす。
⑤ 30分経ったら火力を最大限に上げる。バッグが鍋底に触れないよう気をつけること。液温が77℃になったら、かき混ぜ用の大型スプーンなどを使っ

てバッグを引き上げ、中に溜まった液体のほとんどが鍋に戻るよう、鍋の上で1分間持ったままにする。この時、バッグは搾らない。

⑥ 湯が沸騰し始めたら、鍋を火から下ろす。

⑦ ドライモルトを加える。鍋底で固まったり焦げついたりしないようよくかき混ぜて、再び火にかける。

⑧ 沸騰し始めたらその状態を5分間保ち、それからホップを投入する。

⑨ このホップ投入時点から、1時間の煮沸に入る。吹きこぼれを防ぐ消泡剤を使う場合、泡が上がってきたら同梱の説明通りに添加する。

⑩ 煮沸開始から45分以内に、煮沸中の鍋から液体をカップ1杯取り、分量のデーツと一緒にミキサーに入れてピュレ状にしておく。

⑪ 煮沸時間45分時点でアイリッシュ・モスと⑩でピュレ状にしたデーツを投入し、さらに煮沸を続ける。

⑫ 残り5分時点でカモミールとザアタルを小さなモスリン・バッグに入れて投入し、5分経ったら煮沸を終了する。

⑬ 鍋の中身をかき回してワールプール（渦）を作り、15分間休ませる。

⑭ ワートを21℃まで冷ましてから、発酵槽に移し替える。固形物は出来るだけ鍋側に残す。発酵槽側の19Lの目盛りまで、水〔分量外〕でワートをかさ増しする。

⑮ 冷めたワートに酵母を投入し、21℃で発酵させ、発酵が完了するまで待つ。

⑯ 二次発酵槽へ澱引きし、1〜2週間、あるいは望ましい清澄度になるまでおく。

⑰ 瓶詰め前に、瓶と王冠を洗って殺菌する。

⑱ 沸騰させた湯240cc〔分量外〕とプライミング・シュガーを溶かして、プライミング溶液を作っておく。

⑲ 殺菌した瓶詰め用バケツに、サイフォンを使ってビールを移し替える。

⑳ ⑱のプライミング溶液を加え、そっとかき混ぜる。

㉑ ビールを瓶詰めし、王冠で蓋をする。

㉒ 約2週間で飲みごろになる。

備考：このビールは、時間が経つに連れてザアタルがまろやかになり、味わいが向上する。

タ・ヘンケットとのペアリング料理

丸ごと一羽分のガチョウのロースト

作：クリストファー・オットセン

材料（4～6人分）	分量	準備
ガチョウ	1羽(約4kg)	
胸肉のロースト		
キール（竜骨突起）付きガチョウ胸肉	1	1羽分
塩	適量	
ガチョウの脂	適量	
ザアタル	大さじ2	中東の食材を扱う店で入手可能
デーツ・シロップ	大さじ1	
ジブレット・ソース〔鳥の首や臓物で出汁をとるソース〕		
首	1	1羽分
羽	2	1羽分
背骨と肋骨	1	1羽分
ウィッシュボーン（二又になった鳥の叉骨）	1	1羽分
有塩バター	大さじ1	
茎付きフレッシュ・セイボリー	一握り	乾燥させて砕く
茎付きフレッシュ・タイム	一握り	
乾燥させたカモミールの花	一握り	もしくは、カモミールの蕾の酢漬け　小さじ1
ニンニク	1片	
タマネギ	1個	半分もしくは1/4に切る
市販か自家醸造版のタ・ヘンケット	240cc	
デーツ・ビネガー	大さじ2	
イチジク	3個	半分に切る
乾燥デーツ	3個	半分に切る
冷水	適量	
塩	適量	

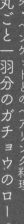

材料（4～6人分）	分量	準備
骨付きもも肉		
骨付きもも肉	2	1羽分
ガチョウの脂	適量	
粗塩	適量	
茎付きフレッシュ・セイボリー	一握り	乾燥させて粉にする
茎付きフレッシュ・タイム	一握り	
乾燥させたカモミールの花	一握り	もしくは、カモミールの蕾の酢漬け　小さじ1
ニンニク	2片	
臓物類（モツ）		
胸肉のロースト時に出たガチョウの脂	大さじ1	
心臓	1	
レバー（肝臓）	1	
砂肝	1	
ニンニク	1片	
市販か自家醸造版のタ・ヘンケット	大さじ3	
バター	大さじ1	
パセリのみじん切り	大さじ1	
塩	ひとつまみ	

・・作り方・・

◉ガチョウの食肉処理

理想的には、地元の精肉店で既にさばかれたガチョウの部位を1羽分（骨付きもも肉、キール付き胸肉、心臓、レバー、首、肋骨と背骨、ウィッシュボーン）購入する方が良い。だが自分で1羽を丸ごとさばくことも可能。

◉胸肉のロースト

① キール付きガチョウ胸肉の皮の上下に塩をすりこむ。焼き上がりの皮をパリパリにしたい場合は、胸肉をトレーに載せ、ラップせずに冷蔵庫で一晩置く。

② 翌日、オーブンを120℃に予熱し、胸肉にガチョウの脂を刷毛で塗り、一番厚みのある部分に調理用温度計を刺してロースト用の網に載せ、その下に天板を置いて受

け皿にして焼く。

③ ザアタルとデーツ・シロップを混ぜ合わせてスパイス・ミックスを作る。

④ 3〜4時間後、胸肉の中心部の温度が63℃まで上がったら、オーブンから取り出す。

⑤ オーブンの温度を135℃まで上げる。

⑥ 刷毛で③のスパイス・ミックスを胸肉に塗り、追加の塩を振る。

⑦ 胸肉をオーブンに戻し、さらに10分間、あるいは皮がパリッとなるまで焼く。

⑧ オーブンから取り出して数分間置いた後、切り分けて食卓に出す。

⑨ 天板に溜まった脂を取っておく。

◉ジブレット・ソース

① 骨を小さめに切り、血と不要なもの全てを取り除く。

② 刻んだ骨を鉄のフライパンに入れ、195℃に熱したオーブンで45分間、もしくは乾いて黄金色になるまでローストする。

③ ②にバターを加え、コンロの火にかけてバターを溶かす。

④ セイボリー、タイム、カモミール、ニンニク、タマネギを加え、中火で加熱しながらよく混ぜ合わせる。

⑤ 数分経ったら、タ・ヘンケット（市販もしくは自家醸造版）、デーツ・ビネガー、イチジク、乾燥デーツを加える。そのまま数分間中火で加熱する。

⑥ フライパンを傾けて、余分な脂を取り除く。

⑦ 骨がやっと被るくらいに冷水を入れて、1時間コトコト煮込む。

⑧ 目の細かいザルで煮汁を小さめのソース鍋に漉し取る。

⑨ 量が半分程度になるまで煮詰め、ふつふつしている間に、室温に戻したバター〔分量外〕を加えてソースにとろみをつける。塩で味をととのえる。

◉骨付きもも肉

1日目：骨付きもも肉に粗塩を振ってラップで包み、冷蔵庫で24時間寝かせる。

2日目：塩を洗い流し、水分を拭き取る。再びラップで包んで、もう24時間冷蔵庫で寝かす。

3日目：

① もも肉にガチョウの脂をたっぷりと塗りつけ、ハーブ類とニンニクと一緒に混ぜ合わせて大きなソース鍋に入れ、弱火でじっくり加熱する。

② 肉が骨から離れるくらいになったら、もも肉を火から下ろして冷ます。

③ 135℃に予熱したオーブンで10分間、または外側がパリッとするまでもも肉をローストする。この最後10分間のローストは、胸肉と一緒に焼いて一緒に盛り付けても良い。

◉臓物類（モツ）

① ガチョウの脂をフライパンに入れ、臓物類を全面まんべんなく焼く。

② ニンニク、タ・ヘンケット（市販あるいは自家醸造版）、バターを加える。

③ ジブレット・ソースを煮詰めている間に、臓物類に照りをつける。

④ 出来上がったジブレット・ソースと合わせ、パセリと塩を振り、フライパンごと食卓に出す。

BIRRA
ETRUSCA
BRONZE
An Ancient Ale brewed with honey, hazelnut flour, heirloom wheat, myrrh, gentian root, raisins, pomegranate juice & pomegranates.
1 Pint 9.4 fl. oz. | 8.5% Alc. by Vol.

5章　エトルスカ

ワイン来襲前のヨーロッパに「グロッグ」ありき

レスボス島
エーゲ海
ミュケーナイ文明遺跡
ウルブルン沈没船
サラミス遺跡
ニコシア
ファマグスタ港
クレタ島
キプロス島
フォウルノウ・コルフィ遺跡
キティオン
［ラルナカ］
ビブロス
ベイルート
ミルトス遺跡
テル・エル・フカール遺跡
ラマト・ダヴィド
テルアビブ
エルサレム
クフ王の大ピラミッド
ナイル川

ポンビア
サン・ミケーレ・アッラーディジェ
トリノ
ミラノ
ポー平原
トスカーナ地方
バルバレスコ
ピオッツォ
フィエーゾレ
カルミニャーノ
ヴェルッキオ
ヴォルテッラ
フィレンツェ
バルベリーノ
カザーレ・マリッティモ
ムルロ市
（ポッジョ・チヴィターテ遺構）
コルシカ島
テヴェレ川
モンタルチーノ
ボルゴローゼ
ローマ
アドリア海
タルクィニア
アペニン山脈
オスティア・
アンティーカ遺跡
サルディニア島
ピテクサイ
［イスキア島］
ティレニア海
エノトリア
［カラブリア州］
シチリア島
カルタゴ
マルタ島
キュレネ遺跡

前章で見た通り、カナン人によるワイン文化のエジプトへの伝播は、カナン人さえ予想だにしなかった成功を収めた。まずはワインを目新しい飲み物としてスコルピオン一世のような支配者に献上して興味をそそった。とはいえ我々にとってお馴染みのワインではなく、ブドウ以外にもイチジクやレバント産ハーブや樹液など、一風変わった材料がたくさん混ぜ込まれた超絶系ワインである。そうしてファラオの懐に入ったら、今度はもう一歩踏み込んだ攻勢をかけ、それまでエジプトには自生していなかったユーラシアブドウの、栽培化された木をナイル川デルタに持ち込んで移植した。王家のワイン農園やワイナリーも設置され、それに伴って導入されたカナン技術は、ワイン圧搾施設建造やワイン用土器製造、金属製の特殊な道具類に灌漑技術などの他、きっとまだたくさんあったであろう。

カナン人がエジプト人の生活に深く与えた影響は、エジプトの神々からも見て取れる。例えばオシリスに与えられた称号「氾濫を通じた（あるいは氾濫中の）ワインの神」は、まるでカナンの創造主エルや天候を司る神バアルさながらだ。こうした神々は神話の中でしばしばとんでもない量のワインを飲んで酔っぱらったりするので有名だ。やがてエジプトの神殿での儀式や埋葬の儀礼でも、それまでずっとエジプトの中心的な飲み物で、他の材料と混ぜて超絶発酵アルコール飲料にされる場合も多かったビールと同じレベルにまで、ワインの地位は押し上げられていったのである。

カナンのワイン文化がエジプトへ伝わったのは、シナイ半島海岸沿いに陸路があったためもある。カナン南部のガザ地域からナイル川デルタの東端までは約二〇〇キロだ。だが荷を運ぶ動物の群れを水場から水場へ移動させながら歩く、一〇日間の大変な旅であった。

それより数千年前にアフリカからやってきたカナン人の祖先は、先史時代の洞窟や地中海沿いの露営地から外を眺めつつ、この向こうに広がる世界には何があるのか、どうすればそこへ辿り着けるのかと考えただろう。

例えば後にカナン人の重要な都市国家となり、現代レバノンの首都となったベイルートには、あちこちに散乱した石の道具や武器など、祖先たちの存在の痕跡が残っている。狩猟採集民だった祖先は、そこで星降る夜空に先史時代の発酵飲料で乾杯しながら、大地に縛られた自分を解放して地中海を渡らせてくれる何らかの船を造り上げる夢を見ていたのではなかろうか。その夢の実現は実に時間の問題で、子孫たちはやがて西方へと旅立ち、イタリアにも辿り着いたのである。

イタリアは地中海の真ん中にあり、ベイルートからは直線距離で一六〇〇キロ離れている。カナン人も、後の鉄器時代の後継者であるフェニキア人も、そんなに遠く離れた場所や文化へ一足飛びに到達するのは不可能だった。砂漠でオアシスからオアシスへ渡り歩くのと同様に、海では港から港へ、島から島へと千年の時をかけて渡っていかねばならなかったのである。我々は、そんな古代の船乗りたちがイタリアに到達するまでの道のりを想像しながら追いかけていける。あるいは、私と妻がしたように、実際に船で渡ってもいいのだ。

陸にあってはワイン醸造家、海にあっては商人のカナン人

カナン人はワイン文化に商業的な可能性を見出し、それを最大限に活用すべく、世界で初めて海を渡る木造船を建造して地中海を航行した。もう岸辺で海を渡る夢を見る必要はない。自らの手で実現させたのだから。

カナン人による建造船のうち最も古い時代に保存され、且つ最も見事なものは、紀元前二五〇〇年頃エジプト第四王朝を統治したファラオ、クフ王の大ピラミッド脇で砂に埋められた「埋葬船」五隻である。そのうち発掘された一隻は全長がほぼ五〇メートルあり、一六世紀にフランシス・ドレーク卿を乗せて世界一周したゴールデン・ハインド号より九メートルも長い。クフ王があの世で使うこの船は、大部分がレバノン杉でできて

いた。部材をエジプトに持ち込んで組み立てたか、あるいは別の地で建造してからナイル川を帆走して上ったのかもしれない。何世紀にもわたる試行錯誤をうかがわせるその見事な建造物は、ほぞと呼ばれる突起をほぞ穴に差し込む「ほぞ継ぎ」という接合方法で船板を一枚ずつ繋いでから、船底中央を縦に走る竜骨へと結合していく、いわゆる「シェル・ファースト（外板成形優先）」の造船技術で造られていた。

クフ王の偉大なる埋葬船建造に使われたのは杉だったことから、最古の造船がどこで行なわれたかはすぐに見当がつく。レバノンは古代でも杉の産地として知られ、ベイルートから北に四〇キロ離れたビブロスほど、杉と密接な関わりをもつ沿岸都市はない。ビブロスはレバノンでもかなり集中的に発掘された場所のひとつで、新石器時代初頭だった紀元前九五〇〇年頃から青銅器時代末である紀元前一〇〇〇年頃までの間に、そこに住んだ人々の変遷を詳しく見せてくれるのだ。

ビブロスはもともと古代エジプト語では「Kpn《クプナ》」、フェニキア語では「Gebal《ゲバル》」と、おそらく「山岳都市」を意味する名で呼ばれていた。安全な港を備え、杉が林立する山々にも近いこの場所は、船乗りを志す者にとっては特に魅力的だった。紀元前三千年紀にエジプトで記された文献によると、木こり集団が銅の斧を使って「神の地」から木を切り出し、その材木を（多分艀《はしけ》を使って）ビブロスに運んでいたという。そしてこの杉材を使って有名な「ビブロス船」（古代エジプト語ではkbnwt《クブヌート》）が建造され、そのビブロス船でエジプトまで杉材を大量に輸送できるようになったのだ。エジプト古王国の「年代記」とも言えるパレルモ石に刻まれた最古の記録には、スネフェル（第四王朝最初の王）が杉をはじめとする針葉樹を船積み量四〇隻分エジプトに取り寄せて四四隻の船を建造し、できた船のいくつかは長さが一〇〇キュビット（五五メートル）（キュビットは古代エジプトの長さの単位で肘から中指までの長さに由来）あった、と書かれている。

ワイン文化の船出

カナン人は、こうしたビブロス船に液体（よくあるのはワイン）を積載し運搬するに当たって最適な土器形状を編み出し、革新の歩みをさらにもう一歩先へ進めた。紀元前二〇〇〇年頃、その出自に相応しく「カナン壺」と名付けられた（だが後に見た目通り「両取っ手」を意味するギリシア語由来のラテン語で「アンフォラ」と呼ばれるようになった）壺を創案したのである。全体的な形は既にその一〇〇〇年前から使われていた前期青銅器時代の平底壺に似ている。しかし道具を使わず全て手で成形した昔の壺とは異なり、カナン壺は高速のろくろを使って丸底に仕上げたのだ。丸底は中の液体から外側に押される力を均等に分散するため、底面と側壁との接合面に脆弱性を抱える平底よりずっと強度が高い。また、丸みのある底は「三つ目の取っ手」の役割も果たし、液体を満杯まで入れると容量約三〇リットルで重量は三二キロにもなるカナン壺を、ひとりでつかんで持ち上げて船に積み下ろしできるようになったのである。しかも船倉には平底より丸底の壺の方がより多く積み込めた。底が細いため、先に積んだ壺の肩と肩の間にはめて何層にも積み上げられるのだ。陸地では壁面などの垂直の支えに寄りかからせるか、専用の台を使って壺を直立させていた。

カナン人は、エジプトで使ったのと似たような手法を行く先々で用いたようだ。まずワインなどの贅沢品を持ち込み、支配者に特別なワインセットを献上してワイン文化を導入させるべく興味をそそったら、あとはその地でワイン産業立ち上げに必要な支援を求められるのを待つのみ。さらにワインづくり以外にも、カナン人やその後に続いたフェニキア人は、貝紫染めの生産（染料となる貝は地中海全域に生息していた）や造船（木材が入手できればだが）やその他の工芸（特に金属加工や土器製造）も、交易相手に指導できたのである。

そうして異国の地での足場が固まると、今度はカナンのワイン文化に備わるもう少し漠然とした要素（例えば美術様式や神話に繰り返し登場する題材のようなもの）が、各地の土着習慣に取り込まれたり融合したりしていったと思われる。典型的な例はディオニュソスで、ギリシアでワインを司るこの神は、カナンにおける最高神（エルとバアル）に倣うかの如く、大酒を飲んでは乱痴気騒ぎを繰り広げる（という様子はエウリピデスによる紀元前五世紀のギリシア悲劇『バッコスの信女』で非常にわかりやすく描かれている）。一方、古代ローマで博物誌を著した大プリニウスによる名言「ワインに真実あり」のような、より控え目で学術的なディオニュソスを連想させるギリシアのシュンポシオン〔ワインを飲みつつ哲学や詩について議論する酒宴。現代のシンポジウムの語源〕も、やはり近東地域が起源なのだ。同じくらい重大な貢献を果たしたものにフェニキア文字があり、現代における西洋のアルファベットやセム語族〔アラビア語、アムハラ語、ヘブライ語など北アフリカ〜中近東に多い言語〕文字の祖先となった。この革命的な文字体系は交易商品の目録や航海日誌のみならず、ワインについての深い思いを表現するのにも使われたのである。

実にギリシア最古とされる銘文は、紀元前八世紀にギリシアで造られたワイン差し（オイノコエ）に刻まれているもので、「誰よりも軽やかに舞いし者がこのオイノコエを勝ち取れる」とある。また同世紀後半にロードス島で製造され、イタリアのナポリ湾に浮かぶ古代ギリシアの植民市ピテクサイ〔現在のイスキア島〕で出土したワイン杯（コテュレ）には、さらに驚きの銘文が記されていた。その詩文はなんとホメロスがこの杯とほぼ同時期に書いた叙事詩と同じ、優雅なダクテュロス・ヘクサメトロス（長短短六脚律）〔長音節と短音節のリズムを組み合わせた「韻脚」と呼ばれる固まり六つで一行を成す、古代ギリシア叙事詩の韻律。英雄詩形ともいう〕で書かれていたのである。その内容は、「ネストールの杯は酒飲むによし、されどこの杯では飲みし誰もが直ちに麗しき髪のアフロディーテを欲してやまざる」とあった。

ネストール王はトロイア戦争で重要な役割を担った人物で、ネストールの黄金杯には対を成す鳩が左右の取っ手上で向き合っている、と叙事詩『イリアス』で描写されている（第一一歌六二八行～六四三行）。そしてなんと叙事詩に書かれた通りの黄金杯が、ギリシアのペロポネソスにあるミュケーナイ文明遺跡で、紀元前一六世紀頃とみられる王家の墓から実際に出土したのだ。

こんなふうに、ワインや女性、歌に踊り、時には人を生贄にする話などを語り伝える古代の物語と実際に残る工芸品との深い関係性は、カナン人とフェニキア人のワイン文化に触発されたものがほとんどである。そしてそれが世紀を超えて、いきなり我々の目前に現れてくるのだ。

波の下面で

地中海諸国を己のワイン文化に引き込もうとしたカナン人とフェニキア人による策略をうかがわせる最古の海事的な証拠が、これまで地中海において発見された中で最古の難破船にある。テキサス農工大学の水中考古学研究所が発掘調査したこの交易船は、トルコ南部に位置するウルブルン岬に近い岩石海岸沖で紀元前一三〇〇年頃沈没したものだ。船は後期青銅器時代に世界各地から集めた原材料のほか、贅を尽くした品々で満載だった。一一トンもある銅や錫《すず》の塊、注ぎ口が付いたファイアンス焼き（人工のケイ酸塩を釉薬にした陶器）の「角杯」（ギリシア語では「リュトン」）、エジプト産スカラベや近東の円筒印章、ミュケーナイ式酒杯（ギリシア語では「キュリクス」）など枚挙にいとまがない。この船はレバノン杉を使ってカナン様式で建造されていたため、レバノン沿岸の都市国家のものだった可能性が高い。さらに船内にあった金の装飾品や金箔を貼った女神像、オイルランプ、動物をかたどった石の分銅など、個人的な装飾品に加え宗教儀式用あるいは実用的な品々の全てが、この船の乗組員はカナン人だったと示唆している。

このウルブルン船の沈没時期は諸外国間で交易がますます盛んになっていた頃であり、さらに船を建造し操舵したのはカナンワインを信奉する者たちだったとあれば、これより後の船と同様に、これも貨物室にはワイン入りカナン壺（アンフォラ）を積んでいそうなものだ。船の残骸からは壺が約一五〇個回収された。だがこの船はおそらく嵐に遭遇して海中の急斜面に沈んだからか、残念ながらどの壺も皆栓が外れてしまっていた。そして数千年の時が過ぎるうちに壺の中身はあちこちへ拡散して海底の土と混ざり、そのまま土に還ってしまったのである。

しかしいくつかの壺には、元々の内容物を判断する重要な手がかりがあった。それは約半数の壺に残っていた、テレビンノキ（*Pistacia sp.*）の樹液粒や塊である。重さ一キロにもなる樹液が深さ四分の一から半分程度まで詰まった壺もいくつかあった一方、ほとんどは一〇〇グラムにも満たなかった。

通常古代ワインには、おそらくワインを長持ちさせるために樹液が混入されていた話を思い出していただきたい。スコルピオン一世のワインがまさにいい例だ。とするとテレビンノキ樹液を少量残していた壺はもちろん、もしかすると樹液は「皆無」に見えた壺六六個も含めて、ウルブルン壺の多くにはその昔ワインが入っていたのにこぼれて消えてしまった、という可能性はないだろうか？　樹液がたくさん入っていた方は、例えば薬やミイラ化の処理やお香など、別の用途に使うものだったのかもしれない。

我々はウルブルン船に載っていたカナン壺に関するこの「ワイン説」を検証すべく、テレビンノキの樹液試料五つを化学分析して、ワインの指紋化合物である酒石酸の検出を試みた。もし本当にワインが入っていたのなら、テレビンノキの樹液が酒石酸を吸収して保持しているはずである。壺そのものの土器試料を試験する方が好ましくはあったものの、入手できなかったのだ。

分析には最も感度の高い分析法であるＬＣ－ＭＳ－ＭＳ（３章）を用いた。結果、試料ふたつは陽性、三つ目はボーダーラインの疑陽性となり、この「ワイン説」が裏付けられたのである。残りふたつは陰性だったが、別に予想外ではない。その試料は大きな塊の内側部分だったなどで、ワインには触れていなかったのではなかろうか。もしくは純粋に真陰性で、ワインではない別のものが入った壺だったと示唆しているのかもしれない。

船から得られた植物考古学的証拠も我々の仮説の裏付けになった。この船で最もふんだんに残っていた植物遺体は炭化していないブドウの種であった。それが至るところに散らばっていたばかりか、最も重要な証拠に、カナン壺の中に密集したものもあった。この船が新鮮な果物を山ほど積んでいたのでない限り、こんなにも多くのブドウの残骸が残っている理由として一番あり得そうなのは未濾過のワインである。スコルピオン一世のワインでも見られた通り、濾過しないやり方が古代では通例だったのだ。

そしてこの「ワイン説」の最上位にあるのは、カナン人にとっては全てがワイン中心だった点だ。ウルブルン船にワインは一滴も載っていなかったなどという主張は（実際そんなことを言う輩もいたが）、まるでビールのないバイエルン地方〔ドイツ〕とか、石炭のないニューキャッスル〔イギリス〕みたいなものだ。今日どんな考古学調査隊もそれぞれ好みの発酵アルコール飲料をもらって当然と考え、昔日のピラミッド建造に関わった作業集団もそうだったように、何が待ち受けているやもしれぬ海原をビブロス船で航海していた腕利きのカナン人乗組員はきっと、働いただけの正当な日当としてブドウ酒を要求し、獲得していたのだろう。

地中海を跳び越えて

カナン人、そしてその後を引き継いだフェニキア人の船乗りたちは、おそらくレバント都市国家に存在した事業家や支配者などから出資を受けて、地中海の大海原における到達範囲を断続的に少しずつ広げていった。

最初に目指した地は、紛れもなくレバノン沿岸から約一〇〇キロのキプロス島である。イタリアはまだ水平線の彼方だ。

一九七三年に妻と私がレバノンからキプロスへ船で渡ったとき、古代の船乗りが運を天にまかせてビブロス船で初めて大海へと繰り出した経験には遠く及ばないながらも、その心意気や冒険、さらには旅の途中で堪能する発酵飲料すらもいくらか味わえた。我々の最終目的地はイスラエルのキブッツ〔イスラエルに点在する農業共同体〕で、そこで現代ヘブライ語を学ぶ予定だったのだが、当時レバノンからイスラエルへの陸路は閉ざされていた。使えるお金は数百ドルしかなかったため、まずはレバノンのベイルートで船をヒッチハイクしてキプロスに渡り、キプロスの首都ニコシアからイスラエルのベングリオン空港まで一〇ドルで飛ぶルートに挑戦したのである。

ベイルート湾に停泊中の貨物船をひとつずつまわり、乗組員や船長にこう呼びかけた。「この船はキプロスに行きますか、もしそうならちょっと乗せてもらえませんか?」

だがにべもなく断られ続け、不安になりつつ最後の一隻に向かった。するとそれはスイスの国旗を掲げて航行していたデンマークの貨物船で、船長は我々を快く迎え入れてくれたのである。私は一等航海士、妻は司厨員(調理補助)として正式にサインする必要があるのみだった。とはいえこれは単に国際海事法上の儀礼的な手続きであり、実際にその役割を務める必要はなく、我々は全てを委ねてただ旅を楽しめば良かったのである。カナンやフェニキアの船乗りたちも似たような航路を辿ったであろうキプロス東岸までの約二〇〇キロを、我々はあっという間に一泊で越えて行った。ところがキプロスのファマグスタ港沖まで来た時に問題が発生した。入出港する船があまりに混雑し、着岸の順番を待たねばならなくなったのである。

その日は一二月二三日だったので、デンマーク人たちはクリスマス・イブに特別ディナーを企画し、私と妻も招待された。その二四日、我々はこの船を「ホテル」にして、船外機を付けた小型モーターボートに乗ってキプロス島に上陸し、フェニキア人が足跡を残したサラミス〔現在のトルコ領北キプロスのファマグスタ近くにあった古代の町〕に今も残存する遺跡を見に行ったのである。そして船に戻ると、ディナー開始から次々に出てくるツボルグ〔デンマークを代表するビールのひとつ〕と、アヒルの丸焼きにありとあらゆる付け合わせ、さらに上質のフランスワインをたっぷり堪能させてもらったのであった。

我々よりずっと昔にこの島へ来たカナン人やフェニキア人は、おそらくもっと大変だっただろう。どちらも島にたどり着くとすぐ、南東部沿岸にあるキティオン〔現在のラルナカ〕をはじめとした主要港湾都市をあちこちに築き、そこを足がかりにして島の内陸部へ自分たちの影響力とワイン文化を広めていったのだ。両者の存在の証しは、優美な「キノコ型注ぎ口」をもつワイン差しに残されている。このワイン差しは貴金属を模して光沢のある赤みを帯びるよう磨き上げられ、角杯・酒碗（ボウル）・高台杯（ゴブレット）などの器と共に、フェニキア正統派ワインセットの一アイテムだったようだ。またこうした酒器類と一緒に出土したものには、ミダス墳墓（２章）にあったような大きな青銅の大釜のほか、もちろんいたるところで見つかるカナン壺もあった。

何事にもいつか終わりが来るもので、ついにこのデンマーク船は着岸した。我々は別れを告げて、ヒッチハイクでニコシアへ行き、そこから三〇分のフライトでテルアビブへ飛んだ。稀に見る猛吹雪のなかで着陸した後、エルサレムに移動し、翌日には目指すキブツのあるイスラエル北部エズレル平野のラマト・ダヴィドへと旅を続けたのだった。

次なる目的地ギリシアへ

カナン人がイタリアにたどり着くまでの西方への旅は、ある意味、先史時代に人類が陸路で中国へ向かった「シルクロード」を海路で逆向きにしたようなもので、次なる停泊地はギリシア、それもとりわけクレタ島だった。レバノンの港湾都市やシリア沿岸から一〇〇〇キロ近く離れ、エーゲ海への入り口にあるこの大きな島は、そこから広がるギリシア世界への玄関口に横たわっている。ここでの古代ワイン作りに関する主要遺跡は、島の南海岸に位置するミルトスとフォウルノウ・コルフィにある。

カナン人は早くて紀元前二二〇〇年頃にはもうこの水路をせっせと往来していた可能性が高い。船にはおそらくワインを山と積んで地元民の興味をそそり、さらに栽培化されたブドウの苗木も持ちこんでこの地でワイン産業を急速に発展させようとしたのだろう。そして我々の分析は、こうした遺跡で見つかった大甕の数々に、樹脂を混入したワインが入っていたと明らかにしたのである。

だが分析前にもう、ミルトスの甕にワインが入っていたのは何となく予想できた。まず甕の外側に暗い赤色でシミや「雫」のような模様がつけられており、スコルピオン一世の壺にあった装飾を彷彿とさせた。ミルトスのデザインはもっと生々しく、本当にワインがこぼれているかのようだ。そして甕の中には赤みを帯びた残渣があり、我々はそれを分析したのである。甕によってはブドウの種や果梗《かこう》（ヘタ）や果皮すら残っているものもあり、未濾過のワインを匂わせる。また甕の広口付近にある輪状取っ手の下には立体的な縄模様が水平方向に数本走り、これもやはりスコルピオン一世の壺と同じく、かつては皮か布で口に覆いをかけて縄で縛っていたと示唆するかのようだ。さらにミルトスの甕にはもうひとつ、近東のザグロス山脈・コーカサス山脈・トロス山脈の遺跡で見つかった壺に共通する変わった特徴があった。それは底から少し上の位置に設けられた小さな穴である。おそらく底に溜まった澱をやり過ごして上澄みだけを取り出せるよう、焼成前にわざと開けたのだろう。

ミルトスでは、時に「バスタブ（風呂桶）」とも呼ばれる円形の大桶も多数見つかっている。このような発掘物は古代エジプトでも十分証明されているとおり、産業的なワイン作りに関連している場合が多い。搾ったブドウ果汁を大きな甕に流し込む注ぎ口付き「バスタブ」は、複数の作業者が順番にブドウを踏んでいくのに理想的なのだ。ひとりが疲れると次の者が桶に入って交代すればいい。また近東地域のワイン生産者にとっても大事な商売道具だった巨大な漏斗の存在も、ワインの大規模生産を物語り、ブドウの葉を押し付けた土器模様は、近くにブドウ畑があったと告げている。

カナン人のすぐ後に台頭したフェニキアの船乗りたちは、こうした壮大な伝統を受け継いでいった。そしてフェニキア人が大量に運んだワインや貝紫の織物、異国の珍しい品々などは、物理的な商品以上のものを地中海全域に広めたのである。そのひとつはワインを中心とした新たな生活様式であり、それがフェニキア人と接触した数多くの民族の社会や宗教、そして経済にまで少しずつ浸透していった。フェニキア人の行なった貿易や植民地化によって、ビールやミードやありとあらゆる超絶発酵飲料など、その土地にもともとあった発酵アルコール飲料は軽んじられ、改変され、追いやられていく運命となったのである。

実はギリシアにもクレタ島にも、カナン人やフェニキア人到来前に独自の超絶飲料が存在していた。その「ギリシアのグロッグ」は、おそらく高いアルコール度を持つハーブ酒だったプラムニア酒（レスボス島産の古代酒と言われる）とハチミツとオオムギを混ぜてチーズをのせるという、ホメロスの叙事詩にも登場するいわゆる「キュケオーン」（ギリシア語、「混合」の意）である。これを大釜で混ぜ合わせて、酒碗や、かの素晴らしきネストールの黄金杯のような高台杯で飲んでいたのだ。

エトルリア人、登場。

フェニキア人はさらに西方へと向かい、中央地中海から西地中海にまで進出し、マルタ島、シチリア島西部、サルディニア島、イビサ島、ジブラルタル海峡を越えてカディス〔今日ではシェリー酒の縄張りだ〕、そして最も有名な北アフリカ沿岸のカルタゴ、と次々に植民市を確立していった。そんな活動の中で紀元前八〇〇年までに接触していた民族が、再現発酵アルコール飲料「エトルスカ」の名祖《なおや》であり、ここから紹介していくエトルリア人である。

この貿易・植民化活動に一足遅れて参入したとみられるギリシアの交易商人も、フェニキア人と似たような戦略をとった。フェニキア人と同じ島々の多くを部分的に〔コルシカ島やシチリア島の東部など〕支配し、また南イタリアではエノトリア〔現在のカラブリア州〕、北アフリカではキュレネ〔現在のリビア北東部ベンガジあたり〕、そして南フランスでは地中海沿岸にあるマッシリア〔現在のマルセイユ〕などに植民市を築いたのである。

こうした海洋貿易の過熱ぶりは、アンフォラに加えてワインに関わる飲酒用具も山と積んだまま鉄器時代に沈み、これまでにシチリア・イタリア・フランスの沿岸でいくつも確認されて発掘された難破船の多さに表れている。フェニキア人とギリシア人が西地中海全体に与えた影響はあまりにも明白で、それはワイン文化そのもののおかげだったとも言える。

紀元前八世紀は、各地で現地住民の心と思考と味覚に及ぼしたフェニキア人の影響力が地中海全域において最高潮に達したときであった。イタリア中部でティレニア海沿い及び内陸部に住んでいたエトルリア人は、この現象とそれがどう広がっていったのかをわかりやすく描き出してくれる。エトルリアに存在した「東方化様式」の産業を見るに、ケルト祖語を話したこの民族は、ギリシア人の来訪以前にまずフェニキア人と接触していた可能性が高い。例えば金属・陶器・象牙・ガラス製の工芸品には、フェニキアの様式・技術・象徴的図柄などの影響が色濃く出ている。また、エトルリアのアンフォラはフェニキアのものを真似て作られている。形状が似ているのは、似たような機能を果たしたからだろう。つまりはブドウでできたワインの貯蔵と運搬だ。そのワインも、当初はフェニキア人に提供されていたものが、やがて誕生する地元産業によって生産されていくのである。

エトルリアのグロッグ

だがエトルリア人には、フェニキア人がワインを持ち込む以前から、超絶発酵アルコール飲料を作る伝統があったのだ。私は本件に関する机上の考古学を実践し、数々の発掘調査報告書に隈なく目を通しては、ペン博物館にいる研究者を捕まえて次々に質問を浴びせた。もっぱらその餌食になったのはジーン・トゥルファで、こんな「部外者」にエトルリア人はどんな民族だったのかを辛抱強く説明してくれた上に、誰も知らないような論文に隠されていたエトルリアの発酵飲料に関する重要な情報にも導いてくれたのである。

ジーンはまず、インド・ヨーロッパ語族ではないエトルリア語を解読する難しさと、エトルリア人がフェニキア文字を取り入れた最初のケルト系民族だったと教えてくれた。エトルリア最古の文章は、ギリシアやローマと同じくおそらくワインに関する記述で、ワイン文化がエトルリアにもたらした影響を優美に証言しているのだろう。次に、エトルリア人の墓を飾る美しく彩られた写実的フレスコ画について詳しく説明してくれた。そのうちいくつかはペン博物館が地下用の潜望鏡を使って発見し、私も後にタルクィニアでその素晴らしさを目のあたりにした。描き出されているのは、宴会・作曲・舞踏・遊戯にふける人々と悪名高きエトルリア人が人生を謳歌している姿だ。男性も女性も等しくお祭り騒ぎに参加している。その様子はエトルリア人と一世紀にわたる争いののち最終的に勝利したローマ人の厳めしさとはまったく対照的だ。

また、エトルリアはフェニキアのような緩やかな都市国家同盟で、各都市は大抵石壁に囲まれた急峻な丘の上にあり、そこから肥沃な平野や山々、海や川を見晴らしていたとも教えてくれた。エトルリアの領土は現在のトスカーナ沿岸からアペニン山脈に延び、北はポー平原にまで広がっていた。ヴォルテッラ、サン・ジミニャーノ、チヴィタ・ディ・バーニョレージョ、モンテプルチアーノ、オルヴィエートなど、トスカーナ地方の丘の上にある有名な街をいくつか挙げるだけでも、そのほとんどはエトルリア人によって基礎が築かれた場所なのだ。こうした街は今もトスカーナ社会を根幹から支え、その地名を聞けばすぐにおいしいワインやオリーブオイル、ありとあらゆるフルーツにナッツ、トリュフに生ハムにチーズなどが思い浮かぶ。

私はエトルリア土着のグロッグに関して現在入手可能な植物考古学・化学・その他の考古学的証拠をコツコツと集めていった。そのひとつに、シエーナ県南部でモンタルチーノに向かう途中にあるムルロ市（ポッジョ・チヴィターテ遺構）で見つかった、青銅製大釜内に残るハニカム（ハチの巣）がある。ミダス王墳墓や次章で紹介するヨーロッパ各地の遺跡にあったような大釜は、様々な場所でハチミツと何か別の材料を混ぜ合わせた発酵アルコール飲料作りに使われたとわかっている。

もうひとつ別のハニカムは、海岸沿いの町カザーレ・マリッティモで出土したハチの巣を模したような青銅器内で見つかった。その器と一緒に置かれていた様々な容器には、ヘーゼルナッツやザクロなどいろんなものが入っていた。さらに、当時栽培化されたブドウはまだエトルリアに到来していなかったものの、アドリア海近くでエトルリアの影響下にあった最遠の地ヴェルッキオでは、混合飲料に野生のブドウを使ったような気配がある。そこにある紀元前八〜前七世紀の墓から、壺胴部の真ん中あたりが急角度に張り出したいわゆる双円錐の「クラテール」（ギリシア語の「混ぜる」という言葉から派生）がいくつか出土した。その中からは、ワインとビールの混合液に使う組み合わせを思わせる、ブドウ花粉と穀粒が発見されたのである。こうした材料や、きっとこれ以外のものも、エトルリア版超絶発酵アルコール飲料に混ぜ込まれていた可能性はあるだろうか？

鉄器時代初期の「エトルリアのグロッグ」にまつわる証拠は次々に現れた。例えばミラノ北西部ポンビアにある紀元前六〜前五世紀の墓から見つかった小さな酒碗には、オオムギ・オーツムギ（燕麦）・ライムギを含んだ超絶発酵アルコール飲料の存在を示す、前述の例と同じくらい説得力ある植物考古学的・化学的証拠があったと知った。ミツロウに関しては何の報告もないものの、樹脂の混入や、オウシュウヨモギやニガヨモギ（*Artemisia* sp.）での風味づけがされていたかもしれない。そしてたったひと粒見つかったホップ（*Humulus* sp.）は、それ以上なんの情報もないとはいえ、現代のビールで圧倒的によく使われるこの植物が鉄器時代にも苦味成分として使われた可能性を考古学的に示した最初の例となった。ただしポンビアに住んでいたのはまた別のケルト祖語を話すリグリア人である。だがその領土はエトルリアに隣接しており、エトルリア人と共有した共通の文化遺産にはきっと発酵アルコール飲料も含まれていたであろう。

我らがエトルスカのレシピ考案

カナン人とフェニキア人は、地中海を越えてエトルリア人、そしてイタリアへと私を導いてくれた。今こそ、フェニキアのワイン文化に完全に呑み込まれる前にエトルリア人が飲んでいた、鉄器時代初期のグロッグ再現を開始する時は満ちた。

サムはカラブリア人だった先祖とのつながりのせいもあって、作業開始を手ぐすね引いて待っていた。また、イタリアで新進気鋭のマイクロブリュワー（小規模醸造家）たちとも既に近しく連携していた。ひとりはローマの北東となるアペニン山脈山中に醸造所をもつ「ビッラ・デル・ボルゴ」のレオナルド（レオ）・ディ・ヴィンチェンツォ、もうひとりはバローロのワイン地方へ向かう途中にあるトリノ南部で醸造所を構える「ビッラ・バラデン」のテオ・ムッソだ。このふたりは以前、米セレブシェフのマリオ・バターリとジョー&リディア・バスティアニッチと組んで、ニューヨークにある「Eataly《イータリー》」〔イタリアの食文化発信をコンセプトにした美食市場的なビル〕最上階にブリュー・パブ「ラ・ビッレリア」をオープンさせたのである。

二〇一二年三月初頭、サムと私はエジプトでの撮影珍道中を懐古しつつ、ローマのフィウミチーノ空港（通称レオナルド・ダ・ヴィンチ空港）へ飛んだ。そこから列車に乗り、かつてローマの港町だったオスティア・アンティーカの遺跡を通り過ぎて、ローマ・テルミニ駅へと向かったのである。駅ではレオにテオ、そしてレオの右腕であるルチアナ・スクアドリリが出迎えてくれた。

宿泊するホテルにちょっとだけ立ち寄るとすぐ、イタリア国立東洋博物館で行なう最初の会合へ歩いて向かい、古代エトルリア超絶発酵アルコール飲料が存在した可能性について協議した。植物考古学者のロレンツォ・コスタンティーニは、アペニン山脈にあるクーレスという町（我々がもうすぐエトルスカの実験醸造をする予定になっているレオの醸造所近く）で発見された古代種のオオムギについて話してくれた。そのオオムギはビール作りに抜群なのだという。こうして知的好奇心がくすぐられた後は、テヴェレ川近くにあるレオのブリュー・パブ「ラ・ボッテガ」でビール・テイスティングをして締めくくった。

その翌日、古代グロッグに関する有力な証拠が見つかったエトルリア考古遺跡巡りに出発した。最初に訪れたのは、フィレンツェからアルノ川をほんの少し下って山手に上がった場所にあるカルミニャーノだ。町の博物館の館長がわざわざやってきて、収蔵品を我々にだけ特別公開してくれた。紀元前八～前七世紀の戦士の墳墓には、戦士と共に大きな双円錐のクラテールが三つ埋葬されていた。かつてはその中にグロッグを入れていたのかもしれない。だが何より仰天したのは、紀元前七世紀のモンテフォルティーニ墳墓で出土したフェニキア風工芸品の莫大な量である。そこには緻密に彫刻された象牙、エトルリア文字の書かれた青銅、色とりどりのガラスなどがあった。

そこから今度は海沿いの道を駆け下りてカザーレ・マリッティモへ向かい、街にあるネクロポリス（死者の都）「カーサ・ノチェーラ」に向かった。そこでの一番人気は（少なくとも古代グロッグを醸造しようと意気込むメンバーの間では）A墓である。戦士だった王子の遺灰を納めた大きな双円錐型クラテールに、一緒に埋葬されているのが飲酒容器ばかりなのは非常に示唆に富んでいる。青銅でできたその酒器に入っていたものも同じくらい興味深い。鎬文《しのぎもん》（縦に稜線が並んだ模様）をつけたフェニキア様式の酒碗のうち、ひとつにはヘーゼルナッツ、もうひとつにはリンゴとブドウの組み合わせ、そして三つ目にはおそらくザクロが入っていた。ザクロとヘーゼルナッツは昔からこの地域の特産品である。また、中に樹脂（おそらくミルラ《没薬》かフランキンセンス《乳香》で、きっとイエメンかソマリアあたりからフェニキア人によってもたらされた輸入品だろう）が含まれていた「ワインスキン（ワイン用の革袋水筒）」や、実際のハニカムを入れた蜂の巣形容器など、変わった見た目をした器もあった。

容器に残されたまるごとの果実やハニカムや樹脂は、戦士だった王子を死後の世界に送り出す葬宴で独特なエトルリアグロッグがふるまわれたと伝えているのかも知れない。そしてA墓に見られる地元産物（既に栽培化されていた可能性のあるブドウも含めて）と異国製酒碗の混在は、古来飲料と新興飲料（つまりエトルリア式グロッグとフェニキア式ワイン）がちょうど良いバランスを見つける境目にあったとほのめかしている。それ以後のエトルリアで展開した内容は、さらに北に位置する中央ヨーロッパやスカンジナビアでやがて起ること（6章）の前触れなのだ。

こうして考古学的聞き込み調査で十分な情報を得た我々は、翌日アペニン山脈を上がり、ローマから北東に約七〇キロ離れたボルゴローゼにあるレオの醸造所へ向かった。まだ三月だったため、村に入ると降り積もったばかりの雪が我々を出迎えてくれた。そして醸造所をひととおり案内するレオがとりわけ自慢そうに紹介したのは、近所の陶工に頼んで地元の粘土を使って複製してもらったばかりという古代エトルリア土器甕であった。レオ版「エトルスカ」は、この甕で発酵させるつもりらしい。

テオもそこに来ていて、お湯に浸したミルラ入りのカップを片手に部屋中を歩き回っていた。その繊細な香りについて熱く語り、匂いを嗅いでみるよう誰彼構わず促している。そしてテオ版「エトルスカ」は、父親がワイン醸造に使っていた樫樽で発酵・熟成させるという。だが原形をとどめた樫樽は、今のところローマ時代のガリア（現在の北イタリア・フランス・ベルギーを含む古代ヨーロッパ西部でケルト人が住んでいた地方）以前では見つかっていないため、私としてはあまり気が進まなかった。とはいえエトルリア人が航海用の乗り物造りで木板を曲げる技術を（おそらくはフェニキア人に学んで）既に習得していたのなら、同じ板で樫樽を作れなかったわけがあろうか？

三銃士ならぬ三醸造士と私はテーブルを囲み、材料候補それぞれの長所と短所について議論した。様々な出自の植物考古学的・化学的な古代の証拠全てを正当に評価しようとしたのである。まず決めたのは、二条オオムギの使用だ。新石器時代に二条種の突然変異で生まれた六条種よりも麦芽エキスが優れている。もうひとつの候補は、土着の古代種であるデュラムコムギ（セナトーレ・カッペリ種かサラゴッラ種）だった。だがトスカーナで見つかった最古の証拠は西暦四〇〇年のものである。エトルリア時代におそらく存在しなかったコムギを使うのは不本意だったが多数決で押し切られ、香りが華やかと聞いてまあよしとした。

ザクロ果汁・ヘーゼルナッツ粉・輸入品のミルラの使用に関して異論を唱える者はなかった。干しブドウ（レーズン）に関しては、当時イタリアに自生していた野生種あるいは栽培種のブドウという選択肢もありながら、そうではなくフェニキア人が持ち込んだ可能性のあるマスカットに決めた。ハチミツは、三人がそれぞれ最も美味だと思う最高品種を選りすぐった。ただ、イタリア産のクリ《栗》ハチミツは適切だった一方で、サムの選択したデラウェア州産のワイルドフラワーは拡大解釈すぎる。また、ホップを（ポンビアの証拠に倣って）入れるのではなく、三醸造士の思い通りに、えぐみが強いゲンチアナ（リンドウ）の根を加える案で落ち着いた。ゲンチアナ利用の歴史は少なくとも紀元前二世紀初頭、エトルリア人の後に君臨したゲンティウス王（名前の由来となった人物）の時代に遡る。食前酒やリキュール〔蒸溜酒や醸造酒に甘みと香味成分を足した酒〕のほか、アンゴスチュラ（現代カクテルには必須）などの苦味酒にもよく使われる成分だ。かくして、もっと控えめに材料候補を限定する選択肢はあったものの、我々はエトルリアの考古学的・味覚的な可能性を余すところなく享受したかったのである。

真打ち酵母

どんな超絶発酵飲料造りでも、最後の仕上げ材料は発酵に使う酵母だ。エトルスカでは、古くからの学者仲間であるドゥッチョ・カヴァリエーリの力を借りた。スコルピオン一世のワインを生み出した酵母のDNA塩基配列解明でも協力してくれた人物で、イタリアのチロル地方サン・ミケーレ・アッラーディジェにあるワイン農業研究所（エドマンド・マッハ財団）の微生物学教授であるドゥッチョは、ローマまで五〇〇キロある道のりを車で苦もなく往復し、レオのブリュー・パブで催されたプロジェクト始動ディナーとビール・テイスティングに出席してくれた。ディナーではビッラ・デル・ボルゴのオイスター・スタウトや、ビッラ・バラデンのブラゴットであるハチミツ入りビール、そしてもちろんミダス・タッチなどを皆が飲んでいる間に、何度も立ち上がってはこのグループに乾杯し、酵母について熱弁を振るっていた。

そんなドゥッチョが、エトルスカに最適な酵母は何なのかをじっくりと考え続けて、ある日ついにひらめいた。ドゥッチョは以前、共同研究者とともにトスカーナ土着の原始的酵母と思われる品種を交配し、論文を発表したことがある。そのうち一株はモンタルチーノで採取されたS・セレビシエだった。もう一株は、ブドウを乾燥させてから圧搾し発酵させるという古代カナンの伝統を受け継ぐ「ヴィン・サント」（イタリア語、「聖なるワイン」の意）の試料から単離したS・バヤヌスである。この酵母は、ヴォルテッラ、フィエーゾレ（フィレンツェの旧市街）、バルベリーノなど、エトルリア遺跡のある地域全般に存在する。ドゥッチョの提案は、このふたつの酵母を再度交配し、増殖可能な四倍体酵母株を集めて数を増やし、「古代の」エトルリア酵母を作ろうというのだ。

1章で述べた通り、発酵の主流酵母はS・セレビシエとS・バヤヌスのふたつである。この二種は以前にも中世のドイツで偶然交雑され、下面発酵するラガー酵母を生み出した。それが一九世紀後半になってコペンハーゲンにあるカールスバーグ醸造所のエミール・ハンセンにより単離・同定されて、S・カールスベルゲンシス（より正式にはS・パストリアヌス）と名付けられたのである。

トスカーナ変種酵母ふたつを意図的に交雑しようというドゥッチョの試みは再び成功を収めた。できあがった混合種には低温耐性があり、一〇％もの高いアルコール度数を生み出せるとわかった。早速この酵母試料は三醸造士に送られ、ドッグフィッシュ・ヘッド酵母ラボは、この酵母を米国向けバッチ生産に足る数まで無事増殖できたのであった。

イタリアを味わう

それからわずか七ヶ月後の一〇月、我々はふたつのイタリア版エトルスカを初めて口にする機会を得た。場所はトリノで開催されたスロー・フード運動の一大イベント「サローネ・デル・グスト」（イタリア語、「味見部屋」の意）。その時テオは親切にも、故郷ピオッツォ（トリノ中心部から南に六〇キロ）で経営している朝食付きの宿「カーサ・バラデン」にサムとサムの妻マライアと私を招待してくれたのである。おかげで我々は簡素なプリミティヴィズム《原始主義》と革新的なアヴァンギャルド《前衛派》が混在するテオの折衷的芸術コレクションに囲まれて過ごせただけでなく、ピエモンテの郷土料理、様々なハーブを使ったテオの斬新なビールの数々、宿からすぐそばにあるテオのワイン醸造所で父親を記念して醸したというワインなどを堪能させてもらった。

サローネ・デル・グストそのものはいろんなご馳走が溢れんばかりで、イタリア産チーズや肉、アルプス地方の苦味酒などのほか、ポーランドのハチミツ酒までもが並んでいた。エトルスカの試飲は「ビールの考古学」と銘打って幅広い内容を盛り込んだワークショップの一部だった。テーブルの最前列にはテオ、レオ、サム、私に加え、ベルギーで上質なランビックやグーズ〔熟成年数の異なるランビックをブレンドして二次発酵させたビール〕を造るベテラン醸造所「カンティヨン」のジャン・ヴァン・ロイ、そして世界的に著名なビール評論家であるルカ・ジャッコーネとロレンツォ・ダボーヴェのふたりも座っていた。「クアスカ」のあだ名で知られるロレンツォは、イタリアのマイケル・ジャクソンといったところで、ビール・スタイルに関する数々の著書が世界中でクラフトビール醸造革命を巻き起こしている。

試飲ではまずエトルスカの入ったグラスを傾け、色調と透明度を観察した。どちらも黄色っぽく、濾過が最小限のため不透明だ。次に香りを嗅いで味わう。私にはレオの「エトルスカ・テラコッタ《素焼き》」とテオの「エトルスカ・ウッド《木》」に顕著な違いを感じられなかった。だがテイスティングの訓練を受けているわけではないので、まあそんなものだろう。他の面々は酸味と果実味にわずかな違いを感じたようだ。内容物の味わいや香りに影響を及ぼすほどの風味を樫樽や素焼き土器から引き出すには、多分もっと長い熟成期間が必要なのかもしれない。こうした素材（特に土器）を使った実験はまだ始まったばかりだ。

　サローネ・デル・グストの後に、私は自分への特別なご褒美を用意しておいた。滞在地だったピオッツォは、芳醇なワインであるバローロやバルバレスコの産地、ランゲ地方への入り口だ。三日間かけて数々のワイナリーを渡り歩き、小さな町バルバレスコにあるガヤ・ワイナリーを訪れたとき、私の興奮は最高潮に達した。ガヤ・ワイナリーの当主でありワイン生産者でもあるアンジェロ・ガヤは、ネッビオーロ品種とそのブドウが生み出すパワフルなワイン造りの巨匠なのだ。

　私はまず、町の大通りに面した門を入ってすぐの中庭脇にある待合室へと案内された。多分一〇分くらい待った頃、どっしりした木製ドアの蝶番の軋む音が聞こえた。そしてドアからひょっこり覗いた顔はなんとアンジェロ・ガヤその人で、満面の笑みをたたえて入ってくるなり私に握手を求め、古代ワインに関する拙著（イタリア語翻訳版は『*L’archeologo*《考古学者》 *e*《と》 *l’uva*《ブドウ》』）への賛辞をくれたのである。遠くから姿を拝めれば御の字だと思っていたのに、実際に会ってくれたのだ。そして長靴を何足か出してきて、かの有名なブドウ畑ソリ・サン・ロレンツォとソリ・ティルディンに行ってみるなら履いた方がいいと言ってくれた。だが私の靴のサイズは三二センチで、用意してくれた長靴は残念ながら一番大きくてせいぜい二八センチだった。結局、日光を最大限に浴びる南向きのソリ（イタリア語、「丘の上」の意）〔より正確にはピエモンテの方言で「南に向いた丘の斜面」の意）にどうブドウの木を並べているのかを説明するアンジェロの話を聞きながら、履いてきたデッキシューズのままなんとか泥の中を歩いたのであった。

街の中心部に戻ると、一三世紀に建てられた大きな要塞塔で特別にワイン・テイスティングをさせてくれた。そうして私は木箱に収められた二〇〇八年ものの特別なバルバレスコのボトルを手に、胸には一生忘れ得ぬ思い出を抱えて、雲に乗っているような心地でワイナリーを後にしたのである。そのワインは、古代ワインの故郷フェニキアから地中海を越えてエトルスカのグロッグと地元産ワインのあるイタリアへとたどり着いた我々の旅に、これ以上なくふさわしい記念品であった。

もうひとつのエトルスカ

ドッグフィッシュ版のエトルスカを初めて味わった時のことはよく覚えている。ドッグフィッシュ版は、醸造ケトルに長い青銅の帯を何本か沈めて、エトルリアの青銅器を部分的に模したかたちで醸された。ある日、私が古代エールを熱く信奉する聴衆を前にちょうど話し終えたところで、誰かが喉を潤す飲み物を持ってきてくれた。ひとくち飲んだ途端、見事に調和したザクロとヘーゼルナッツの味と香りに圧倒され、思わず「これは何だ？　今までに飲んだどの古代エールとも違うぞ」と聞いた。答えは、そこでお披露目されていた「エトルスカ・ブロンズ《青銅》」であった。

エトルスカの自家醸造用アレンジレシピ

作：タク・グリフィス
参考：McGovern, 2009/2010

材料	分量	必要になるタイミング
水	19L	煮沸開始前
ヘーゼルナッツ	227g	煮沸開始前
ブリュー・バッグ（醸造用メッシュ・バッグ）	1	煮沸開始前
ブリュワーズ・モルト（ひきわり）	227g	煮沸開始前
チョコレート・モルト（ひきわり）	85g	煮沸開始前
小麦（フレーク）	454g	煮沸開始前
ピルセン・ライト・ドライ・モルト	1.4kg	煮沸終了 30 分前
小麦／大麦ドライ・モルト	1.4kg	煮沸終了 30 分前
ハラタウ・ホップ（ペレット）	14g	煮沸終了 25 分前
乾燥イチジク（丸ごと、もしくは切る）	113g	煮沸終了 10 分前
レーズン	113g	煮沸終了 10 分前
アイリッシュ・モス	小さじ 1	煮沸終了 10 分前
ハチミツ	680g	煮沸終了 5 分前
ゲンチアナの根（生おろし）	小さじ 1/4	煮沸の最後
ミルラ（没薬）	小さじすりきり 2	煮沸の最後
酵母 Lallemand Belle Saison（ベルギーセゾン） White Labs WLP566（ベルギーセゾン） Wyeast 3711（フランスセゾン） など	1 袋	発酵
ザクロ濃縮果汁	240cc	発酵 2 日目
プライミング・シュガー	140g	瓶詰め
瓶詰め用ボトルと王冠		瓶詰め

初期比重：1・080
最終比重：1・015
最終的な目標アルコール度数：8・5％
国際苦味単位（IBU）：10
最終容量：19L

・・**作り方**・・

① 醸造鍋に19Lの水を入れて火にかけ、65℃になるまで加熱する。
② 湯温を上げる間に、ヘーゼルナッツの用意をする。オーブンかフライパンで軽く焼く。丸ごとのヘーゼルナッツの場合はグリルで焼いても良い。冷ましてからミキサーなどで細かく砕く。
③ ブリュー・バッグに分量のひきわりモルト、小麦フレーク、②のヘーゼルナッツを入れる。
④ バッグの口を縛る。
⑤ ①の鍋に④のバッグを入れて液温を65℃に保ちつつ、5分ごとにバッグを上下に揺らす。これを30分間続ける。その後火力を最大限に上げる。ブリュー・バッグが鍋底に触れないよう気をつけること。液温が77℃になったら、かき混ぜ用の大型スプーンなどを使ってバッグを引き上げ、中に溜まった液体のほとんどが鍋に戻るよう、鍋の上で1分間持ったままにする。この時、バッグは搾らない。鍋の湯はそのまま加熱し続ける。
⑥ 湯が沸騰し始めたら、鍋を火から下ろす。
⑦ ドライ・モルトを加える。鍋底で固まったり焦げついたりしないようによくかき混ぜて、鍋を再び火にかける。
⑧ 再び沸騰させる。吹きこぼれを防ぐ消泡剤を使う場合、泡が上がってきたら同梱の説明書通りに添加する。
⑨ 5分間沸騰状態で煮沸を続けたら、ホップを投入する。
⑩ そこから15分煮沸する間に、煮沸中の鍋からワートを1カップとり、イチジクとレーズンに加えてからピュレ状にしておく。
⑪ アイリッシュ・モスと、ピュレ状にしたイチジクとレーズンを加えて5分間煮沸する。その間にゲンチアナの根をミキサーなどにかけて、細かくお

ろしておく。
⑫ハチミツを加えてよくかき混ぜる。
⑬もう5分経ったら、鍋を火から下ろす。
⑭ミルラとゲンチアナの根の生おろしを加える。
⑮鍋の中身をかき回してワールプール〔渦〕を作り、その後15分間休ませる。
⑯ワートを21℃まで冷ましてから、発酵槽に移し替える。固形物は出来るだけ鍋側に残す。発酵槽の19Lの目盛りまで水〔分量外〕を加える。
⑰冷めたワートに酵母を投入し、21℃で発酵させる。
⑱発酵2日目に、ザクロ濃縮果汁を加える。
⑲発酵が完了したら〔約7日後〕、二次発酵槽へ澱引きし、1～2週間、あるいは望ましい清澄度になるまで置く。
⑳瓶詰め前に、瓶と王冠を洗って殺菌する。
㉑沸騰させた湯240cc〔分量外〕にプライミング・シュガーを溶かして、プライミング溶液を作っておく。
㉒殺菌した瓶詰め用バケツに、サイフォンを使ってビールを移し替える。
㉓㉑のプライミング溶液を加え、そっとかき混ぜる。
㉔ビールを瓶詰めし、王冠で蓋をする。
㉕約2週間で飲みごろになる。

エトルスカとのペアリング料理

豚肩肉のグリル&ブレイズ《蒸し煮》

作：クリストファー・オットセン

材料（6人分）	分量
豚肩肉	一塊（2.5kg程度）
塩・コショウ	適量
ニンニク	7片
ワイルド・ローズマリー（できれば生）	一握り
茎付きの生タイム	一握り
市販か自家醸造版のエトルスカ	480cc
ザクロジュース（生搾り）	120cc
ハチミツ	大さじ2

・・作り方・・

① バーベキュー・グリルの火を起こす。ハーブで肉を燻《いぶ》すため、ガスではなく、木炭あるいは木片のみを使うこと。

② 肉に塩・コショウして下味をつける。

③ グリルに肉を載せ、中火で焼く。焼いている間に、肉の両面にワイルド・ローズマリーとタイムを振りかける。

④ 深めのオーブントレーを用意し、ニンニク、ワイルド・ローズマリー、タイムを敷きつめておく（ハーブはふんだんに使うこと）。

⑤ 焼き上がる5分前に、追加のワイルド・ローズマリーとタイムで火を覆い、グリルに蓋をする。そのまま肉を2〜3分燻す。

⑥ ④で用意しておいたオーブントレーに、グリルで焼いた肉を載せ、アルミホイルでしっかり蓋をする。

⑦ 140℃に予熱したオーブンで4時間加熱する。最後の1時間はアルミホイルを外し、市販か自家醸造版のエトルスカとザクロジュースを肉にかける。刷毛でハチミツを塗って照りをつける。肉が骨から簡単に離れるようになれば肉の調理は完了。

⑧ オーブントレーに溜まった汁を目の細かいザルで濾して、小さなソース鍋で量が半分になるまで煮詰め、付け合わせの煮汁ソースとして一緒に食卓に出す。煮汁を肉にかけていただく。

6章　クヴァシル

凍える夜に沁《し》みる熱き北欧グロッグ

ガムラ・ウプサラ
オーランド諸島
ウプサラ
ストックホルム
オークニー諸島
ビルカ
バルト海
ニュネスハムン
ゴットランド島
スペイサイド
ヴィスビュー
ナンドロプ
ラム島（インナー・ヘブリディーズ諸島）
アッシュグローブ遺跡
（ファイフ）
ハヴォール遺跡
コペンハーゲン
エクトヴィズ
コストレーゼ
エディンバラ
ユーリンゲ
エルベ川
ライン川
バンベルク
ラインラント
バイエルン地方
ホッホドルフ
フライジング
シュトゥットガルト
ミュンヘン
ヴィクス
ブライトブルン・アム・
キームゼー
マルクトオーバードルフ
アストゥリアス州
ラッタラ［ラット］
ローヌ川
ロックペルテューズ
ドナウ川
モンテペリエ
マッシリア［マルセイユ］
ピレネー山脈
イエール諸島
カタロニア
ジェノ遺跡
イビサ島
カディス
ジブラルタル海峡

前章では、カナン人とフェニキア人がビブロス船に乗って地中海を横断し、イタリアの海岸にたどり着くまでを追いかけた。そうしてもたらされたワイン文化は、それまでエトルリアで飲まれていたグロッグに取って代わったのである。今度はエトルリア人が似たような手管をヨーロッパで使い、各地に長らく根付いていたグロッグを一掃していく番だ。そしてワイン文化はやがて北へ約一三〇〇キロ離れ、北欧らしい独特な超絶発酵飲料に支配されていたスカンジナビアへ到達する。

エトルリア人は、フェニキア人から指南を受けて、紀元前六〇〇年には独自のワイン産業を立ち上げていた。その過程で栽培化されたブドウの木がビブロス船に積みこまれて運ばれ、イタリアに根を張った。そんな新顔のブドウとイタリアに自生していた見境のない野生のブドウ種とが交雑し、今日では四〇〇〜七〇〇種にもなるイタリアの土着品種を生み出していったのだ。その数はヨーロッパのどの国よりも多く、個性的で芳醇な実を成すものも少なくない。

例えばトスカーナの一級ブドウ品種であるサンジョベーゼ（おそらくラテン語で「ゼウスの血」を意味する“sanguis Jovis”《サングィス・ヨウィス》から派生）は、現代のキャンティやブルネッロ・ディ・モンタルチーノ、さらにいわゆる「スーパー・タスカン（トスカーナ）」と呼ばれるワインに使われている。学者仲間で分子生物学専門のジョゼ・ヴィーラモスによれば、この品種はほぼ間違いなくトスカーナの土着品種「チリエジオーロ」と、その名が匂わすカラブリア地方産と思しき「カラブレーゼ・モンテヌオーヴォ」との自然交雑だという（カラブリアに縁故があるサムはきっと鼻高々だろう）。しかし説得力のある古代ＤＮＡの証拠が見つからない限り、実際にいつどこでその交雑が起きたのかは知りようもない。ブドウたちの初めての出会いはカラブリア側のブドウ品種が北の地に移植されたエトルリア時代だったかもしれないが、実際の交雑はそれよりもっと後だった可能性もあるのだ。そしてサンジョベーゼに関する最古の確かな文献は、とても古代とは言い難い西暦一六〇〇年のブドウ栽培論ときている。

まずは西方のガリアとカタロニアへ——フランス・スペイン編

我々にわかっているのは、エトルリア人がフェニキア人とまったく同じように、ワイン文化の旗を掲げてひたすらブドウを栽培しては船でワインを売りさばく人々になったことだ。そんなエトルリア人が最初に目をつけたのは南フランスである。ガリア〔現在の北イタリア・フランス・ベルギーを含む古代ヨーロッパ西部〕への玄関口であり、そこから大陸の河川を通じてヨーロッパ全土に入っていける場所だ。そして紀元前一千年紀の鉄器時代のヨーロッパには、ケルト人と総称される種々雑多な民族が住んでいた。そんなケルト人たちには長年にわたり愛飲し続けてきたそれぞれのグロッグ、つまり超絶発酵飲料があったのだが、エトルリア人はそれを根底から変えてしまおうと目論んだのである。

紀元前六〇〇〜前四〇〇年頃に、何百というエトルリア船がトスカーナと南仏の間をせっせと往来していたと考えれば、これまでにいくつも見つかった難破船の説明がつく。マルセイユの東にあるイエール諸島沖合で沈んだ「グラン・リボー・F号」はその典型的な例だ。船倉いっぱいに積み込まれていたブドウの木は恐らく移植用で、同じく積荷だった七〇〇〜八〇〇個ものエトルリアワイン入りアンフォラの緩衝材でもあったのだろう。何層にも積み重ねられていたこのアンフォラは全てコルクで栓がされており、コルク栓という技術を用いた最古の証拠のひとつとなったのである。

フランスのモンテペリエ南方にある海辺の港町ラッタラ〔現在のラット〕は、エトルリアからどんなワインが輸入されていたのかを明らかにしてくれた。一九八〇年代初頭から集中的な発掘調査が行なわれたこの遺跡では、波止場にずらりと並んだ貨物用の倉庫が見つかった。そしてそのいくつかには、グラン・リボー・F号に載っていたものとそっくりなアンフォラが山と入っていたのである。

このラッタラのアンフォラにはワインが入っていたのかどうか検証するべく、我々はLC－MS－MS、GC－MS、SPME（序章）をはじめとする一連の常套分析機器を駆使して作業にかかった。結果、このアンフォラ土器の胎土は、周辺土壌より酒石酸含有量が著しく高いと判明した。やはり何らかのブドウ製品（一番考えられるのはワイン）が入っていたに違いない。また、松脂の指標化合物も同定できた。これはワインに樹脂が加えられていた印だ。それだけではない。このワインにはおそらくローズマリー、バジル、タイムなどのハーブ類も混入されていた。イタリアに自生するこうしたハーブは実に風味が良い。しかもエジプト・ギリシア・ローマなど地中海沿岸地域に残る薬局方〔医薬品の規格基準書〕を見ると、こうしたハーブは薬草酒として重要な医薬品の役割を果たしていた事実が、様々な分析や文献に基づく証拠から散見されるのだ。それはきっとエトルリアでも同じだったのであろう。

一方、そんな輸入物のエトルリアワインにすっかり取って代わられたと考えられるラッタラ固有のグロッグを構成していた成分は、きっとラッタラ産の土器に潜んでいるはずだが、まだ同定はできていない。しかし周辺地域にいくつか手がかりがある。ラッタラから東に約一五〇キロ離れ、マルセイユ北の郊外にあるロックペルテューズ遺跡で見つかった紀元前五世紀の家屋に発芽室があり、その床には発芽した六条オオムギの穀粒が散らばっていた。このモルト（麦芽）はさっとおいしいビールの原料になるはずだったのだろう。モルトを乾燥させ焙煎するために使われたと思しき特殊な窯も近くにあった。多分コムギとミレット（キビ・アワ）で別々のビールを造ったか、一緒に混ぜてひとつのビールにしたのではないかと発掘調査隊や科学者たちは推測している。ケルト人の作るビールは、もう少し後の時代に活躍したローマの文筆家たちに再々批評された。それは常に肯定的ではなかったものの、大プリニウスは、ガリア人とスペイン人のビールは長持ちする、と好意的に書き残している。

ロックペルテューズ遺跡にあった家の床にはブドウの種も散らばっていたため、ワインも地元で作っていたか、もしかするとオオムギのビールにブドウを加えて超絶発酵飲料にしていたのかもしれない。しかしこの遺跡から出土した土器に対する考古生化学的研究が進むまで、そのグロッグに何か他の材料（例えばハチミツとか）も使われていたのかどうかはわからないままだ。副原料としてあり得そうなハーブ類も、ロックペルテューズ遺跡での植物考古学的な資料からは今のところビターベッチ以外何も見当たらない。

ケルト人のグロッグに関するもっとはっきりした痕跡を拾うには、ロックペルテューズやラッタラからさらに西へ向かい、海沿いにピレネー山脈を越えた先にあるカタロニアに行かねばならない。あるスペイン人研究者たちが、バルセロナ近郊に位置する紀元前三〇〇〇年頃のジェノ遺跡と、付近にあるもう少し後の遺跡で出土した大小様々な土器を、残存デンプン粒、プラント・オパール、その他いろいろな化学分析にかけて、できる限りの情報を科学的に引き出そうと試みた。その結果、器にはエンマーコムギとオオムギを発酵させたビールが入っていたと判明し、時にはオウシュウヨモギ（*Artemisia vulgaris*）やローズマリー、ミント、タイムなどで風味づけされていた。さらに穀類だけでなくハチミツやドングリ粉を加えたものも見受けられ、超絶発酵飲料と呼ぶにふさわしい飲み物も作られていたという。

既にお読みいただいた通り、ローズマリーとタイムは古代エトルリア飲料にもスコルピオン一世の飲み物にも使われていた（4章と5章）。ミントオイル（ハッカ油）に含まれるメントールは、味わいの良さだけでなく、体をリラックスさせたり病気にかかりにくくしたりする効果もある。そしてオウシュウヨモギは向精神作用を持つ化合物ツジョンを含むため、最も興味深い副原料と言えよう。しかしヨモギ属の仲間は中国でも発酵飲料に加えられていた（3章）のだから、このハーブが入っていても驚くには当たらない。

このバルセロナの研究者たちは古代発酵飲料レシピを組み立て直すだけでは飽き足らず、実際にどんな味がしたのかまで知ろうとした。そしてスペインにあるサンミゲル醸造所に協力を要請したのである。材料はスペイン北部のアストゥリアス州に残る最後の畑で採れたエンマーコムギ、それからオオムギとピレネー山脈の清水を使った。それを、分析したジェノの大甕に似せて自分たちで作った土器で発酵させたのである。さらに、オウシュウヨモギとまではいかずとも、地元産のローズマリーとタイムとミントを加えて風味を増し、また保存料にもしたのである。こうして四〇〇本限定で生産されたその飲み物は、アルコール度数八％の黒っぽくて濃厚な粥状の液体であった。

今度は進路を北に――ドイツ編

現在手に入る証拠によると、バルセロナ近辺で飲まれていたこのグロッグと同じような飲み物が中央ヨーロッパから北ヨーロッパまで大流行していたようだ。だがワイン文化に傾倒して北方民族をビールやミードばかりがぶ飲みする野蛮人だと見做していた後のローマの文筆家連中に、そんなグロッグは何かとこき下ろされたのである。例えばケルトビールの放つ悪臭は「水中で腐ったオオムギ」のせいだ、とハリカルナッソスのディオニュシオスが述べた話は有名で、他にもシケリアのディオドロスは「ハニカムを洗った水」などと形容している。

幸いにも、ケルト人とその発酵飲料の被った汚名を返上する考古学者、科学者、醸造家たちが現れた。ドイツのシュトゥットガルトから北西へ向かったホッホドルフに残る紀元前六世紀の墳墓とそれに隣接するケルト人集落は、人類が弛みない努力を続けてきた成果であるこの分野において、ケルト人の手腕を垣間見れる最初の事例なのだ。私が植物考古学者のハンス＝ペーター・ステカと一緒にこの墳墓を訪れる機会を得たのは二〇一〇年一一月であった。ちらつく雪の中、我々はトルコにあるミダス王墳墓の小型版とでもいうべき墳墓の頂上に登り、そこから南方にあるドナウ川までの間で発掘された、似たような墳墓や遺跡が点在するなだらかな田園地帯を見渡した。

ホッホドルフ墳墓の横にあるケルト博物館には、墳墓の内部が再現されている。埋葬室はミダス墳墓のように丸太を二重に組んだ壁で囲まれていた。その上にさらに丸太と土を積み上げて、あのトルコ墳墓の四分の一にあたる約一〇メートルの高さにしたのである。埋葬室では剣舞の場面を描いた青銅製長椅子に、四〇歳くらいと見られる男性が正装安置されていた。シラカバの樹皮でできた傘帽子を被って爪先の尖った革靴を履いており、靴に被せた複雑な模様の彫金細工飾りは不気味なほどフリギアの装飾に酷似していた。

埋葬室の中央には、ミダス王あるいはゴルディアス王の墳墓と同様に、葬宴がしつらえてあった。実物大のワゴン（車輪付きの台）上に九人分の青銅器が整然と並べられ、横たえられた男性の正面に置かれている。料理そのものは残っていなかったが、壁に巨大な飲酒用の角杯が九本かけられているところをみると、特別な発酵飲料で喉を潤しつつ食されたのは間違いない。角杯のうち八本はオーロックス（牡牛）の角で、黄金と青銅の金具がアクセントになっている。残り一本は長さ一メートル以上、容量は五リットル半もある鉄製のものだ。

かつてこの角杯を満たした飲み物は、ミダス王墳墓にあったのと同じような青銅の大釜から注がれたようだ。容量は五〇〇リットルで、肩部分にライオンが三頭寝そべっているこの大釜は、ギリシアからの輸入品である。しかし中を満たしていたのはワインではなかった。容器内の残渣に対する花粉分析によると、野生のタイム、リンデン、ヤナギといった土着の植物六〇種類以上の蜜からできた甘美なハチミツのミードだったと判明したのである。

この族長と側近たちが、北欧においては神々の妙薬であるミードを飲んでいた一方、一般庶民は穀類をベースにしたビールを飲んでいた。とはいえハンス＝ペーターの研究によると、このビールもミードに負けず劣らず洗練されて美味だったようだ。ホッホドルフ墳墓に隣接する要塞集落では、紀元前五世紀後半〜前四世紀前半のものと推定される六メートルの溝が八本発掘された。そして溝の中には炭まみれの黒っぽい麦芽で厚い層ができていたのである。この一風変わった溝は、まずその中でオオムギを発芽させ、次に溝の片側からつけた火で麦芽を乾かして焦がし、燻製のような風味を持たせるのに使われた、とハンス＝ペーターは主張する。シュトゥットガルトから少し離れたバンベルクにあるいくつかの醸造所では、この鉄器時代の伝統を守った「燻製ビール」（ドイツ語では「ラオホビア」）が今でも造られているのだ。ただし今はブナ材を燃やす火の上で麦芽を乾かすという、幾分か進歩した技術が使われる。

だが鉄器時代の醸造家たちは、別の面で現代ドイツ醸造家の一歩先を行っていた。オオムギベースのグレイン・ビルに、コムギを加えるのも厭わなかったのである。また、ホップはまだ苦味成分として珍しかったため、ヨモギやニンジンを副原料にしていた。さらに醸造容器が未だ見つかっていないことから、当時は木桶を使って、穀類を入れた水に赤熱した石を沈めて煮込んでいて（サムがフィンランドの自家製ビール「サハティ」の変則版醸造でやったのと同じ方法だ）、その時の木桶はもう朽ちてしまったのだとハンス＝ペーターは考えている。オーストリアやバイエルン地方のマルクトオーバードルフなどにある小規模醸造所は、今もこのやり方によるビール（ドイツ語では「シュタインビア」）〔「石ビール」の意〕を造っているのだ。人類が初めて意図的に作り出した旧石器ビールのみならず、我々の夕・ヘンケットですら、土器や金属製容器の発明前に、これと似たやり方で造った様子は容易に想像できる。また、発掘された麦芽の乳酸菌値が平均より高いというハンス

＝ペーターの観察結果は、このビールがベルギーのランビックやレッド・エールのように酸味の強いものだった可能性を匂わせている。

シュトゥットガルター・ホフブロイ醸造所は、このハンス＝ペーターの「ケルトビール」を再現した。溝を掘ってオオムギの発芽と焙煎をしたのか、あるいはヨモギやニンジンなどを加えたのかは定かでない。どちらにせよ実験醸造されたビールは、ケルト人の装束に身を包んだ地元の人々があっという間に飲み干してしまったということだ。

ウルティマ・トゥーレ《世界の果て》を目指す——スコットランド編

今度は陸路を、例えばワイン樽を積んだ牛車にでも乗って移動したら、そこから川船に乗ってヨーロッパの最北地域へと向かおう。スコットランドとスカンジナビアだ。そこはギリシア人やローマ人、そして後の中世の文筆家たちが「ウルティマ・トゥーレ」と捉えていた、当時知り得た世界における最北の地である（ウルティマはラテン語で「究極の」の意、トゥーレは極北にあるとされた伝説の島の名）。

喉の渇きを癒してくれるスコットランド産の有名な発酵飲料といえば、今でこそスコッチ・ウイスキーかもしれない。だが紀元一千年紀のどこかで蒸溜技術が伝来する前の遠い昔は、地元の素材をたっぷり使った超絶混合発酵アルコール飲料である「北欧グロッグ」が大いにもてはやされていた。スコットランド北端からさらに沖に浮かぶオークニー諸島では、紀元前三五〇〇年という新石器時代にまで遡る（そしておそらくはそれよりもっと以前から飲まれていた）北欧グロッグの構成材料を、花粉学者の助けを得た考古学者たちが読み解いたのである。

調査隊は、容量が一〇〇リットルあってアルコールを大量醸造するにはおあつらえ向きだったと思われる大桶の数々に、黒っぽい残渣が内張りのごとく張り付いているのを確認した。蓋は発見されなかったため、おそらく開口部を木板で覆って発酵に必要な低酸素状態を作っていたものの、やがてそれが朽ちてしまったと思われる。残渣には野花のハチミツに混じっていた花粉がしっかり残されていた。主な花はフユボダイジュ（*Tilia cordata*）にセイヨウナツユキソウ（*Filipendula ulmaria*）、そしてギョリュウモドキ（*Calluna vulgaris*）であった。さらに穀類の花粉も含まれていた一方で、果実の花粉はほぼ皆無だった。それはきっと、果実には花粉がほとんど残らないためだろう。

オークニー諸島やスコットランド本土で発見された、もっと後の時代（紀元前一五〇〇年まで）のものも同じ物語を伝えている。つまり北欧「グロッグ」は、南～中央ヨーロッパでスペインの遺跡やホッホドルフにあったものと同じく、純粋なミードもあればミードとビールを混ぜた上に念のため果実も少し投げ込んだかのようなものもあったのだ。セイヨウナツユキソウやギョリュウモドキの花粉も、ハーブとして意図的に加えていたとも解釈できるかもしれない。

こんな北欧飲料をがぶ飲みするのによく使われた容器は、特により新しい時代のスコットランド遺跡だと、考古学用語で「ビーカー」と呼ばれる大きな広口杯（マグ）であった。例えばエディンバラの北にあるファイフで見つかったアッシュグローブ遺跡では、紀元前一七〇〇年頃にひとりの男性戦士が素晴らしい作りの短剣とビーカー土器のみを伴って埋葬されていた。かつてそのビーカーを満たした飲み物は、戦いに必要な勇気や癒しをその戦士に与えてくれたことだろう。埋葬時、ビーカーには液体（一番あり得るのはミード）が溢れんばかりに入っていたようで、男性の上半身を覆っていた苔や木の葉に液体がこぼれていた。

こうした発見に触発されて、現代のビール醸造所だけでなくウイスキー蒸溜所までもが古代酒再現に参入してきた。ほどなくして現代スコッチ・ウイスキー製造の聖地スペイサイドにあるウィリアム・グラント&サンズ社のグレンフィディック蒸溜所が、ギョリュウモドキのハチミツでアルコール度数八%になるミードを造ったのである。同社が参考にしたのは、スコットランド西岸に連なるインナー・へブリディーズ諸島のラム島で発掘され、オークニー諸島にもあったような大きな古代容器から得た残渣分析結果であった。それにしてもグレンフィディック蒸溜所は、シングルモルトのスコッチ・ウイスキー製造でオオムギのマッシュ（糖化過程にある穀類入り液体）など作り慣れているのだから、ミードに加えて本格的なグロッグにすればよかったのではないだろうか。ラム島の残渣には穀物の花粉が混じっており、見つかった容器はミードとビールを混ぜたような飲み物造りに使われていたのだと示しているからだ。

スカンジナビア狂走曲——スウェーデン編

私が北欧グロッグに興味を抱いて調査していく話もまた、もうひとつの僥倖の物語だ。ことの発端はノルウェー、スウェーデン、デンマークというスカンジナビア集団から、ヨルダンの青銅器〜鉄器時代に関する新プロジェクトに土器と発掘の専門家として参加しないか、と持ちかけられた誘いであった。以前ヨルダンのバカア渓谷で、同じ時代についての調査をしばらく行なった経験のある私は、喜び勇んで承諾したのである。その後四年間（一九九〇〜九三年）、毎年夏に発掘が行なわれたこのテル・エル・フカール（アラビア語、「土器の丘」の意）遺跡は、まさに名前どおりの場所であった。

何千年という時間をかけて一層また一層と積み重なったテル〔人々の居住跡が堆積してできた人工の遺丘〕をひとつずつ掘り下げて、そこに眠る土器や工芸品などを掘り起こしていくのはそれなりに大変ではある。しかし集落跡のあちこちに掘られている溝や穴を特定したり、山のような土器を選別したりと、様々な情報を整理する困難さはもう次元が異なる。そして発掘された土器や工芸品は全てヨルダンからスカンジナビアに送られていったため、このプロジェクトを完了させるにはスカンジナビアに出向いてしばらく滞在せざるを得ないのは明白であった。だがスカンジナビアの国々や自分たちのルーツ（妻はスウェーデン、私はノルウェー）を探る良い機会でもあるので、それは別に問題ではなかったのである。

　スカンジナビアで最初に訪れた場所は、スウェーデンのウプサラだった。長年の学者仲間でありフカール発掘の共同指揮者でもあるマグナス・オットソンが私を客員教授として招き、一九九一年秋に妻と私を迎え入れてくれたのだ。滞在中、大学で行なうヨルダン土器研究の合間を縫って、近辺の田舎町を妻と一緒に自転車で偵察しにいった。北欧の考古学を知るには絶好の立地だったため、そのチャンスをみすみす逃せなかったのである。なにせ「ガムラ・ウプサラ」（スウェーデン語、「古いウプサラ」の意）が自転車ですぐの距離だった。そこは中世時代、スウェーデン最初の王族と議会が拠点にした場所であり、当時主流だった土着宗教における信仰の中心地でもある。我々はそこで墳墓を歩いてまわったり、スパイスのたっぷり効いたミードを飲んだりした。ちなみにそのミードはガムラ・ウプサラでのみ生産可能と法律で定められ、スウェーデンでは他のどこでも作れないと聞き、ヴァイキング《無法者》を起源とするこの国にしては不思議な気がした。

　トロールやエルフなど、スカンジナビアの伝説に登場する妖精や悪戯好きな生き物が住むという森も同じようにのどかで、神秘的ですらあった。森へ行ったのは、芳しい香りがするキノコのシャンテレル（アンズタケ）狩りのためで、収穫したキノコは戻ってからフライパンで熱して乾燥させておいた。アメリカにまで持ち帰ったその乾燥キノコは、その後何年も素晴らしい芳香をたたえ続けてくれたのである。たった一本料理に入れるだけで、気分はあっという間にウプサラやスウェーデンだった。

こんな経験は一生に一度でもう十分だろう、と思われるかもしれない。だが我々は一九九四年の春、再びスウェーデンに舞い戻った。今度はフルブライト奨学金の研究員として、スカンジナビアに存在した北欧グロッグの研究をストックホルム大学の考古学調査研究所で行なう運びとなったのである。そして学芸員や考古学者など様々な研究者の協力を得つつ、北方民族博物館に収蔵された発酵飲料関連の遺物をひとつひとつ調べていったのだった。

しかし考古学の世界ではよくある話で、真に胸躍る発見をするには、探す場所を博物館から現場へ切り替えねばならなかったのである。その機会は、バルト海に浮かぶゴットランド島の主任考古学者、エリック・ニーレンが島へ招待してくれたときに訪れた。島でエリックが手配してくれた仮住まいは、スウェーデンでも中世の街並みが一番残る都市ヴィスビューの城壁に隣接するアパートだった。そこで一息ついてから、全長一三〇キロメートルの島を駆け足ながらもじっくりと巡る旅へ、一緒に出かけたのである。まずはヴァイキング船を何艘か再現したという農業従事者たちに会いに行った。再現した船は、祖先たちがしたように川と陸路を使ってコンスタンティノープル（現代ではトルコのイスタンブール）まで運んでいったらしい。その道程における日々最初の決め事は、その日のビールをどうするか、という当然と言えば当然の課題だったようで、閉店時間の早い東欧では特に切実な問題であった。かくいう我々も道中何度か伝統飲料「ゴットランズ・ドリユッカ」（文字通り「ゴットランド飲料」の意）を味わうべく地元農家に立ち寄っては、我々にとっての清涼剤を手に入れた。ゴットランズ・ドリユッカはジュニパー（セイヨウネズ）をスパイスにしたオオムギのビールで、まれにハチミツを混ぜたものもある。地元民はそれ以外にもシラカバの樹液を使った芳醇なエールビールを作り、風味づけによくセイヨウヤチヤナギやツルコケモモ〔ヨーロッパのクランベリー〕を入れていた。そしてこうした素材こそまさに北欧古代飲料の原料だったのだ、と私が発見するのはもう少し後の話になる。

この旅の最終目的地は、島南部にあるハヴォール遺跡であった。ここで、西暦一世紀ごろと見られる円形土塁の外壁近くに埋められていた見事な隠し財宝を発掘したエリックは、その内容を詳しく説明してくれた。お宝は、ホッホドルフ墳墓でも見られたように、南欧の「ワイン地方」から洒落たワイン容器を輸入するという当時の通例に違わず、ローマ式ワイン用バケツあるいは小釜とも呼べそうな入れ物に収められていたらしい。中は珍しい宝物でいっぱいだった。金の細線《さいせん》細工と粒金《りゅうきん》細工を施した個性的なデザインのトルク（北欧スタイルの大きな首飾り）ひとつに青銅の鈴ふたつ、さらに私にとって何より重要な、ローマ時代の片手「ソース鍋」風酒杯三つに、柄《え》の長いひしゃくと網ひしゃくとが一緒に入れ子状態で入っていたのである。私はそのワイン用バケツとソース鍋、それにひしゃくと網ひしゃくが今どこにあるのか尋ねてみた。すると答えはヴィスビューにあるゴットランド博物館で、望むなら明日残渣を直接確認できるというではないか。

そして翌日、博物館でそのハヴォールの秘宝を前に、エリックと私はテーブルについた。見ているうちに、網ひしゃくの網目にこびりついたり詰まったりしている赤茶けたかすがどうにも気になってきた。エリックが少しだけその残渣を譲ることに同意してくれたので、縦横一センチ、厚さ三ミリ分ほど頂戴したのである。かくして私はその貴重な試料を手荷物にしてストックホルムの研究所に持ち帰り、分析を開始したのだった。

この網ひしゃくの残渣に対していくつか行なってみた予備試験では期待できそうな結果が出たものの、ストックホルムの研究所にある機器（例えば新しいＸ線回折装置や標準的なＧＣ－ＭＳなど）の性能はあまりにも限られていた。ブドウとワインのフィンガープリント化合物である酒石酸や、ハチミツのミードを示唆するミツロウ由来かもしれない長鎖化合物を検知できないのだ。

というわけでこの試料をフィラデルフィアに持ち帰り、ＦＴ－ＩＲと湿式化学斑点試験を実施したところ、酒石酸の存在が明らかになった。しかしその試料をもっと感度の高い機器であるＬＣ－ＭＳ－ＭＳやＳＰＭＥ

（序章参照）で再検査できたのは、それから一三年後の二〇〇七年になる。その後さらに六年の歳月を経てようやくこの研究は完了し、科学論文（McGovern, Hall, and Mirzoian, 2013）を発表するに至ったのだ。こんなふうに、成功した考古生化学調査の秘訣は辛抱強さと粘り強さだ、というのはよくある話だ。加えて最高の科学機器と、あとは単に運である。もしあの時ゴットランドに行かなかったら、そしてエリックがハヴォールの発掘に携わっていなかったら、私は未だにスウェーデンで北欧グロッグを探し回っていたかもしれない。

ハヴォール残渣の化学分析データは発表した論文に詳しく記述してある。それを見ると、ハヴォールのバケツには南欧から輸入した樹脂入りワインが入っていたとわかる。また、混ぜ込まれていたのはハチミツではなく、シラカバの樹液だった。ハーブはなぜか入っていなかった。ともかくも、多分これはゴットランド限定のものとはいえ、北欧グロッグと呼べそうな飲み物の情報がまたひとつ手に入ったのである。

発酵飲料にシラカバ樹液を使うのはさほど珍しくない。例えばメープル・シロップ〔カエデの樹液〕は米国やカナダのビール作りでもよく使われている。シラカバはスカンジナビアの森に豊富に生えているのだし、その樹液は少なくとも新石器時代から様々な用途に使われてきた。石製武器を柄に固定する粘着剤や隙間を塞ぐ密閉剤、さらに古代の樹脂の塊に残された歯形が匂わすところでは、おそらく薬用チューインガムですらあったのだ。シラカバ樹液は一種独特で不思議な口当たりと味や香りがする。糖度は二・五％と比較的高く、加熱するとさらに濃縮される。その味わいは、シラカバ樹液を材料に使うクワス（ロシア語、「パン種」の意）という飲み物で多少感じられるのだ。ちなみにクワスでは、黒いライムギのほかコムギやオオムギを発酵させて作ったパンや、時にはフルーツも加えてアルコール度数を上げている。ビール作りにパンを使う話は、マイケル・ジャクソンとのやりとり（2章）や、タ・ヘンケット製作過程での議論（4章）を彷彿とさせる。

デンマークで見た白昼夢――デンマーク編

スカンジナビアを巡る我々の旅で次に立ち寄る場所は、デンマークの首都コペンハーゲンだ。やはりヨルダン・プロジェクトチームのメンバーだったジョン・ストランゲが、一九九五年の春に私を客員教授として大学に招聘してくれたのである。この街では、運河沿いにあっておそらく一番人気が高い（そして観光客も多い）通りのニューハウンに住まわせてもらった。デンマーク国立銀行が提供してくれたそのアパートには巨大な居間がふたつあり、現代的なデンマーク家具と一二客のロイヤルコペンハーゲン陶磁器セットが完備されていた。

アパートには運河に面した縦長の窓があり、北海やバルト海からやってくる船が見えた。スウェーデン船がデンマーク産ビールであるカールスバーグの空瓶ケースを山と積んできては運搬台車で渡り板を転がして下ろし、すぐに満タンのビールケースと入れ替えて帰りの便が出発するのだ。当時デンマークのビールはスウェーデンのビールよりずいぶん安く、しかもずっと美味しかった。通り沿いに並ぶオープンテラス・カフェでは、学生たちがビールを片手にのんびりくつろいでいた。

ほどなくして妻と私は中古自転車を買い、近郊にたくさん散らばる城や公園、そして野外博物館などを散策した。アパートからジョンのいる大学の学部へも自転車だとすぐで、そこで私はフカール土器研究の発掘調査報告書完成に向けて最後の仕上げをしていたのである。

デンマーク国立博物館へは自転車で五分だった。ここは結果的に、北欧考古学遺物でも特に発酵アルコール飲料関連のものがストックホルム博物館よりさらにたくさん保管されていた博物館となった。ここでも学芸員や考古学者など様々な研究者が、私を信用してそれぞれの収蔵庫を開き、何か分析できそうな残渣がないかと探してくれたのである。こんなにも寛大な対応は、ありとあらゆるアルコール飲料が大好きというデンマーク人気質のせいもある。デンマークではニシンのマリネをのせたスモーブロー（ライ麦黒パンのオープンサンドイッチ）を豪勢に食べつつ、キンキンに冷えたアクアヴィット〔北欧の代表的蒸溜酒で主原料はジャガイモ。「生命の水」の意〕でスコール《乾杯》しながらのんびり過ごす午後が幾度となくあった。そんな食べ物にも飲み物にも、風味づけによくハーブが使われていた。ヒメウイキョウ（キャラウェイ）もなかなかのハーブだが、私のお気に入りはデンマークで「ポース」と呼ばれるセイヨウヤチヤナギ（植物学的には *Myrica gale*）である。そしてこのハーブは長きにわたりスカンジナビアの飲み物に風味を加えてきたのだ、と後に知ることになる。

　デンマーク国立博物館の先史部門に所属していたイーヴァ・コクは、何かと私を気遣ってくれて、古代発酵アルコール飲料についても我々の知識に極めて重要な貢献をしてくれた（そして惜しむらくもこの世にはもういない）。デンマーク北西部ユトランド半島北端脇にあるモース島の町ナンドロプで発見された男性戦士の墳墓（紀元前一五〇〇～前一三〇〇年頃）へと、私を導いてくれたのはイーヴァであった。スコットランドのアッシュグローブ遺跡に埋葬されていた戦士と同じく、ナンドロプの男性戦士が身につけていたのは勇者に相応しい青銅の剣と短剣で、そのどちらにも螺旋や幾何学模様を連ねるケルト風の装飾が細かく施されていた。そしてあの世で飲む清涼剤を入れるのに欠かせない大きな器も副葬されていたのである。器の内側には、底から三分の二の高さまで焦げ茶色の残渣が張り付いていた。私はそこから小さなかけらをふたかけ、重さにして〇・二五グラムばかり分析用に分けてもらった。

　試料入手はさらに続く。お次はデンマークのシェラン島南部で、コペンハーゲンからもそう遠くない町コストレーゼの土坑に埋蔵されていた紀元前一一〇〇～前五〇〇年頃と見られる様々な黄金・青銅製工芸品のうち、巨大な青銅製濾し網の網目に、残渣が詰まっていたのである。この濾し網は、それよりもっと小さかったハヴォールの網ひしゃくとその残渣を彷彿とさせた。だがこのコストレーゼの濾し網は、これまでにスカンジナビアで発見された同種器具類のうち最古のものになる。またこの品は、恐らく東ヨーロッパあたりから輸入されたと考えられる。ともかくその残渣からも、試料としてまた〇・二五グラムほどいただいた。

そしてシェラン島から南に浮かぶロラン島のユーリンゲで見つかり、他試料より比較的新しい紀元前二〇〇年頃というローマ時代初期の残渣が、デンマークで入手した一連の試料を締めくくる。ここでは銀のフィビュラ（衣服を留めるブローチ）・髪留め・ガラスビーズの首飾りを身につけた三〇代の女性が、飲酒用具と共に木棺で埋葬されていた。右手には、ハヴォール遺跡のものに似た青銅製網ひしゃくが握られていた。それ以外の副葬品は、正統なローマ式ワインセットにはつきものの、大きな青銅製バケツと彫刻加工されたガラス製ビーカーである。バケツには柄の長いひしゃくも入っていた。私はそのバケツの内側から、またもや〇・二五グラム分の試料を頂戴したのであった。

エクトヴィズの巫女は酒呑舞姫

古代北欧グロッグ再発見に関する重要な証拠はさらにもうひとつあり、その試料を分けてもらう約束になっているものの、通り抜けねばならぬお役所の手続きがまだ残っていて、化学分析には至っていない。その試料は、ある女性の驚異的な埋葬跡と関係があるため重要なのだ。一六～一八歳とみられるこの女性は、ユトランド半島にあるエクトヴィズで、古墳の下に埋められた樫の棺に眠っていた。樫の年輪から紀元前一三九〇～前一三七〇年頃と推定されたこの墳墓は、前述したナンドロプ戦士の墓から南に一〇〇キロ離れた場所にある。

この女性と副葬品の保存状態は素晴らしく、原形をとどめた衣服のほか、女性の脳・歯・皮膚・頭髪の一部も残存していた（そして彼女は北欧の金髪女性であった）。着ていた服は丈の短いブラウスに、先端を房にした毛糸の長い飾り紐を腰からいくつも垂らしてスカートにしたものだった。この服装を同時期の人形や岩壁に描かれた絵と照らし合わせてみると、巫女あるいは儀式で舞う踊り子、もしくはその両方だったと考えられる。腹部にベルトでつけた大きな青銅の円盤には、北欧太陽神の象徴としてよく知られる、螺旋をいくつも連ねた模様が描かれている。その体全体が厚手の毛布と牛革ですっぽりとくるまれていた。興味深いのは、中世にビールのスパイスとして好まれたセイヨウノコギリソウの花が一輪、棺の上半部と下半部の間に置かれていたことだ。これは埋葬の季節が夏だった証しでもある。

そして我々の目的にとって何よりも重要なのは、棺に横たわる女性の足元に置かれていたシラカバのバケツだ。内側には黒っぽい残渣が張り付いていた。仮にそれだけでは化学分析してみようと思わせるのに十分でなかったとしても、すでに明らかにされた花粉学・考古植物学的発見から、バケツはかつて何らかの北欧グロッグで満たされていたのは疑いようもなかった。ツルコケモモとコケモモ（リンゴベリー）、コムギ穀粒、セイヨウヤチヤナギの花糸、ライム・セイヨウナツユキソウ・シロツメクサのハチミツに由来する花粉などの遺物は、その容器に湛えられていたのがハーブで風味づけされたビール・ワイン・ミードの混合液だったと暗示している。こんなにも強烈な超絶発酵飲料は、この女性にとって踊りの源泉だったのかもしれない。

エクトヴィズにおけるこの考古植物学的発見と、デンマークの他の遺跡から得た試料に対する我々の化学的調査結果を組み合わせると、スカンジナビアでは何千年も前から純粋なミードと北欧グロッグのどちらも愛飲されてきた様子がうかがえる。ナンドロプ・バケツの残渣分析は、我々にとってデンマーク最古の証拠をもたらしてくれた。そこで検出されたのはハチミツでできたミードに由来するミツロウ関連のバイオマーカーのみで、それはエクトヴィズ・バケツの残渣から発見されたのと同じ種類の花粉によって裏付けられた。ただしエクトヴィズ・バケツには非常に複雑な発酵飲料が入っていた一方、同じ青銅器時代でもより昔のナンドロプ・

バケツに入っていたのは純粋なミードであった。

それよりずっと後の時代になるユーリング・バケツの残渣については、考古植物学的研究によって、それもまたある種の北欧グロッグだったのはもう明白であった。オオムギの穀粒、ツルコケモモと思しき何らかの果物、それよりは少量だったコケモモ、セイヨウヤチヤナギの花糸、酵母の細胞などが残渣全体に散らばっていたのである。我々の考古生化学調査はツルコケモモとコケモモの存在を確認した。そればかりか、ハチミツ由来のミツロウ、輸入された樹脂入りワイン由来らしき酒石酸、風味づけと思われるセイヨウヤチヤナギとジュニパーなどのバイオマーカーが検出され、新たな事実も判明したのだ。これらの証拠全てを照らし合わせると、答えはもう明らかだった。ユーリング・バケツには、かつてオオムギのビールとワインとハチミツのミードを混ぜた超絶発酵飲料が入っていたのである。

こうした古い試料と新しい試料のちょうど中間くらいの時間軸にあるコストレーゼ濾し網の残渣を我々が化学分析したとき、事前に情報を得られそうな植物考古学的証拠は何も存在しなかった。だが我々の化学分析結果だけでも、かつてその濾し網で濾過された飲み物をかなり詳細に描き出せた。主原料はハチミツとシラカバの樹液、そしてここでもまた輸入された樹脂入りブドウ酒が使われており、おそらくこれら全てを混ぜ合わせてからまとめて一緒に発酵させたと思われる。しかし穀物のビールが入っていたかどうかの化学的な特徴はどちらともいえる結果だったため、確証を得るには更なる植物考古学的研究が必要だ。また副原料のハーブとしてセイヨウヤチヤナギとジュニパーが加えられていて、全体的な味わいのバランスをとっていた。

ジュニパーの検出は、北欧グロッグにこの針葉樹エキスが使われた最古の例とあって非常に心躍る発見だった。これまでスカンジナビア発祥の発酵飲料にジュニパーが使われた最古の記録として知られていたのは、一八世紀後半の手書きレシピ本であった。ジュニパーは今日でも特にポーランドやフィンランドでよく飲み物に加えられる副原料だ。古代においても伝統的な処理方法と同じく、ジュニパーの実（じつは子房以外の部分が発達する偽果《ぎか》）を木製のすり鉢とすりこぎで砕き、一晩水に浸けてから茹でて、それを濾して種と樹脂を分けていたのかもしれない。そしてあのコストレーゼの濾し網は、手順の最後で行なう濾過に使ったのだろうか。もうひとつの可能性として、フィンランドの自家製ビール「サハティ」造りで用いられる慣習のように、丸太や板で作った木桶の底にジュニパーの枝を敷き、その上からワートを注いで濾して、ジュニパーのエキスを抽出したとも考えられる。

ちなみにジュニパーを副原料にするフィンランドのサハティ絡みの余談で、サムが以前作ったサム版「サハ・ティー」ビールは、フィンランドの醸造家ユハ・イコネンと共同で九世紀のレシピをもとにして造った、とサムは言う。だがこの話はかなり眉唾ものだ。何せフィン諸語系文字で書かれた最古の文書は、一三世紀にシラカバの樹皮に書き残された手紙なのだ。それだけでなく、「サハ・ティー」に加えた副原料はショウガ・カルダモン・シナモン・クローブ・黒コショウで風味づけした紅茶のチャイであり、これは紅茶や珍しいスパイスの入手が限られていたフィンランドというよりも、インドの飲み物に相応しい。だがもうひとつ副原料として加えたジュニパーと、赤熱した石を用いたサムのワート作りは、古代のやり方を正しく守っていた。

北欧とワイン――わずかな滴りから、やがて洪水に

北欧グロッグにシラカバの樹液を使った最古の例、という栄誉も今のところはコストレーゼ飲料に与えられている。だがそれよりもっと驚いたのは、今回我々の化学データが十分に証明した、北欧では最古となる南欧からの輸入樹脂入りワインだ。主要河川（ライン川やローヌ川など）に沿ってバルト海から南欧に至る交易路

かなり以前から提唱されてきた。「琥珀の道」が紀元前二千年紀後期にはもう機能していたと主張する説は、かなり以前から提唱されてきた。もしその通りであれば、美しく高価な琥珀の見返りに北欧の人々が得ていたものは何だったのか？　これ見よがしなワイン給仕・飲酒用のギリシア・イタリア製酒器がかつて大人気だったのは疑いようもない。なにしろフランスのブルゴーニュ地方にあるヴィクスでは、それまでに見たこともないほど巨大なギリシア製「クラテール」（飲み物を混ぜ合わせる大釜）が発掘されたのである。「バーバリアン女性」〔バーバリアンとは、古代ローマ人がギリシア・ローマ文化に属さない人々を「野蛮な未開人」として呼んだ名称〕の墳墓で見つかったそのクラテールは、何と高さ一・六メートル、総容量は一二〇〇リットルもあり、ドイツのホッホドルフ墳墓にあった王子版大釜とほぼ同時期のものであった。

東ヨーロッパあたりから輸入されたあの大きな青銅製濾し網は、エルベ川からドナウ川へと続いていくルートなどの、河川に沿って進む交易路を旅していた商人の目に留まったのかもしれない。そしてワインを作ったり味わったりするこうした道具と共に、ワインそのものも一緒にあって然るべきだ。だが有機物なので、これまで考古資料からはほぼ検知不可能だったのである。それが今、より感度の高い化学分析機器のおかげで、ワインがスカンジナビアなどの北方地域へ少しずつ流れ込んできた頃の詳細を解明できるようになったのだ。まず、紀元前一一〇〇年にはもうコストレーゼに到達していた。それから一〇〇〇年後のハヴォールやユーリンゲでグロッグに混ぜられていたワインが示すように、ワイン輸入は次第に勢いを増していったのである。その後北欧の人々がキリスト教に改宗し始めると、儀式用にますますワインがなだれ込んだ。中にはラインラント〔ドイツ西部のライン川沿岸地域〕からもたらされたワインもあったことが、「スウェーデン最初の都市」である九世紀の都市遺跡ビルカで出土した輸入物の特別な容器に対する我々の分析で明らかになった。こんな「内陸の」港にたどり着くには、バルト海からストックホルムの西側にある長い三角江を船で何とか切り抜けていかねばならない。かくいう我々も、スウェーデン訪問の折に同じルートを船で辿った。

南欧の人々は、多種多様な素材を使う北欧グロッグを好ましく思わなかったかもしれない。時折必要に応じて樹脂・海水・ハーブを加える以外、ワインはそのまま飲むほうを好む人々だったからだ。しかしそんなふうに気取ってはいても、革新から目を背けていたわけではなかった。丸太や板を使っていろんなものを生み出したケルト人の技能にその点がよく表れている。なにしろ樫樽を編み出したのはケルト人であり、それが陸路や河川でのワイン輸送によく使われる容器となっていったのだ。それればかりでなく、発酵アルコール飲料作りに使う様々な桶や濾過具などの特殊な道具もありあわせのもので創作し、ハチミツを採取して最終的にはミードを生産するための養蜂箱まで造ったのである。ちなみにスカンジナビアの人々は今なおこうした工芸に秀でており、木材も最高品質のもののみを使う。

アンフォラ土器は、ワインを船底に積んで運ぶには理想的だったかもしれない。一方、木製の樽は、ヨーロッパの河川を忙しく往復する川舟には非常に好都合だった。樽を形作る板は濡れると膨張して樽を密閉状態にし、大事な液体が漏れたり外気にさらされたりするのを防いでくれる。またアンフォラより大きく、それでいてより多くのビール・ワイン・超絶発酵飲料を中に入れても重量は比較的軽いのだ。そして南欧のワイン生産者たちはこの発明をさらに一歩進めて、樽でワインを熟成させ始めたのである。それは果たして北へ向かう長旅用の保存料として松脂より樫の樹液のほうがワインの味や香りを邪魔しないと発見したのか、あるいは樫樽でしばらく寝かせたワインのタンニンのまろやかさに魅せられたのか。

そんな状況ではありつつも、北欧グロッグはブドウ酒の侵攻から数千年もの間、自らの地位を守り続けた。それにはれっきとした理由がある。数多くの材料を使うため、栄養も薬効もあり味わいも豊かな飲み物が、糖分の供給源に乏しい北欧の厳しい環境で確実に作れたからだ。春先にシラカバなどの木から樹液が染み出してくるやいなや、北欧の人々がそんな樹液を懸命に集めて発酵飲料にしたのも頷ける。その後まもなくハチミツ、穀類、酸味のある果実、ハーブ、芳しい花々も手に入る季節になる。そんな材料全てを北欧グロッグに混ぜ込んで、暖かい季節から凍える冬になっても間違いなくずっと飲める、アルコール度数の高い飲み物を作ったのだ。

こんなふうに古代北欧で苦味ハーブ（最も一般的なのはセイヨウヤチヤナギ、セイヨウノコギリソウ、セイヨウナツユキソウと野生のローズマリー）をアルコール飲料に「アッサンブラージュ（調合）」するやり方は、「グルート」と呼ばれる中世のビールにそのまま引き継がれた。だが中世後期になると、グルートは次第にその輝きを失い始める。そしてビール純粋令（1章）によってホップが唯一の正当な苦味材料だと宣言されたとき、その命運がつきたのだ。

そんな中、北欧ハーブはヨーロッパ各地、特に修道院で作られる苦味酒や食後酒の数々で細々と使われ続けた。また蒸溜酒でも、アクアヴィットのセイヨウヤチヤナギ、ジンのジュニパー、ウォッカに漬け込むハーブなどは今でも重宝されている。さらに近年ではカクテルブームの再来でこうしたハーブがもてはやされているほか、民間療法でも今なお重要な地位を占めている。そして今後は新薬の開発（3章と4章）や飲料への活用など、ハーブたちの未来はかつてないほど明るい。

別格の酒、ミード

北欧における発酵アルコール飲料階層では、ハチミツだけで作るミードがその頂点に置かれていた、とここまでに仄めかしてきた。改めて言わせてもらうなら、ハチミツのミードが圧倒的優位に立っていたのにはちゃんとしたわけがある。ハチミツは自然界で最も濃縮された糖（重量の七〇％以上）の供給源であり、それを発酵させたミードは、蒸溜の発明（9章）まで人類の知り得る限り一番アルコール度数が高い飲み物だったのである。また糖とアルコールの両方に備わる保存料成分が、ミードを何年も、ことによっては何世紀も保存可能にし、どこよりも暗くて寒い北欧の夜に体を芯から温める飲み物として常備できるのだ。

さらに、ミードにはアルコールによる強力な向精神作用があるため、北欧戦士の戦力として何よりも重要だった。北欧伝説の中で語られるヴァイキングのベルセルク（狂戦士）が全裸で戦闘に向かったり、狼や熊の毛皮のみを纏っていたりするのは、きっとミードの仕業だろう。そして戦いで成功を収めると、アングロ・サクソン文学の叙事詩『ベオウルフ』に書かれているように、ロングハウス（ビアホールならぬ「ミードホール」とも呼ばれる）において繰り広げられる勝利の宴で浴びるほど飲んだのだ。ある意味、ひとつは自分を戦に駆り立てるための大酒、もうひとつは精神《スピリッツ》を癒すための大酒と言える。

まさにスピリッツ《精神・精霊・酒》である。キリスト教伝来前の北欧世界には、神々・巨人・エルフ《妖精》・ドワーフ《こびと》のほか、野生動物・樹木・傑出した自然の景勝地に宿る種々雑多な存在が満ち満ちていた。そしてスカンジナビアであちこちに散らばる沼地の暗くて深い水は、冥界の住人が棲む神秘的な場所と考えられていたのである。そんな冥界の住人を鎮める儀式として沼地に投げ込まれていた貴重な酒器セットには、きっとミードや北欧グロッグが入っていたのだろう。北欧神話の最高神オーディン自身も、合わせて九つの世界をその枝や根に抱くという常緑樹トネリコ（北欧神話の世界樹「ユグドラシル」）の袂にある泉（あるいは沼地）へ身を投げて死んだことがあるという〔一般的な北欧神話では、魔力を持つルーン文字の秘密を得るためにユグドラシルで首を吊り、槍で胸を突き刺して自らの命を捧げたと言われる〕。そんなオーディンは、あるミードから得られる叡智《えいち》も探し求めていた。

そのミードの成り立ちとオーディンによる再発見の物語は、いくつかの点で我々が北欧グロッグ「クヴァシル」を再現した経緯と似たようなあらすじを辿る。とはいえ私にオーディンのような神がかった力があるとか、オーディン物語と同じレベルの芸術的創作や歪曲を加えているなどと言うつもりはない。ともあれオーディン物語の概要はこうだ。まず敵対するふたつの種族の神々が、それぞれに果物を噛んでひとつの大釜に吐き出して和解した。私の見解では、ここまで本書のあちこちで触れてきたように、材料を噛んで吐き出すのは発酵飲料作りにおける最初の「前菜」みたいなものだから、神々がまずこの方法で互いの唾を混ぜて和平協定を結んでもなんらおかしくはない。その結果この吐き出したものから、とても聡明で詩や音楽にも才能を持つクヴァシルという名の半神半人が誕生した。だが、ふたりの狡猾なドワーフがクヴァシルを殺してしまう。そしてクヴァシルの血（これも世界共通の和睦の象徴）を採って魔法の液体であるハチミツと混ぜ合わせ、グロッグのようなものを大釜三つ分作ったのである。

ドワーフふたりはその大事な液体をしばらくは手元に置いていたものの、ある日、巨人たちがやってきた。そしてガリバー旅行記の一場面のように小さな無人島に無理やり連れて行かれて、魔力と詩の才能を与えるあのグロッグを渡さなければ溺れさせてやると脅されたのだ。ふたりはついに降参し、三つの大釜は巨人たちの手に渡る。かくして大釜は暗い鍾乳洞の奥深くに隠され、その液体を飲もうとやってくる不届き者を怖がらせて追い払うべく、最も手強そうな巨人の美しい娘が不気味な魔女に化けて、その大釜を守っていた。

オーディンはまず、たまたま迷い込んだ隻眼の流浪人を装って洞窟に入っていった。それはワグナーの歌劇『ニーベルングの指環』に登場する神々の長ヴォータンのイメージにも使われている姿だ。オーディンは以前、世界樹の泉から水（と叡智）をひとすくい得る代償に、自分の片目を捧げていたのである。巨人たちの畑で働く代わりにあのグロッグを飲ませてほしいという交渉に失敗したオーディンは、魔法を使って蛇に変身して洞穴に潜り込んだ。今度は巨人の娘への三晩にわたる性交渉が功を奏し、喜ばせた褒美に毎日グロッグを少しずつ飲ませてもらったのである。大釜三つ分を全て飲み干したとき、オーディンは鷲に姿を変えて神々の住むヴァルハラへ飛んで帰った。そして帰還にあたって伝えていた指示通りに神々が用意して待っていた三つの新しい大釜へ、その魔法の妙薬を吐き出したのである。

我らの北欧グロッグを蘇らせる

天界のグロッグにその血が入れられたという聡明で芸術的な「クヴァシル」の名に恥じぬ飲み物を再現するのは大仕事であった。といいつつ実は、再現に移れるだけの化学的・植物考古学的情報は十分入手していたのである。ペン博物館の研究所で共に分析化学に携わるグレッチェン・ホールは、我々が非常に感度の高い分析法で寄せ集めた情報からどれほど詳細にわたる北欧グロッグの全体像を描けたかに驚嘆していた。グレッチェンは今でも、スカンジナビア・グロッグ関連の分析はやっていて楽しかっただけでなく、考古生化学に秘められた多大な可能性を示してくれたお気に入りの事例だと言う。

北欧グロッグ作りにおける最大の課題は、まさにその材料候補の多さであった。一体どんな酵母なら、こんなにも寄せ集めの素材を発酵できるのか？　比較的純粋に近いミードにちょっとだけ副原料を加えたグルートに留めるべきか、或いは思い切って穀類や土着の果実をたくさん使うべきか？　前者ならミード酵母だけで十分だろうが、後者の場合、何にでも対処できる酵母が必要かもしれない。

そこでサムが、一緒にスカンジナビアに飛んで現地でもっと情報収集して実験もいくらかしてみよう、と提案してきた。もちろん私も、あれだけたくさんの良い思い出と冒険の記憶が詰まった場所へ戻るのはやぶさかでない。かくして我々は二〇一三年四月にストックホルムのアーランダ空港に飛び、おなじみの森や土地を南に抜けてまずストックホルムへ、それからその旧市街（ガムラスタン）へと旅を続けたのである。その夜はイタリア滞在時に醸造家テオ所有の宿カーリ・バラデンで交友を深めた懐かしい友人、ヨルゲン・ハッセルクヴィストが経営する「オリバー・ツイスト・パブ&レストラン」で歓待を受けた。そこで様々な古代エールビールを試飲した後は、その昔間違いなくノーム〔地中で暮らす精霊〕やドラゴンが棲んでいたと思われる中世スウェーデンの首都で地中深くに作られた地下ビール貯蔵庫へと下りていき、熟成されたベルギーのランビックやグーズを味わったのである。

その翌日、四月でもまだ雪に覆われたスウェーデンの片田舎を抜けて向かったニュネスハムンは、偶然にも私が何年も昔にゴットランドへ向かうフェリーに乗り込んだ海岸沿いの街、その場所であった。だが今回は、その街で正真正銘のスカンジナビア版北欧グロッグ作りを手伝うべく、陸地に留まったのである。この時ニュネスハムン醸造所の常駐醸造者はラッセ・エリクソンであった。そのラッセとドッグフィッシュ・ヘッドのティム・ホーンとサムが一緒に知恵を絞って考古生化学データに忠実なレシピを考案し、まずはスウェーデンで醸造してみて、後にアメリカで「クヴァシル」ビールの基礎となる飲み物を作ったのだ。

グレイン・ビルには硬質のアカコムギと特別焙煎した二条オオムギを入れると決めて、それにスウェーデンのツルコケモモとコケモモ（どちらも、アメリカ産のいとこである味気ないクランベリーとはまるで違う）を加えた。次にスウェーデン北部産の芳しい野花のハチミツ、そして仕上げはとろりとした甘美なシラカバ樹液である。主要な苦味原料はセイヨウヤチヤナギで、ワートの煮沸終了三〇分前にたっぷりと投入し、続いてさらに香り高いセイヨウノコギリソウを最後の一〇分で入れた。セイヨウナツユキソウは、その繊細さと個性をできるだけ損なわないように火を止めてから追加した。こうしたハーブの選定には、醸造家・ビアジャーナリスト・研究者（私はここに含まれる）・その他関係者でテーブルを囲み、我々がいつも利用材料の多数決前によくやる方法で、ぬるま湯の入ったグラスに様々なハーブをひとつずつ別々に浸したものと複数組み合わせたものを用意し、それぞれ匂いを嗅いだのだった。

ホップは我々の分析に基づく考古化学組成には存在しないものの、絶対的影響力を持つスウェーデン国営のアルコール専売公社「システムボラーゲット」との揉め事を避けるため、幾許か材料に含める方向で渋々合意した。選んだのはノーブルホップ〔ヨーロッパで伝統的に使われてきたホップ〕で、それもほのかなスパイシーさのあるテトナングであり、原産地はおそらくホッホドルフの王子が埋葬されたのと同じ、南ドイツのバーデン=ヴュルテンベルク州と思われる。

醸造の工程は、現代的なステンレス製の煮沸釜・糖化槽・発酵槽・熟成槽を使って行なわれた。そこで多少なりとも歴史的正統性を持たせようと、私が角のついたヴァイキング帽をかぶった姿でシラカバ樹液を注入したのである。また、スカンジナビアの野生酵母には適当なものがなかったため、スコットランドのエール酵母にした。スコットランド産にした理由は、現在見つかっている北欧グロッグ最古の証拠が紀元前三五〇〇年のスコットランドものであるためと、難しい素材も発酵させられる十分なタフさを備えているからだ。その酵母は雑多な材料を難なく発酵させ、アルコール度数を一〇％まで上げたのである。ちなみに現代的な醸造器具をもっと正統派の大釜や濾し網などに替える案以外にも、酵母に唾を吐きかけるオプションを考慮しても良かったかもしれない。なぜなら一四世紀に編纂された『ハールヴのサガ』〔ノルウェーのヴァイキング王ハールヴにまつわる伝説〕に出てくる醸造腕くらべの話で、アルレク王の妻たちのうちひとりへ捧げる「良きエール」となるように、オーディンがそうしたと語り伝えられているからだ。

まだ商標登録されていないぴったりな名前を考えつくのはいつも至難の業だ。スウェーデン組は、長年続いてきた土着の伝統からこの飲料が生まれた点に留意して「アルキティープ」（「原型」の意）〔スウェーデン語〕

と名づけた。ハヴォールで出土した螺旋模様入り土器酒杯のかけらがラベルに描かれ、本場らしさを醸し出している。ほどなくしてアルキティープの瓶はシステムボラーゲットの店頭に並び、果実味とハーブの風味が強烈なこの混合飲料は、ビール愛飲家から高く評価された。

我々のスカンジナビア遠征は、コペンハーゲンまで行かねば完了し得ない。何せあれほどまでにたくさんの素晴らしい試料を提供してくれて、エクトヴィズの巫女もいるデンマーク国立博物館がそこにあるのだ。我々はスウェーデン南部から電車で雪原を抜けて橋を渡っていく六時間の旅を経て、デンマークの首都へと辿り着いた。そこから一時間足らずで博物館に到着すると、先史時代展示担当学芸員のポウル・オト・ニルスンが入り口で出迎えてくれた。我々はポウルの解説を聞きつつ、醸造家であり巫女でもあったエクトヴィズとユーリンゲの女性たちを間近でじっくりと観察できたのである。この様子は全て、今回の旅に同行したノルウェー出身の美食家で、本書にペアリング料理をいくつか提供してくれたクリストファー・オットセンが映像で記録してくれた。クリストファーは、これまでに醸造用のありとあらゆる果物・ハチミツ・シラカバ樹液・ハーブを探し求めてノルウェー中を旅した強者《つわもの》だ。またリンゴを発酵させて酸味の効いたアップルジャック〔リンゴジュース由来のシードルを凍らせてアルコール度数を上げた飲み物〕を作ろうと、土着の酵母が集ってきそうな木にリンゴを詰め込んだ袋を吊るしたりもしたらしい。

ティムとサムと私がアメリカに戻ると、今度はＦＤＡとＴＴＢから突きつけられた難題に対処せねばならなかった。セイヨウナツユキソウにはサリチル酸塩というアスピリンのような化合物が含まれるため、ビールにしては「医薬品的な」要素が強すぎるとの理由で材料から除外されてしまったのである。これに対し我々は、セイヨウナツユキソウには発酵飲料の副原料として利用されてきた長い歴史があると指摘した。一六世紀以降に書かれた薬草療法の文献には「medesweete《ミードスウィート》」あるいは「medewurte《ミードウルト》」（文字通り「ミードをより素晴らしくする物または根」の意）〔アングロ・サクソン語〕の名で登場する。だが結局、冴えないシロツメクサ（クローバー）で代用したのだった。

使うつもりだった材料全てを確保するにあたっても、新たな問題が次々に降ってきた。最も大変（しかも高額）だったのは、アラスカ産のシラカバ樹液である。またスウェーデンからは、スウェーデン産ハチミツは輸入できたが、生のツルコケモモは入手できなかった。おかげで北欧グロッグとしての刺激は多少削がれてしまったものの、最終的にこの複雑な飲み物は、ベルギーのランビックを熱く信奉する人々を満足させるのにちょうどいい酸味とハーブのパンチが効いた仕上がりになった。

これで瓶の中身を満たす飲み物はできた。では、いにしえのスカンジナビアで生まれたこの超絶かつ革命的な味をどんな名で世に知らしめるべきか？「雷神トールのハンマー」「オーディンのマインド・ベンダー《幻覚剤》」「叡智の泉」はもう使われていた。単純に「北欧グロッグ」もありかもしれない。当時レホボスのブリューパブで実験醸造を担当していたベン・ポッツは、「沼地のグロッグ」ではどうかと言ってきた。

私は、地の果てに存在した真に超絶な飲み物だと示唆する「ウルティマ・トゥーレ」が特に気に入っていた。だがスウェーデンでは国内で人気のある同名ナチ・パンクバンドによるビールだと国民の三割が思うだろうし、残りの人はきっとなんのことやらさっぱりわからない、とスウェーデン勢に却下されてしまった。

こうした様々な候補名をサムの弁護士がワシントンDCにある特許商標庁に確認してから、消去法とそれぞれの名が持つ重み（ビール醸造でアルコール度数を計るための、ワート糖度に関係した発酵前の「初期比重」や最後の「最終比重」みたいなものといえるかもしれない）を考慮した結果、「クヴァシル」という名に落ち着いた。ただちょっと発音しにくさの懸念はある。というのも、サムは未だに「クヴァシル」の「ク」は無音だと言う一方で、「ク」をはっきり音にするのが正しいスウェーデン式発音だと私は思うのだ。また、語源的関連があるやもしれぬロシアの飲料「クワス」と混同されかねない。何にせよ、「クヴァシル」は北欧グロッグそのものと、名の起源である北欧神話の、野生的で詩的な精神をうまく捉えた名前なのだ。

次にサムが取りかかったのは、その名と瓶の中身にふさわしく、且つ思わず目を引くラベルの考案であった。サムは「そう遠くない」過去に音楽活動をしていたためか、一九六〇年代のサンフランシスコで起こったサイケデリック・ロック風デザインを掘り起こしてきた。もしかするとブームの象徴だったグレイス・スリックが「ホワイト・ラビット」を歌っている夢でも見たのかもしれない。そしてニューヨークの中心的ライブハウス「フィルモア・イースト」で次回ライブを告知していたポスターの、引き込まれるような絵を思い出したのだろう。理由はともあれ、サムはサンフランシスコでロックンロール・アートを手がけるジム・マッツァに、あのエクトヴィズの巫女を現代風に再現してほしいと依頼した。出来上がったラベルでは、エクトヴィズの巫女が樫の棺から立ち上がり、魅惑的な装いで北欧グロッグ入りのシラカバ樹皮製バケツを抱えている。飲料の醸し出す香りが巫女にまとわりつきながら上昇し、血の如く赤い空で形を成していく。そして「Kvasir《クヴァシル》」の文字となったその薫香は、ヴァルハラまで昇っていくのだ。

さらに酸味が強いクヴァシルへの道のり

クヴァシル再生の冒険はこれで終わりではない。酸味の強いビールを追い求める者たちは、もっと酸っぱいビールを欲しがっていた。そこでベン・ポッツとサムは、二〇一四年五月下旬に行なわれたワールド・サイエンス・フェスティバル〔毎年一回北米ニューヨーク市で催される科学の祭典〕で、その願いを存分に叶えようとしたのである。

サムは、もっと酸味の強烈な北欧グロッグ作りの担当にベンを任命した。ベンは以前からずっと、自宅アパートでベルギー産微生物を山のように溜め込んでいる人物なのだ。ベルギー産ランビックの瓶底に残った澱や、無濾過のビールが染み込んだ樫樽製のオークチップなどをコツコツ集めてきたのである。中にはファントム醸造所から入手したブレタノマイセス属酵母の「野生種」や、ローデンバッハ醸造所が造った「フードルビール」（オランダ語、「樽熟成ビール」の意）から得たペディオコッカス属酵母などもあった。フランダース・レッド・エールは、加熱殺菌していないバージョンを提供するバーが世界にふたつだけあり、そのうち一軒で出されたグラスから化学実験用スポイトのピペットを使って吸い上げたという。他にもまだまだたくさんあり、ランビックやグーズ関連の微生物として現在二〇〇〇種くらい科学的に分類されている数まで手が届きそうなほどであった。そのうちの善玉細菌たちが、より危険で病的な菌をしっかり抑制しているように願う。食中毒や病の原因になりかねない腸内細菌種には暴れまわってほしくないものだ。また残念ながら、ベンの手持ちにはスカンジナビアの純粋な「天然」酵母やバクテリアはなかった。それはまたいつか取り組むべき挑戦になる。

ただ、ベンのサワー版クヴァシルの熟成法はちょっとやり過ぎだった。ニューヨークにあるハドソン・バレー蒸溜所のライ麦ウイスキー作りに使用した樫樽で熟成させたのである。青銅器時代や鉄器時代に存在した発酵飲料の作り手にとって、蒸溜は遥か彼方の技術であった。また、もともとの北欧グロッグが樽で貯蔵されたり運搬されたりしていたのかも定かでない（とはいえここまでに仄めかしたとおり、その可能性はある）。樽のおかげでバニラやココナツや綿菓子のような香りが感じられ、こんな特徴は現代のランビックならまだしも、古代飲料にはあまり存在しない。だがサムは最終的な仕上がりに満足し、ワールド・サイエンス・フェスティバルで我々が催すプログラムのタイトルを「北欧グロッグ：酵母たちの大フィーバー」にしようとまで言ってきた。全ての発端であるエクトヴィズの巫女を、ある意味讃えているらしい。

その後、今度はカナダのニューファンドランド島で、ジプシーの如きさすらいの醸造家スティーブン・キャニングの手による「ヴァイキング版」クヴァシルが醸された。それは二〇一五年五月、ニューファンドランド・ラブラドール州の州都セント・ジョンズで開催されたCanadian Archaeological Association（カナダ考古学協会）の年次大会に合わせたものだった。ドッグフィッシュ・ヘッドはカナダへの輸出許可を得ていなかったため、スティーブンを含む島内在住の自家醸造家たちが、それぞれ自作の古代エールを提供すべく名乗りを上げたのである。場所を北アメリカ大陸という新世界に移したスティーブンの北欧グロッグは、カナダでツルコケモモに相当するクランベリー・コケモモ・シラカバの樹液・ハチミツ・グルートに使われるハーブなど、地球の極地地域に自生する美味しい産物がたっぷりと使われていた。

ニューファンドランド島は、クヴァシルのクローン作成の舞台にピッタリだった。私がセント・ジョンズのうら寂しげな空港に降り立った時、雪はもちろん降っていた。その翌日、北アメリカ最東端に位置し、北大西洋に突き出た花崗岩むき出しの半島にあるスピア岬では、うなり声をあげる風にもう少しで突き倒されるところだった。グリーンランドから漂ってきた氷河のかけらが海岸沿いに流れていくのも見える。そこからさらに北方で、私の滞在中は一メートルの雪に埋もれていたランス・オ・メドーに、怖いもの知らずの荒くれヴァイキングたちは西暦一〇〇〇年頃やってきたのだ。そこに初めて上陸してロングハウスを建てたとき、ヴァイキングたちは一体何を思っただろう。北欧グロッグそのものと、それを作るため伝統的な知恵は携えていたに違いない。少なくともそれだけは、ランス・オ・メドーに再建されたミード・ハウスに吊るされている角杯の複製品が匂わせていたものの、発掘調査からは何も見つからなかった。今のところ、新世界でヴァイキングが飲んでいたはずの飲み物に関する明確な化学的・植物考古学的証拠は何もない。ヴァイキングたちは、数ある北米ブドウのいずれか（なにせここはヴィンランド《ブドウの地》と呼ばれていた）やコケモモ、クラウドベリー（別名ホロムイイチゴ。ニューファンドランド地元民は「焼きリンゴ」と呼んでいる）、シラカバの樹液などを発酵させていたと考えても良さそうなものだ。

新世界にやってきたヴァイキングは、伝統の北欧グロッグによってもたらされる慰めや喜びを諦めていたなどと、いったいどう説明がつくのやら想像もできない。ひょっとして、発酵飲料に関する記録を持たないアメリカ先住民に感化されたりしたのだろうか？　私は、一番合理的な説明こそが明白な理由であると思いたい。つまり、ヴァイキングが自分達の大好きな超絶発酵飲料を手放したわけではないのだ。存在しないように見えるのはむしろ、千変万化する考古学的発見のせいなのである。

クヴァシルの自家醸造用アレンジレシピ

作：ダグ・グリフィス
参考：McGovern, 2009/2010

材料	分量	必要になるタイミング
冷水	19L	煮沸開始前
ブリュー・バッグ （醸造用メッシュ・バッグ）	1	煮沸開始前
Briess 社スペシャル・ロースト・モルト（ひきわり）	340g	煮沸開始前
バイエルン小麦　ドライモルト	2.7kg	煮沸終了 65 分前
テトナング・ホップ（ペレット）	28g	煮沸終了 60 分前
セイヨウナツユキソウ	大さじ すり切り 1	煮沸終了 30 分前
セイヨウノコギリソウ	大さじ すり切り 1	煮沸終了 30 分前
コーン・シュガー（オプション 1）	227g	煮沸終了 30 分前
シラカバ樹皮を挽いた粉 （オプション 1）	大さじ すり切り 1	煮沸終了 30 分前
シラカバ・シロップ （オプション 2）	240cc	煮沸終了 30 分前
ハチミツ	1.4kg	煮沸の最後
濃縮クランベリージュース	240cc	煮沸の最後
酵母 Fermentis S-04 （イングランドエール） White Labs WLP028 （スコットランドエール） Wyeast 1728 （スコットランドエール）など	1 袋	発酵
ドライコケモモ（リンゴンベリー）	227g	発酵 2 日目
ペクチン分解酵素	小さじ 1	発酵 2 日目
プライミング・シュガー	140g	瓶詰め
瓶詰め用ボトルと王冠		瓶詰め

初期比重：1・088
最終比重：1・015
最終的な目標アルコール度数：8・5％
国際苦味単位（IBU）：10
最終容量：19L

・・作り方・・

備考：リキッドイースト（液状酵母）を使用する場合は、酵母細胞数を最大限にするべく、発酵のスターターづくりを醸造の24時間前に開始するよう推奨する。

① 醸造鍋に19Lの冷水を入れる。
② ブリュー・バッグにBriess社のモルトを入れてバッグの口を縛り、①の鍋に入れる。
③ その鍋を火にかけ、5分ごとにかき混ぜる。
④ 液温が77℃になったら、かき混ぜ用の大型スプーンなどでブリュー・バッグを引き上げ、中に溜まった液体のほとんどが鍋に戻るよう、鍋の上で1分間持ったままにする。この時、バッグは搾らない。鍋はそのまま加熱し続ける。
⑤ 沸騰し始めたら、鍋を火から下ろす。
⑥ ドライモルトを加える。鍋底で固まったり焦げついたりしないようによくかき混ぜて、鍋を再び火にかける。
⑦ ワートを沸騰させる。
⑧ 5分間沸騰状態で煮沸を続けたら、テトナング・ホップのペレットを加えてかき混ぜる。
⑨ このホップ投入時点から、1時間の煮沸に入る。吹きこぼれを防ぐ消泡剤を使う場合、説明書通りに添加する。
⑩ ⑨の煮沸中に、ドライコケモモ（リンゴンベリー）をミキサーに入れて、煮沸中の鍋からすくいとったワートをひたひたに入れてピュレ状にする。冷ましてからペクチン分解酵素を加えて、冷蔵庫で1日寝かせる。
⑪ ⑨の煮沸時間の残り30分で別の小鍋を用意して、煮沸中の鍋からワートを2カップすくいとって小鍋に入れる。取り出したワートが冷めない程度に温めて、沸騰はさせないこと。その小鍋にセイヨウナツユキソウ、セイヨウノコギリソウ、そして

次のシラカバオプションのどちらかを加える。
オプション１：コーン・シュガーとシラカバ樹皮の粉
オプション２：シカラバ・シロップ
鍋の中身をよくかき混ぜて、内容物すべてが液体に浸るようにする。煮沸時間の終わりまで浸け込んでおく。

⑫ ⑨の鍋の煮沸時間が60分経過したら火を止める。⑨の鍋に、ハチミツと濃縮クランベリージュース、そしてハーブを浸け込んでおいた⑪の鍋から液体のみを濾し取って加える。そのワートを2分間かき回してワールプール（渦）を作り、同時にハチミツも溶かす。かき混ぜるのをやめたら、ワートをそのまま10分間寝かせる。

⑬ 冷却装置か氷水をはった水槽に⑫の醸造鍋を入れて、24℃以下まで冷ます。

⑭ 冷めたワートを発酵槽に移し替え、1分間（赤ん坊をあやすように揺らして）空気を含ませる。

⑮ 発酵槽に酵母を投入する。

⑯ 発酵槽の19Ｌの目盛りまで冷水〔分量外〕を加える。

⑰ 発酵の２日目に、ピュレ状にしたコケモモ（リンゴンベリー）を加える。

⑱ 14日目くらいに瓶詰めできる状態になる。さらに清澄化させたい場合は、サイフォンを使ってビールをカーボイに移し、もう7日程度置く。

⑲ 瓶詰め前に瓶と王冠を洗って殺菌する。沸騰させた湯２４０cc〔分量外〕にプライミング・シュガーを溶かして、プライミング溶液を作っておく。

⑳ 殺菌した瓶詰めバケツに、サイフォンを使ってビールを移し替え、プライミング溶液を加えてそっとかき混ぜる。ビールを瓶詰めし、王冠で蓋をする。

㉑ 瓶詰めしたビールを21～24℃くらいの環境に置いてコンディショニングする。10日程度で飲みごろになる。

クヴァシルとのペアリング料理

24時間で完成のグラブラックス〔魚を塩・砂糖・ハーブに漬け込んだ北欧の伝統料理〕

作：クリストファー・オットセン

材料（4人分）	分量	準備
サーモン・フィレ（3枚おろしの片身）	690g	
粗塩	192g	
細粒塩	200g	
砂糖	65g	
粗挽き黒胡椒	大さじ2	
リンゴンベリー（コケモモ）	一握り	生が好ましいが、冷凍の場合は解凍する。乾燥させて粉砕する
クランベリー	一握り	生が好ましい。乾燥させて粉砕する
セイヨウナツユキソウ	一握り	生が好ましい。乾燥させて粉砕する
シラカバ・シロップ	大さじ1	

・・作り方・・

① サーモンはきれいに洗って骨を全部取り除き、皮は残しておく。
② サーモン以外の材料をボウルに入れてよく混ぜる。
③ サーモンが十分にのる大きさの皿を用意する。
④ ②のハーブミックスの3分の1を皿にまぶすように敷き詰める。
⑤ ④で敷いたハーブミックスの上に、皮目を下にしてサーモンを置く。
⑥ 残りのハーブミックスを魚全体にまぶす。
⑦ ⑥をラップで覆って、冷蔵庫に24時間置く。
⑧ 24時間経ったら、冷水でサーモンを洗ってスパイス類を取り除き、キッチンペーパー2枚ではさんで水気を切る。
⑨ お好みの大きさに切って出来上がり。

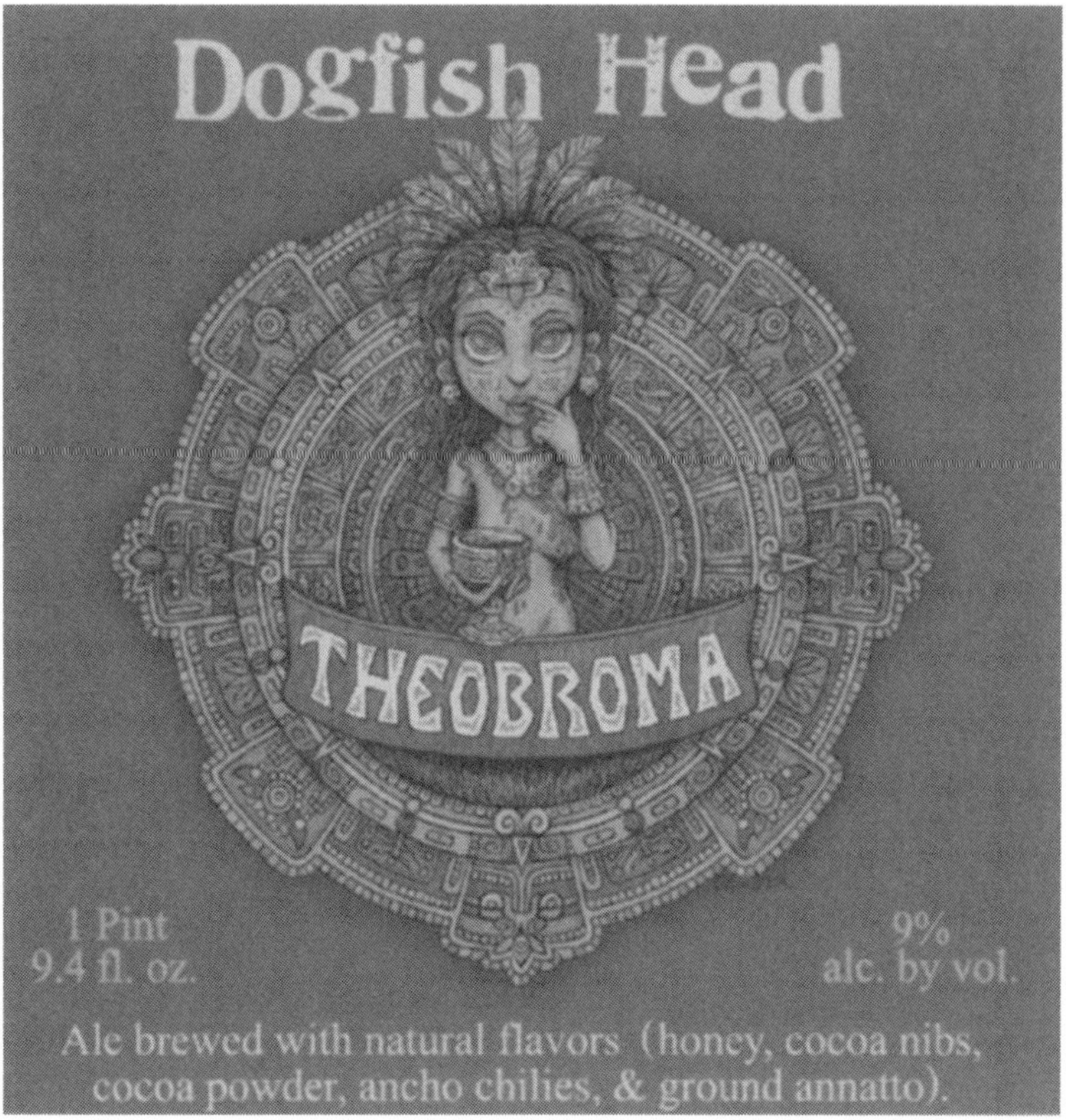
Dogfish Head
THEOBROMA
1 Pint
9.4 fl. oz.
9%
alc. by vol.
Ale brewed with natural flavors (honey, cocoa nibs, cocoa powder, ancho chilies, & ground annatto).

7章　テオブロマ

ロマンスをかきたてる甘いブレンド

陸橋「ベーリンジア」
［ベーリング海峡］
マッケンジー山脈
スキャグウェイ
インサイド・パッセージ
バンクーバー島
シアトル
セント・ジョンズ
ランス・オ・メドー
ニューファンドランド島
スペリオル湖
イサカ
ハーシー
メキシコ湾
拡大図参照
テノチティトラン
［メキシコシティ］
オクマーレ谷
プエルト・
エスコンディド遺跡
カカオ地域拡大図
リオ・アスール遺跡
テノチティトラン
［メキシコシティ］
コルハ
ベラクルス州
バッツァブ洞窟
オアハカ州
ウルア川
タバスコ州
プエルト・
エスコンディド遺跡
ソコヌスコ地方
モンテベルデ遺跡
パタゴニア

前章は、ヴァイキングの「新たに発見した地《ニューファンドランド》」到達で南北アメリカ大陸の玄関口に辿り着いたところで終わった。そこは確かにヨーロッパ人にとっては「新たな」地だったかもしれない。だが地球全体で捉えたもっと長い目で見ると、ヴァイキングはその後に続くコロンブスやスペイン、フランス、イギリスからの探検家たちと同様に、実は比較的新参者だったのである。

氷河期の冒険家

今から二万〜一万五〇〇〇年前の最終氷期も終焉間近だった頃、北半球の氷床が崩れて溶解し始め、東アジアから陸橋「ベーリンジア」(現在のベーリング海および海峡)を越えて新天地へと抜ける道が開けた。それを見たチャレンジ精神旺盛な祖先たちは北アメリカへと渡り、さらには両アメリカ大陸の西岸に沿って北から南へと移動し、あっという間に南アメリカ南端のパタゴニアへ辿り着いたのである。その速さから察するに、少なくともそのどこかでおそらく丸太の筏《いかだ》や皮製のカヤックなど、何らかの水上交通手段を使ったのであろう。最初の「アメリカ人」は、北アメリカ大陸の太平洋沿岸北西部に位置する「インサイド・パッセージ」(アラスカのスキャグウェイからワシントン州シアトルまで内海を縫うように通り抜ける水路)に沿って、船で進んでいったと考えられている。ちょうど中央アジアでオアシスからオアシスへ、地中海では島から島へと移動していったように、ここでは入り江からその次の入り江へと一足飛びに進んでいったのだ。そんなふうに居場所を移していく原動力になったのは、陸地に囲まれた極寒のシベリアとはまったく異なる、新たな環境に広がる緑の豊かさであった。

フィヨルドや湾の氷が解け出してできた入り江は新しい生命のオアシスだった。そのため魚や果物を追い求める者には心躍る場所だったであろう。特にストロベリー、エルダーベリー、クマコケモモ（スペイン語ではマンサニータ、「小さなリンゴ」の意）、ソープベリー、シンブルベリー、サーモンベリーといった様々な野生のベリー類は、エネルギー補給だけでなく喉を潤す美味しい飲み物作りもできる、大事な糖の供給源となったのだ。だがひとつの湾で得られる自然の恵みが費《つい》えると、次の湾が魅力的に思えてくる。そうして祖先たちは新たな食材の発見を求め、また生き延びるために、どんどん南へと旅していったのである。

二〇一一年秋、私がカナダのブリティッシュ・コロンビア州にあるビクトリア大学で教鞭を取ったとき、妻と私もこの新天地の恩恵にあずかった。インサイド・パッセージの南端側で、その土地がもたらしてくれるご馳走を大いに享受させてもらったのである。我々の生活拠点は、バンクーバー島で初めてできたマイクロブリュワリー「スピナカーズ」の裏手にひっそりと立っていた木造平屋の家であった。天然サーモンやカモ、野生キノコなどに加え、地元産アップルバター〔リンゴを煮詰めたペースト〕やカシス・コンポート《シロップ煮》、バーレイ・ワイン〔ワイン並みのアルコール度数があり長期熟成可能なオオムギビール〕の酢で作ったドレッシング、ラズベリー・アイスクリームなどは、滞在中に我々が堪能した数ある絶品のほんの一部である。そんな土地で私が教える履修コース最終日の授業は当然、我が家裏手のマイクロブリュワリー訪問を皮切りに、ミード醸造所、シードル醸造所、ワイン・酢醸造所などを巡る見学ツアーであった。特に印象深かったのは、野花のハチミツにラズベリーを加えて風味の豊かさを完璧にしたミード（もしくは「メロメル」）〔メロメルはハチミツとフルーツを混ぜて発酵させたもの〕である。アルコール度数も一三・四％と高く、こんな飲み物があれば古代アメリカ人もすぐさまそこへ定住したくなったであろう。

しかし果たしてアメリカに先住した祖先たちは、喉を潤す果汁飲料をさらに一歩進めて、実際にこうした発酵飲料を造っていたのだろうか？　そうするのに必要な伝統は携えていたのか？　また果物を大量に集めてうまく発酵させたり、後でがぶ飲みできるよう取っておいたりするには不可欠な容器や、時間的な余裕はあったのだろうか？

二万年もの昔にシベリアの発酵飲料の作り手にとって何が可能だったのかなど、我々はほぼ何もわからないに等しい。だが何千年も前から受け継がれてきた伝統を実践していると思われる現代、あるいはそう遠くない過去にも存在したシャーマンは、決まって幻覚作用のあるベニテングタケ（*Amanita muscaria*）を使い、そのエキスを抽出してベリー類と混ぜる秘薬を作る。またツンドラ地帯は、旬が来るとありとあらゆる花やベリーで溢れかえる。スカンジナビアにも育つコケモモ（リンゴンベリー）やクラウドベリー（ホロムイイチゴ）のほか、グランドベリーやハニーベリー、キーウィベリーなどの珍しい品種も豊富に実るのだ。

古代アメリカ先住民も、内湾沿いの密林に育つベニテングタケやアメリカ産の近縁種を間違いなく見つけていたはずだ。真っ赤な笠に白い斑点、あるいはイボとでもいうべきものが散らばった風貌のこのキノコは、とにかく目立つ。先史時代に変性意識状態へ入れたようなシャーマンならば、現代のアメリカ先住民（カナダ北西部マッケンジー山脈の内陸部奥深くに住むアサバスカ族や、ミシガン州スペリオル湖畔沿いを拠点とするオジブワ族）のシャーマンたちが今なお実践しているように、こんなキノコとベリーを混ぜてみようと考えたに違いない。そしてさらに南下していくにつれ気温はだんだんと暖かくなり、ハチミツなど糖分の供給源もますます増加していく中で、祖先たちがなんらかの発酵飲料、つまり超絶発酵飲料を楽しみ始めていたのはほぼ確定的だ。

女性は、世界いずれの地においても究極の発酵飲料生産者であり、現代でもシベリアの男性シャーマンとともに活動するばかりか、シャーマンの役割そのものも担う。この女性たちはキノコやベリー類を集めたり用意したりするだけではない。キノコを嚙んで食塊にし、シャーマンへ差し出したりもするのだ。本書で何度も強調しているとおり、自然の産物を嚙んで一口分の塊にするやり方は、それが菌類・果物・穀類・塊茎類だろうと何だろうと、その食物から発酵に必要な糖分などの成分を「抽出」するために人類が使った最古の方法である可能性が高い。それだけでなく、祖先たちが南方へ旅する途中に、それまで見たこともなかった植物を使ってみたり、発酵アルコール飲料を試しに作ってみたりするのにも、女性が一役買っていたのかもしれない。

こうして何度も執拗に登場する超絶発酵アルコール飲料作りに伴なう咀嚼の伝統は、パタゴニアのチリ側に位置するモンテベルデにも現れた。この遺跡の推定年代はおよそ一万五〇〇〇年前、つまり祖先たちがアジアから北米に渡って間もない頃だ。モンテベルデは北米大陸から約八〇〇〇キロ離れているため、この未踏の領域まで一気に南下したのだと思われる。この遺跡は泥炭地の底に何千年もの間眠っていたおかげで、有機物の保存状態が極めて良好であった。

この新参者たちは、旧石器時代の定石だった一時的な狩猟採集民集落とはまったく対照的な、定住型の村里に似た集落を作る用意があったのである。見つかった建物のひとつはおそらくこの生活共同体の居住空間で、全長は六メートルあった。丸太や板で作った骨組みに動物の皮を被せて、葦の縄でテントの如く固定したのだ。内部を区切って作った複数の部屋にはそれぞれ火を焚く小さな炉があり、周りに食べかすが残っていた。古代大型哺乳類であるマストドン、リャマの古代種、淡水性の軟体動物のほかにも様々な種実（ナッツ）類、塊茎類、キノコ類にベリー類などが大量に散らばっており、菜食主義者も十分満足できる食事内容であった。もうひとつテント式建物があった場所で床部分に固まった動物の脂肪は、そこでマストドンの解体や皮の処理が行なわれたと仄めかしている。

どちらの建物からも植物を嚙んだ後の食塊が発見された。そうした食塊を分析してみると、モンテベルデの住人たちは定住してなおさすらい気質の抜けない好奇心旺盛な集団で、最高の植物を得るためならどこまでも行く人々だったと判明したのである。例えばボルドという木の実や葉は北へ二〇〇キロ以上離れた地から、また七種類あった海藻は五八キロの距離にある太平洋沿岸で採取されたものであった。こうした健康的で風味豊かな食材を、炭水化物をたっぷり含んだ地元産のユンコ葦と一緒に噛んだのである。ちなみに次の章では、遥か昔にメキシコ西海岸へやってきた人々が、そこで新たに発見した植物をいかに熱心に噛んでいたのかも紹介する。

ここで見つかった木臼の孔には、ユンコ葦だけでなくブルラッシュの甘い塊茎や野生種だったジャガイモの残留物も埋め込まれていた。どれも上等な発酵アルコール飲料になりそうな材料である。この発見は、モンテベルデ物語に新たな側面を加えた。モンテベルデ人の咀嚼法がさらに進化していた可能性を告げているのである。繊維質だらけの茎・葉・根茎などをとにかくただ口に放り込んで噛む前に、より賢明な者ならばまず細かく砕いておく「下準備」をするであろう。

ただし原材料を破砕するこの技術革新は、当時の発酵飲料生産者にとってはうまいやり方だったかもしれない一方で、そうしていなければ現場で発掘できた可能性もある食塊の多くを遥かに分解されやすくし、消滅させた原因にもなったのだ。

植物をまず砕いてから噛んで食塊にして発酵飲料を作る、と仮定した説どおりのやり方が、現在でもパタゴニアで実践されている。太古の昔よりパタゴニアに住むチリ先住民マプーチェ族やウィジチェ族は、モンテベルデで見つかったのと同じ果物から香り高く甘美なチチャを作り、よりアルコールの強いジャガイモのチチャを野生のジャガイモから生み出す。また、ブナの木にまるで果物の房みたいに生えるキノコ（キッタリア属）でキノコチチャを作ったりもするのだ。

こんなふうに、アメリカ初の発酵飲料はどんなものだったのかについていろいろと思わせぶりな可能性はありつつも、結局どれも可能性に過ぎない。もっともらしい単なる仮説に過ぎず、海岸沿いに残る古代の野営跡や居住跡からの考古学的証拠による裏付けはまだなのだ。そして残念ながらそうした遺跡の多くはモンテベルデとは異なり、今や海の底に沈んでしまって発見も発掘もままならない。しかしここ数年、モンテベルデと同時期あるいはもっと古い時期ですらある内陸の遺跡で、南北両アメリカ大陸沿岸部とのつながりを示すものが相次いで見つかり、発掘もされてきた。今後そうした遺跡から、さらに多くの答えが得られるかもしれない。

またもや僥倖に恵まれる

遥か遠い祖先の旅路のように、我々の手掛けた古代ビールや古代蒸溜酒の発見と再生に至るまでの道のりもいつも同じではなかった。きっかけは博物館収蔵庫に四〇年間眠っている残渣についての何気ない話（ミダス・タッチ）や、中国で行なわれる新規発掘調査への参加の誘い（シャトー・ジアフー）、あるいはフルブライト奨学金プログラムによるスカンジナビア派遣（クヴァシル）などとまちまちだ。総じて当てはまる点がひとつだけあるとすれば、たまたまちょうど良い時にちょうど良い場所にいて、そんな自分を導いて助けてくれるちょうど良い人がそばにいたことである。

テオブロマ再生につながる最初の契機の訪れも、まるで予想だにしなかった。私はニューヨーク州北部にあるイサカで育ち、コーネル大学に進学した。その大学から二〇〇一年秋に人文科学部のニュースレターが届いた時、表紙の見出しにまず強く興味を惹かれた。模様を刻み込んだ古代広口壺（酒杯だった可能性もある）の隣に、「チョコレート〜神々の食物が実る木の起源」と書かれていたのである。ページをめくって中の本文を読むと、寄稿者は文化人類学教授のジョン・ヘンダーソンで、チョコレートは単なる甘い調味料ではない、と論じている。アステカ文明期に、それぞれ異なる種類のチョコレート飲料を入れた大壺を五〇個所有し、夕食時には決まって黄金杯でチョコレートを飲んだというモンテズマ（より正しくはモテクソマ）〔あるいはモクテスマ〕の話から、チョコレートを社会的地位の象徴や万能薬あるいは媚薬と捉えて夢中になったヨーロッパ人の逸話まで、チョコレートには興味深い物語満載の歴史があったのである。

チョコレートの原料であるカカオ豆はアステカ王国の通貨でもあり、モンテズマは現代のメキシコシティ近くにかつて存在したアステカの首都テノチティトランで、一〇億ものカカオ豆を隠し持っていたという。モンテズマの金は文字通り、木に実っていたのである。香りの強いカカオであるクリオロ種が実らす大きなさやは、SF映画『ボディ・スナッチャー／恐怖の街』に出てくる地球外生命体の繭《まゆ》よろしく、少なくともヨーロッパ人の目にはまるで異星から来たもののように映ったであろう。なにしろイボみたいな物体が直接幹から生えだして、幹や大きな枝の表面を所狭しと覆っていたのだから（ちなみにこうした植物を植物学用語で「幹生花」という）。スウェーデンの偉大な植物学者であり分類学者でもあるカール・リンネが、この植物を「テオブロマ・カカオ」（ラテン語、「神々のチョコレート食」の意）と名付けたのも頷ける。

それだけではない。ジョンはカリフォルニア大学バークレー校のローズマリー・ジョイスとともに、ホンジュラス北部を流れるウルア川下流地域にあってメキシコ湾にも近いプエルト・エスコンディド遺跡で、発掘調査の陣頭指揮をとったのである。この遺跡は紀元前一六〇〇年以前のものと推定され、ジョンとローズマリーは両アメリカ大陸における最古の定住型集落跡のひとつを発見したと主張している。モンテベルデや世界の他地域と比較すればずっと新しいものとはいえ、メソアメリカ〔マヤ・アステカなどの高度な文明が繁栄した、現在のメキシコ南部・中央アメリカ地域〕としては非常に重要な発見だ。調査隊が特に驚嘆したのは見事な装飾を施したいくつもの土器で、メソアメリカ出土品としては今も最古の例に含まれる。中には高温で焼かれた薄手の碗など、きっと発酵飲料を飲むのに最適だっただろうと思わせるものもあった。さらにプエルト・エスコンディドから中央アメリカ地峡の反対側になる太平洋沿岸で、現在のメキシコとグアテマラにまたがって細長く延びる肥沃な地域にソコヌスコ地方にある同時期の複数遺跡から出土した土器と、様式がほぼ同じであった。約八〇〇キロ離れた位置にある両者は、東西に流れる川に沿って山道を抜け、活火山を迂回する経路を通って互いに接触していた可能性が高い。

このプエルト・エスコンディドとソコヌスコのどちらもが、現代メキシコの湾岸地方ベラクルス州とタバスコ州あたりでかつて栄えたアメリカ大陸最初の都市社会「オルメカ」の基礎になったようだ。オルメカ人は、巨石人頭像の彫刻や都市構築で名高い。だがそれ以外にも、祝い事や儀式では必ずチョコレート飲料を飲む人々でもあった。そんなオルメカの飲料用容器は、もっと古い時代にさらに南方に存在した土器から派生したのは明らかだった。オルメカ人は、得も言われぬこのチョコレート飲料を広く普及させていった。そしてマヤ文明後期からアステカ文明においては、上流階級の飲み物となったのである。

しかしチョコレートに関する科学的な裏付けは、当時プエルト・エスコンディドやソコヌスコ遺跡群、あるいはオルメカ文明地域のいずれに関しても非常に限定的であった。湿潤な熱帯気候が、カカオの存在を示す考古植物学的証拠をことごとく消滅させたからである。ジョンの書いた記事は、考古生化学者の耳に心地よいこんな一文で締めくくられていた。「唯一の望みは、こうした土器のいくつかを検査して、カカオの化学的指紋を見つけることである」

人文科学部の同窓生から、科学分析の腕に覚えがある者へと投げかけられたこんな呼びかけに、一体どうして反応せずにいられよう？　実はジョンと私のコーネル大学在学期間は、一九六〇年代半ばの同じ時期だったと判明した。しかしこれまでまったく知り合う機会のなかった理由はおそらく、当時ジョンが既に古代研究にのめり込んでいた一方、私は将来何をしようかまだ迷っていたからであろう。そんな私の専攻は化学で、副専攻は英文学だった。それが最終的にペンシルベニア大学での考古生化学研究により、人文学と科学がつながったのである。

これはジョンに会うべき時だと決心して、まずはメールを送ってみた。自己紹介をし、助力を申し出て、大学卒業後どうしていたのか互いに近況報告しないかと提案したのである。するとすぐに返事がきた。答えは、紛れもない「イエス」。しかし文化財を管理するメキシコ官僚機関との交渉に思いのほか時間を要し、土器片を輸出して分析する許可が下りるまでに一年近くかかってしまった。ようやく破片が手元に届いたとき、作戦の準備は万端整っていた。

甘美な発見

分析は二方向から攻めることにした。まずはペンシルベニア大学研究室において土器片から残留物を抽出し、FT－IR（序章）で古代有機物検出の初期調査を行なう。続いてGC－MSで副原料を探る。狙うのはチチャ（8章）によく使われるトウモロコシの他、メソアメリカで最初に栽培化された植物であるアガベ（リュウゼツラン）、プリックリー・ペア（ウチワサボテンの実）（9章）、スペインの年代記に記されているメソアメリカ土着のハーブ、それにキノコ類をひとつかふたつ入れてもいいだろう。

加えて今回は、これまでに何度もHPLC－MS（高速液体クロマトグラフ質量分析計）を使って古代メソアメリカ土器に潜むカカオを分析してきた外部の研究室と研究者の力も借りた。そうして加わった新メンバーのジェフ・ハーストは、我々の研究所にも近いペンシルベニア州のハーシーを拠点にしている。ジェフの研究室は世界有数のチョコレート製造会社、ザ・ハーシー・カンパニーの研究施設内にひっそりと隠れているのだ。創業者のミルトン・ハーシーは、このなだらかな田園地帯に町とテーマパークと博物館を作った。その全ての真ん中に置かれたチョコレート工場は、そこがチョコレート中心の町である証しだ。それはちょうど、アフリカのあちこちで醸造所が村の中心部に置かれ、主力発酵飲料の告知や流通をいつでも簡単にできるようにしているのと何ら変わらない。

当時ジェフは、最古のチョコレート容器を発見したという栄誉に浴していた。その容器はグアテマラ北部リオ・アスール遺跡にあるマヤ文明後期の墓から出土した、西暦五〇〇年頃の非常に変わった土器壺である。単なる土器壺と異なる点は、なんと蓋がネジ式で、この手の容器としてはおそらく世界初でありつつ、中身がこぼれないようにする機能は現代のものにも引けを取らない。蓋部分に付いている大きな取っ手には、豹柄のような斑点模様の美しい装飾が施されている。そしてマヤブルーと呼ばれる青い顔料で強調されたマヤの象形文字が、容器本体をぐるりと取り囲んでいる。そこに描かれた魚の頭とヒレは後に解読されて、古代マヤ語で「カ・カ・ウ（カカオ）」と読むのだとわかった。書かれていた銘文は全部で「ウィティク・カカオ、コシュ・カカオを飲むための器」という意味になる。ウィティクとコシュの意味はまだ解明されていないものの、飲み物に加えられていた副原料を指すのかもしれない。いずれにせよこの一連の象形文字は、この壺にかつてあの貴重な液体が入っていたと世に知らしめているのだ。

この銘文入り土器壺が発見されたリオ・アスールの墳墓19は、古来荒らされたり盗掘されたりしたような形跡はどこにもない。それにネジ蓋付きで銘文入りのこんな土器壺は他に類を見ず、始めからこの墓にあった本物だと訴えている。近くには三つ足の筒型壺も六つあった。こちらの蓋はもっと単純な作りで、てっぺんに小さな彫像が載っている。内側にはスコルピオン一世の壺と同様に、蒸発してしまった液体の満潮線が残り、かつてなんらかの飲み物が入っていたと仄めかしている。この墓に葬られていたひとりぼっちの男性は果たして地元民だったのか外国人だったのか、一体どこの人間だったのかすらも明らかではない。ただ死者を包む布に巻かれて、神秘的で壮大な象形文字のフレスコ画に見守られていた。

リオ・アスールで見つかった壺の数々に入っていたのはチョコレートかどうかを念のため確認すべく、あの銘文入り土器壺と筒型土器壺四つから採取した残渣試料がジェフのところへ分析用に送られた。その結果、銘文入りの壺と筒型壺ふたつから、カカオのフィンガープリント化合物「テオブロミン」の陽性が確認されたのである。さらに銘文入り土器壺からはカカオのもうひとつのバイオマーカーであるカフェインが検出され、その量はテオブロミンの一〇分の一ほどではあったものの、墓に眠るこの正体不明の人物（おそらくカカオを扱う商人あるいはカカオ飲料の供給者と思われる）が墓場まで持って行ったのは、チョコレート飲料だったと確定したのである。

ただしテオブロミンやカフェインは、カカオの他にも特に南米で育つモチノキ属（ホリー：*Ilex*）の仲間など、アメリカ両大陸に生育する別の植物にも存在する。こうしたキサンチン化合物に備わる刺激性成分は、他にもやや精神活性作用がある一連の化合物と共に作用して、コーヒーを飲んだときのように気分を昂らせるのだ。例えば現在でも南米で非常によく飲まれるマテ茶（イェルバ・マテ）の原料となる植物も、モチノキ属の*Ilex paraguariensis*である（ちなみにこのお茶は伝統的にヒョウタンで作る器から銀のストローを使って飲まれる）。さらに現在まで発酵飲料に関する証拠は何も存在しない北米ですら、ヤポンノキ（*Ilex vomitoria*）から作る通称「ブラック・ドリンク（黒い飲み物）」が中西部・南東部の人々に好まれている。この植物の学名である*vomitoria*〔英語でvomitは「嘔吐」の意〕が全てを物語っている通り、この植物は刺激だけでなく吐き気も催させる。嘔吐は、体から何もかも一掃して浄化する儀式において重要な要素なのだ。だがこうした植物や飲み物は、当時のメソアメリカ人には未知のものであった。メソアメリカでは、カカオの木と実だけがテオブロミンとカフェインの供給源だったのである。つまり、飲料の準備・提供・摂取に使われたような古代の土器からテオブロミンとカフェインが同定されたのであれば、そこに入っていた飲料は完全にカカオのみ、あるいは一部にカカオを使ったものだったと考えてほぼ間違いない。

一躍脚光を浴びるプエルト・エスコンディド

ジョンが我々に送ってきたプエルト・エスコンディド出土の土器破片は、リオ・アスール土器壺のような見た目の派手さはないかもしれない。何の銘文も刻まれておらず、彩色もされていないのだ。ただ艶のある赤系・茶系・灰色系というパターンがあって、時折型を使ったり刻み込んだりした飾りがある程度だ。だが様式的な華やかさに欠ける分は、製造技術の高さとそれが非常に古い時期（紀元前一四〇〇〜前二〇〇年）の土器だという点で補っている。そんな土器コレクションには、碗型、壺型、そして瓶型の土器があり、どれも飲料を注いだり飲んだりするのに適していた。

一三個あった様々な土器破片を見ていくと、ふたつの土器形状が特に際立った。より古い方は紀元前一四〇〇〜前一一〇〇年頃のものである。その破片はかなり細長い首を持つ壺か瓶の注ぎ口の一部で、胴体部分には上から下まで張り出した山なりの部分と縦に走る溝とが交互に並んでいた。完全な形であれば胴体が手のひらにちょうどおさまって、さっと一口飲めたと思われる。ふたつめの土器片も注ぎ口部分だったが、こちらはもっと後期（紀元前九〇〇〜前二〇〇年）のものだった。この破片は「ティーポット」、あるいはより厳密に言うと考古学者たちが「チョコレートポット」と呼ぶものの一部である。スペイン人が新大陸から持ち帰った異国の食品であるチョコレートがヨーロッパ大陸に旋風を巻き起こしたのちに、ヨーロッパでホットココアを注ぐのによく使われた器に似ているかららしい。しかしこの古代壺がその考古学的名称に値するかどうかの証明は、まだこれからであった。

このときジェフは、既にこうした「チョコレート用」ティーポットの足跡を追いかけていた。ベリーズ北部コルハのマヤ遺跡で出土した完全なティーポット形の壺一四個から得た試料を分析したのである。するとそのうち三つからテオブロミンの陽性が確認された。あのタイプの壺をチョコレートポットと呼んでいた考古学的推察はずっと正しかったのだ。またこのジェフの発見によって、最古の古代チョコレート飲料は紀元前六〇〇年のものとなり、リオ・アスール壺から一〇〇〇年以上前に早まったことになる。

そして今回我々は、プエルト・エスコンディドから出土したふたつの壺のうち古い方で、最古のカカオ飲料が作られた年代をさらに八〇〇年早める機会を得たのだ。あの長首壺に関しては、形状と装飾にとりわけ興味を惹かれた。あの膨らみと窪みと首の形は、木の幹から生え出す茎にぶら下がっているカカオのさやそのものに見える。もしかすると文字のない時代に、文字ではなく視覚的に中身を伝えるデザインだったのか？ そしてその形に違わず、HPLC－MSを使ったジェフによる分析の判定は、GC－MSで我々が行なった結果と同じく、テオブロミン陽性だったのである。

さらに注ぎ口付き「ティーポット」の方からも似たような結果が出ると、興奮はさらに高まった。結局一三個あった破片のうち、一一個からテオブロミンの陽性反応が出た。カフェインも見つかっていればより確かになったのだが、検出は叶わなかった。しかしそれは単に、存在したカフェインが我々の検出基準値を下回っていただけなのであろう。だがそれより何より、今回我々は、これほど古い時代のメソアメリカにおける文化や技術についてもいろんな推論を導き出していけるような化学的証拠を手に入れたのである。

最古のカカオ飲料には、別の材料も入っていたのか？

これより後の時代に残されたマヤの銘文や壁画から判断するに、メソアメリカの人々が文字通りチョコレート飲料を飲んで、それによってある意味チョコレートに呑まれてしまっていたのはもう明らかだった。スペインからやってきた人々が残した年代記の数々を見ても、文章とイラストで活気すら感じられるほど詳細に描写されたアステカの慣習は、皆同じ物語を伝えている。そんなチョコレートは、中東におけるブドウのワインやオオムギのビール、あるいは中国でのキビやアワ（ミレット）のビールと同様に、何千年もの間高貴な人々の飲み物であった。またカカオの木はアステカ文明における「世界樹」四本のうちひとつであり、アステカで最高級のチョコレートを産出する南側で宇宙を支えている。そしてこの木がもたらす飲み物は血液と同一視され、それを連想させるような象徴的表現が貴賤を問わずあらゆる人々の神話、人身供儀、祝い事、踊り、音楽の全てに使われたのである。

ベリーズ辺境にあるバッツァブ（Bats'ub）洞窟に西暦四〇〇年頃埋葬されたマヤの「シャーマン」は、カカオやカカオ飲料が持つ神秘的な魅力を匂わせる。埋葬されていた男性の頭部は死後切り落とされて腰骨の横に安置され、頭のあった場所には翡翠の飾り玉をひとつ入れたボウル型の土器片が代わりに置かれていた。そしてジェフの分析によって確認されたカカオ豆五つと、水に削られて丸みを帯びた小石入りの椀型土器がもうひとつ、男性の恥骨あたりに伏せて置かれていた。

こんな風変わりな埋葬儀式はここ以外どこにも見あたらないものの、もっと古い時代に中国の賈湖で、死後の世界で飲む超絶発酵飲料入りの壺を死者の頭や口近くに置いた風習を思い起こせば、何か似たものを感じる。また、賈湖でも多数の小石が器（亀の甲羅）に入れられていた。あれはおそらく占いに使った器だったのだろう。バッツァブ洞窟葬跡では、チョコレート飲料用と思しき人面付土器壺に亀の甲羅を模した飾りが施されており、両者の類似性はさらに高まる。中国でも新世界でも、亀や海亀は大地や宇宙の創造と密接に関係づけられ、強さや豊かさの象徴でもあったのだ。

同様に、古代中国でもマヤでも、翡翠には宇宙や永遠といった宗教的な深い意味があった。バッツァブの埋葬よりほんの数世紀前に存在した中国漢王朝ではその慣習が頂点に達し、翡翠の埋葬衣「金縷玉衣」で死者の体を頭から爪先まですっぽりと包んだほどである。ならば、バッツァブ洞窟で頭部を切断された男性の口がかつてあった場所近くに置かれていた翡翠の飾り玉は、そこから体全体に染み渡っていく翡翠を意味していたのかもしれない。加えて、胸あたりには大きな翡翠の飾り玉がもう一三個、貝殻ふたつと黒い飾り玉四つとともに、ネックレスかベルトのような形を作っていた。

バッツァブ洞窟での埋葬は、最初のアメリカ人がアジアから渡ってきた時に携えてきた伝統を続けていたという可能性はあるだろうか？　新大陸ではもはや米の発酵飲料は作れなかった。だがボウルに入れられていたカカオ豆に象徴されるチョコレートは、申し分のない代替品だったであろう。そしてもうひとつの副葬品だったトウモロコシの穂軸（芯）には、また別の発酵飲料物語（8章）がある。

新大陸征服後にスペイン人が書き残した歴史的・民族誌的な年代記の数々を信じるなら（といいつつ、あれほどまでに見事な詳細と、目撃情報に基づく描写の多さを鑑みれば信じない方が不思議だ）、メソアメリカにおけるこの上流階級向け飲み物は、ただのチョコレートではなかったのである。例えば、修道士ベルナルディーノ・デ・サアグンによる一六世紀の傑作『ヌエバ・エスパーニャ全史』には、「グリーン・カカオのさや、ハチミツ入りチョコレート、花入りチョコレート、グリーン・バニラ風味、真っ赤なチョコレート、ウィッテコリの花のチョコレート、花色チョコレート、黒チョコレート、白チョコレート」がアステカの支配者に献上されていた、と書かれている。こうした副原料は他にもまだまだたくさんあり、チョコレートに様々な風味や香り、色合いなどを加えていたのだ。アメリカ大陸土着のトウガラシは、チョコレート飲料に燃えるような辛味を加えて、どんな甘みともちょうど良いバランスを取っていた。そして常緑低木であるベニノキの果肉と種から取れるアナトーというスパイスは、血液の象徴に相応しい鮮烈な紅色をこの飲料につけたのである。とあるスペイン史学者たちの報告によると、マヤの若き美少年がピラミッドの上で生贄となる時、死ぬ前に捧げる儀式的な踊りに備えて心を落ち着かせるべく、チョコレートを一口飲ませてもらえる場合もあった。そのチョコレートに以前の生贄に使用した黒曜石の刃から本物の血液を垂らして入れる時もあれば、アナトーで代用するのも許されていたようだ。美少年ではなくうら若き乙女が選ばれた場合、素晴らしいチョコレートを作れば命は助けてもらえたりもしたという。

我々は、そんな副原料がいつからチョコレート飲料に使われるようになったのかを化学分析で明らかにできるのではないかと期待していた。そしてプエルト・エスコンディド試料をGC－MSにかけ、得られたデータをくまなく調べてみたのである。だが副原料の存在を示すものは何も見つからなかった。せめてトウモロコシは見つかってもよさそうなものだった。トウモロコシを栽培化したメキシコ南部地域はホンジュラスにも近く、この穀類はよく飲み物に加えられていた（8章）からである。例えばプエルト・エスコンディド遺跡から何千年も後の話ではあるものの、何人かのスペイン年代記作家による記述には、マヤ族の子孫でユカタン半島に住むインディオ（先住民）が作った「（カカオとトウモロコシの）泡立つ飲み物はとても風味豊かで、インディオたちはその飲み物で祝宴を開く」とある。だが今回分析した先史時代の飲み物からは、トウモロコシの存在を示す証拠は現れなかった。

残る選択肢はジョンとローズマリーが長年主張してきた作業仮説のみとなった。カカオ豆（種子）を選んで多様な副原料と混ぜて作るような、もっと手の込んだチョコレート飲料はかなり後の発明だ、という説である。つまり祖先たちが初めてカカオの木と遭遇した時、イボだらけの果実に分厚く詰まった白っぽい果肉に埋もれた種を欲しがったわけではないのだ。たとえその豆（種）を食べたところで、高濃度のテオブロミンを含む種は相当苦かっただろう。一方果肉は糖分が一五％にもなり、テオブロミンの含有量も少ないため、とても甘かった。さやからそのまま果肉を食べて、種は吐き出せばよかったのである。もっと辛抱強い人々なら、果実を潰して中の果肉を陽に晒す方法で発酵させたのかもしれない。実際にカヌーの中でそうやってカカオ飲料を大量に作る様子が、これよりずっと後の時代にやってきたスペイン人に目撃されている。このやり方でできる飲み物のアルコール度数は五～七％程度と考えられ、飲んだ者の意識を変容させて神々や祖先の世界へ送り込むには十分すぎるほどだったはずだ。

もともとのカカオ飲料は何も混ぜずにただ果肉のみで作られていた、というジョンとローズマリーの仮説と、我々の化学分析データは一致する。そこからもう一歩踏み込んで、カカオを栽培化する原動力となったのは、世界に存在する数多くの植物と同じく、その植物で作った飲料のアルコール度数が比較的高めだったからではないか、という主張もできるかもしれない。ちなみにカカオ果肉のみで作る飲み物には発酵させたものと未発酵のものがあり、どちらもみずみずしくて美味しく、今も伝統を重んじるメソアメリカや南米の人々の間で飲まれている。

私自身は、まだこうした現代版カカオ果肉飲料を味わって比較してみたことはない。だがそれに一番近い経験は、ペルー高地からアマゾン川流域に入る短い旅（8章）での出来事だ。人里離れた村で、私は小屋の裏に生えていたカカオの木から直接さやをもぎ取って割ってみた。まだ発酵していないそのカカオ果肉は甘く、ほんのりチョコレートの味がした。

真正のチョコレート愛好家向け飲料

ローズマリーの主張通り、カカオ豆から引き出されるダークチョコレートの苦い刺激が欲しい者は、プエルト・エスコンディドから少なくとも五〇〇年後となるマヤ文明の出現を待たねばならなかったのだろう。南米の人々は、果肉飲料より先へ進むことは決してなかったようだ。南米に育つカカオの亜種や栽培化品種はたいていフォラステロ種で、他品種より香気成分が少ないため、いろいろ実験してみる気にならなかったのかもしれない。

一方マヤ人は、発酵している果肉付きのカカオ豆（ダークチョコレート作りの第一段だ）には微妙な味わいや香りが生まれてくるのに鋭く気づいたのだ。そしてその豆を乾かしてから焙煎してすり潰すと、できあがるチョコレートはまるで熟成された赤ワインのような特徴を帯びる。タバコやなめし革、ベリー類に花のような香りなどがほのかに感じられてくるのだ。実はプエルト・エスコンディド壺を分析して論文発表に至るまでの数年間、妻と私は様々なダークチョコレートを食べ比べてみる至福の時を幾度となく過ごした。そんな我々のイチオシは、ベネズエラの湾岸に近いオクマーレ谷産クリオロ種である。そしてメキシコのソコヌスコ産チョコレートが僅差の二位であった。

プエルト・エスコンディドで出土した注ぎ口付きティーポット土器には発酵カカオ豆で作る「新しい」ほうのチョコレート飲料が入っていたのだろう、と分析前からもうそんな気はしていた。あの土器は、マヤであの形状を作り始めた頃のものと推定されていたのに加え、ジェフがそれまでに行なった数々の分析によって、ティーポット型土器の多くはチョコレート飲料用だったのはもう明らかになっていたからだ。この新しい土器スタイルは、飲料の作り方に新たな技術的進歩があったことを象徴づけた可能性もある。ティーポット型土器は、メキシコ南部の主要チョコレート産地から太平洋沿岸を南へ下ったエルサルバドルまでと、反対側のメキシコ湾沿いにベリーズから南下したホンジュラスまであっという間に広まった。その後西暦二〇〇年までには内陸に達し、メキシコのオアハカ州にあるモンテ・アルバンでは出土した器の半分近くがティーポットだったように、内陸の重要な遺跡でよく見かける品となったのである。こうしたマヤのティーポットをひとつの尺度と捉えるなら、この時期カカオ豆飲料の人気は最高潮に達していたと言えよう。そしてその後不可解にも、ティーポットは考古資料から忽然と姿を消してしまうのである。

ここでティーポットの命運は尽きたように見えても、それがチョコレート飲料の終焉を意味したわけではなかった。リオ・アスールで出土した器のように、三つ足付きも時に見られる背の高い筒型壺は、マヤ文明そのものが崩壊して不可解にも消え去った西暦九〇〇年ごろまで作られていた。その後もチョコレート飲料は飲まれ続け、アステカ人が首都テノチティトランでこの飲み物を全面的に取り入れた西暦一三〇〇年までには、さらに勢いを増して中央舞台へ舞い戻っていたのである。

ティーポットから筒型壺への転換は単に流行の移り変わりだったのか、それとも何か深い意味があったのか？　それに関してジェフとその研究室の面々は斬新な説を提唱した。この研究室では、メソアメリカ各地のマヤ遺跡で出土したティーポットのうち手に入る資料全てをじっくり調査したのである。すると、ティーポットの注ぎ口がなぜか後ろ向きに曲がっていたり、器の開口部よりずっと上の方へ垂直に伸びていたりするものがほとんどなのに気づいたのだ。そんな注ぎ口では、注ぎにくいことこの上ないだろう。

ならば、きっと飲料を注ぐ以上の目的が何かあったに違いない。ジェフと研究員たちは、マヤ人にとってチョコレート飲料を泡立てる、つまり飲み物の上に泡帽子を載せることがいかに重要だったか説明して、考え得る答えを提案した。残念ながらティーポット型土器の方は、それがどう使われたのかを直接図で示した証拠はない。だがその役割を引き継いだと思しき筒型壺に関する絵は残っている。マヤ時代・アステカ時代のどちらの絵にも、女性や女神がひとつの円筒壺を頭上高く、時には空中一五〇センチくらいまで持ち上げて、下側に置いたふたつ目の壺に液体を注ぎ入れ、飲み物を泡立てる様子が描かれているのだ。その結果見事な泡が出来上がる。また別のマヤ絵画では、ゆったり玉座に座る支配者が泡立つ飲み物入りの杯を高く掲げていたりする。

およそ二〇〇〇年以上にわたって描かれ続けたこんな場面のどれにおいても、注ぎ始める時点の液体はカカオ「リカー」だったと考えられている。といっても蒸溜酒であるリキュールではなく、カカオニブ（皮を取り除いたカカオ豆）をすりつぶして作る半固形状のとろりとした液体をさす専門用語だ。そのカカオ・リカーには、水もいくらか加えていたのだろう。そしてこの時、トウモロコシを挽いた粉や土着の植物・ハーブ類などを混ぜ込んだ可能性もある。なぜなら現代でもメソアメリカ全域に渡り、そうやって朝食用の粥（スペイン語では「アトーレ」）やパン、「モーレ」（カカオを使ったソース）に代表されるソース類、ありとあらゆる飲み物（8章と9章）などを作っているからだ。ひょっとすると副原料の類は全工程のもっと後に加えたのかもしれない。

修道士サアグンの残した『ヌエバ・エスパーニャ全史』のフィレンツェ絵文書には複数の場面を組み合わせた図があり、カカオ豆を挽いてリカーにして泡立てるプロセスが必須だった点をわかりやすく見せてくれる。図の中で筒型壺を使って泡を立てている場面の下に、アステカの女性が石皿と磨り石（スペイン語では「マノ」と「マタテ」）で作業する様子が描かれている。そしてその傍にあるサアグンの添書きは注釈の機能を果たしており、飲料を作る女性は「カカオ（豆）を挽き、潰し、砕き、粉末状にし……ほんの気持ちだけ、控えめに水を加える。それからエアレーション（空気を取り込ませる）し、濾過し、網に通し、器から別の器へ注いだり戻したりを繰り返し、またエアレーションする。女性たちはそうやって泡帽子を作るのだ」とある。

もしこんな証拠がなかったなら、器から器に注いで泡を立てている絵を見て、バーテンダーが特別なカクテルを披露する時にやる曲芸のようなもの、くらいに解釈してしまっていたかもしれない。だがあの飲み物を泡立てるのは単に見映えを上げるよりもっと実用的で、究極的にはより象徴的な意味があったのだ。

液体を器に注いで泡を立てるやり方は、単純な物理の法則の応用だ。古代アメリカ人はもちろん重力など理解してはいなかった。それでも、どうすればどうなるかは経験則で知っていたのである。使う筒型壺ふたつの距離が遠ければ遠いほど、下に置いた受け側の壺にチョコレート飲料がより激しく当たって液体と固体の粒子を空中に巻き上げ、空気を含んだ泡を生成する。それはちょうど、ビールを瓶からグラスへ粗雑に注ぐような感じだ。

マヤ版の新しいチョコレート飲料を泡立たせるのが狙いだったと考えれば、あの注ぎにくそうなティーポットについても説明できるかもしれない。芸術的に描かれた図はないものの、長い注ぎ口から勢いよく息を吹き込む様子は想像できそうだ。そして恐らくはそうしながら中の液体をかき混ぜたり振ったりもしたのだろう。もしかすると起泡剤（例えばスペイン年代記に記述はあれどそれが一体何なのかは未特定のつる植物など）を加えていたとすらも考えられる。

そうしてティーポット内で泡が立つにつれて、細い注ぎ口からまるで魔法のように中身が吹き出したのではなかろうか。そうなると、古代アメリカで吸われていたタバコなどの向精神作用を持つ植物の煙と同じようにその泡を吸い込めただろうし、器を注意深く傾ければ、泡を吸い込みながら液体も飲めたであろう。空気が入り、泡が出る、という作用は人間や自然全体に備わる不可思議な生命力を表すのにぴったりな比喩だったのかもしれない。メキシコのオアハカ州にいた先住民サポテコ族は、とりわけチョコレートの泡にこうした生命力が宿っていると固く信じていた。そしてマヤ世界でもティーポットの出土率が一番高かったモンテ・アルバンに首都を置いていたのは、他ならぬサポテコ族である。これは単なる偶然ではなく、ティーポットとその泡が儀式的にかなり重要視されていた結果である可能性が高い。

古代メソアメリカにおけるティーポットの役割に関してもっと決定的な証拠が見つかるのを期待しつつ、ここで繰り返し強調しておくべき重要な点がひとつある。それはマヤ人がカカオ豆だけで作る飲み物の方を採用したが最後、果肉の自然発酵による泡を得られなくなったことだ。カカオ豆そのものは発酵しないため、何か別の方策を見つけねばならなかったのである。そこでティーポット型や筒型といった新しいタイプの土器を作り、新たな物理的方法も組み合わせて対処したのかもしれない。

さらに、上方へ高く上がったティーポットの注ぎ口は、プエルト・エスコンディドで出土したあのカカオ果実に似た壺の、異様に長い首からヒントを得たとも推測できないだろうか。実際のカカオのさやはもっと目立たない茎で木についているのに加え、あれが主に飲み物を注ぐための壺だったなら、首はあんなに長くなくても良かったはずだ。だが活発に発酵中のカカオ果肉飲料をあの注ぎ口から壺に入れると、泡が噴き上がったであろう。そうなると、人はまずはその泡を吸い込もうとし、次に泡が流れ出るのを防ぐため、あるいは逆にもっと勢いを増すために、注ぎ口に息を吹き入れたと思われる。

マヤ人はおそらくダークチョコレートによってもたらされる独特な感覚や意識の変容を次第に好むようになっていったのだ。それは現代のチョコレート愛好家に言わせれば何ら驚きでもない。それにマヤではカカオ以外の新大陸の恵み、例えばトウモロコシにアガベ、カボチャなどのウリ科植物やプリックリー・ペアの他まだたくさんの作物を使って、別のアルコール飲料も作れたのである（8章と9章）。ならば、なぜダークチョコレートに混ぜ込んでみて、思う存分試してはみなかったのか？ といいつつそれは、マヤ人が時折チョコレート飲料に発酵カカオ果肉をほんの少し混ぜて楽しんだりもしなかったと言っているわけではない。

やられた

最古のチョコレート飲料発見で我々が手にした儚き栄誉は、あっけなく消えた。ほんの一カ月後に、カカオ果実型プエルト・エスコンディド壺よりさらに古く、少なくとも紀元前一五〇〇年頃と推定されるチョコレート残渣の新たな分析結果を、ジェフがまた別の共同研究者たちと一緒に発表したのである。その土器は有名なチョコレート産地ソコヌスコの遺跡と、メキシコ湾岸沿いでオルメカ文明以前に「中心地」だった遺跡から出土した。テオブロミンとカフェインの陽性反応が出た土器破片は、両遺跡からひとつずつのみである。だがそれだけでも、メソアメリカにおけるチョコレート飲料とその隆盛の背後にあった文化や技術の変遷をより詳しく理解するにあたって注目するエリアを、プエルト・エスコンディドとは別の主要地域へ大きく動かすには十分であった。

今回新たに分析された土器片には、カカオ果実型壺らしきものはなかった。だが、丸みを帯びた開口壺あるいはボウル（スペイン語では「テコマテ」）だったと考えられるソコヌスコ土器片には、プエルト・エスコンディド壺と同じような、縦に走る溝と隆起を交互に並べた装飾が施されていた。このソコヌスコ壺も、プエルト・エスコンディド壺ほどあからさまでないとはいえ、外見で中身がわかるようにしていたのだろうか？　一方メキシコ湾岸で出土した破片は深い円筒型ボウルの一部で、この筒型の拡張版、つまり背の高い筒型壺が、後にチョコレート飲料を泡立てたり飲んだりするのにいかに重要だったかはもうご存知の通りだ。

ほどなくしてローズマリーとジョンがこの新発見に反応した。真の課題は年代的な順位ではない、ともっともな指摘をしたのである。今回の発見よりもさらに古い土器が再びプエルト・エスコンディドで発掘されて分析されれば、振り子はまたプエルト・エスコンディドに戻るだろう。これまでに得られた点と点を結び、三カ所のうち（あるいはジャングルに潜むまったく別の場所か）の一体どこがチョコレート飲料の中心地なのかを決定づけるには、とにかくデータが足りない（考古学者の常套句だ）と強調した。問題はそこではなく、我々が知りたいのは、なぜ人類はカカオの木を栽培化しようと考え、さらにその果実や豆からできる飲み物を作ったり注いだり飲んだりする土器を編み出したのか、である。そして発酵の有無にかかわらず、チョコレート飲料は古代メソアメリカの社会生活・儀式・宗教において、なぜあれほどまでに中心的な役割を担ったのだろう？

我々の解釈に基づく古代チョコレート飲料を創り出す

こうしたチョコレート飲料を本格的（且つ風味豊か）にどう表現すべきか、サムと一緒に探り始めた二〇〇七年一一月時点では、選べるオプションは次のふたつにひとつのように思えた。ひとつはカカオ果肉のみで発酵させるバージョン、もうひとつはカカオ豆を原料にして副原料を加えて泡立たせるバージョンである。だが実は三つ目のオプションもあった。上記発酵版と非発酵版両方の材料から、十分な根拠がある（且つ興味深い）ものをそれぞれ使って、真に超絶的な発酵飲料を作ってみてはどうだろう？　ひょっとして、カカオ果肉飲料からカカオ豆飲料への過渡期に、両者のやり方が重なって混在した時期があったかもしれない。その後に豆のみを使った飲料だけが広まっていったわけだ。また、アルコール度数を上げるためだったのか、これまでにない味わいや香りの刺激を生み出すためだったのかはともかく、祖先たちには様々な材料を混ぜ合わせるやり方を好む傾向があったと示す証拠は世界中で数多く見つかっている。それに我々は、プエルト・エスコンディドの住人に満足してもらえるだけでなく、それより後の時代であるマヤやアステカの王族にも気に入ってもらえるような飲み物が作りたかったのである。

　古代アメリカに関する未踏の領域へ足を踏み入れた我々を落胆させた最初の出来事は、ホンジュラスはおろか、メソアメリカのどこからも生のカカオ果肉を入手できないと判明したことだった。米国へ輸送しても途中で腐ってしまうし、たとえ冷蔵しても、届いた状態にかかわらずまだ食材としての価値を見出すかもしれないごく一部の米国人に向けて、大量輸送してみようと思う者など誰もいなかったのである。ならばいっそカカオの里である中米のカカオ農園で果肉をそのまま「腐らせて」、カカオ豆の風味をその場で高める方がよっぽど理にかなっていた。サムと私はこれまで古代エール作りで何度もやったように、現地に赴いて現地で醸してはどうかと考えた。今回は例えばホンジュラスのプエルト・エスコンディドにまで行ってみるか、そうでなければチョコレート生産の盛んな地域のどこかか。

　だがカカオ農園付近の地元ブリュワーと手を組む案は実現困難だったため、次善の策を講じた。様々なネットショップをくまなく探し、求めていたものを見つけたのである。それは、アステカのチョコレート産地として知られるソコヌスコ産のカカオニブとカカオパウダーだった。果肉そのものではないかもしれないが、カカオニブには果肉発酵によって五感に訴えかける情報の痕跡が残っている。当時米国でこのダークチョコレートを販売していたのはミズーリ州スプリングフィールドにあるこだわりの高級チョコレート専門店「アスキノジー・チョコレート」一軒のみであった。ソコヌスコのカカオが米国に輸入されるなど、恐らくここ一〇〇年以上なかったのに加え、そのカカオから特製チョコレートが作られるのも、アスキノジー・チョコレートが登場するまでありえなかったのは間違いない。そうして我々は最高級のものを選び、それに見合う対価を払ったのである。

　次なる課題は、チョコレート以外の主原料の入手方法と取り扱い方だ。まず、トウモロコシはアメリカ大陸の穀類なのだから、主役級であるべきだ。そしてきっと祖先たちが最初に行なったように、口噛みで糖化させるのも良いかもしれない。もしくはメキシコ産品種のトウモロコシで、できれば由緒正しい古代種を我々の手で育ててみるのもありだ。米国デラウェア州の小さな街ミルトンで、トウモロコシ畑と大豆畑に囲まれたドッグフィッシュ・ヘッド醸造所の裏手を使えばいい。自分たちで育てるなら実を収穫して粒を外す作業も必要になる。その時例えば古代使われていた道具の複製品を使って実施し、それから発芽させてモルトを作ってはどうだろう。

などといいつつ、結局近道して、既に糊化処理済みのトウモロコシ・フレークをアメリカの大手流通業者から買うことにした。入手したものはモンテズマの時代から幾度となく遺伝情報の置き換えや交配が繰り返されてきた標準的な品種だが、再現飲料を作るにあたって全てを完璧になどできはしない。時には妥協も必要であるし、今回できなかった試みは将来また別の機会にやってみればいいのだ。

発酵する材料でトウモロコシの次に重要なのは、ハチミツである。ハチミツは、マヤやアステカのチョコレート飲料のみならず、アメリカ大陸各地で古代飲料に加えられていた。今回使用したのは、デラウェア産の甘美なワイルドフラワーのハチミツである。ただしアメリカのオオハリナシミツバチ属（*Melipona sp.*）ではなく、ヨーロッパを起源とする親戚のセイヨウミツバチ（*Apis mellifera*）によるものだ。だが少なくともアメリカ土着の花の蜜である。そこまで決まったら、今度はグレイン・ビルの仕上げに最小限のオオムギと、TTB対策にホップを少々付け足しておいた。

そこへ加えていく副原料候補の選択肢は幅広い。ナワトル語で「黒い花」と呼ばれる蘭（我々にとってはバニラ）から、独特な味わいのあるハーブや種子（例えばカボチャ風味のオールスパイス、ビターアーモンド味のサポテ・フルーツの種など）まで、ありとあらゆる珍しい食材がよりどりみどりなのだ。古代アメリカの祖先にとっても可能性は無限大であった。さっと新世界の多彩な植物の恵みにすっかり魅了されていたであろう。我々が最終的に選んだのはレーズン、それからパプリカの風味を持つアンチョ・チリ（ポブラノと呼ばれるトウガラシを乾燥させたもの）であった。アンチョ・チリには、味覚を完全には麻痺させない程度の収れん味（舌がキュッとなる感覚）があり、ハチミツや穀類の甘みとうまくバランスをとってくれる。

現代アメリカのショコラティエ（チョコレート菓子職人）たちは、様々なチリの持つ辛さと刺激のバリエーションを巧みにダークチョコレートと組み合わせる点で特に、マヤ人とアステカ人のやり残した仕事を引き継いでいると言えよう。次なるチョコレートの楽園はいつ現れてもおかしくない。ある日、私が米国ニューメキシコ州サンタ・フェで繁華街を散策していた時にたまたま見つけた「カカワ・チョコレート・ハウス」は、マヤ語でチョコレートを意味する名をもつに相応しい店であった。ここでは店内のカウンターに座り、希少なハチミツかアガベの蜜、アンチョ・チリか珍しいオアハカ産チリ、あるいはサポテ・フルーツの種にバラの香りを放つポップコーン・フラワーを選んで加えるなど、アステカ人が堪能していたのと同じやり方で、極上のホット・チョコレートを次々に味わえるのだ。

サムと私は、この飲み物にぴったりな色も模索した。そして赤が、マヤとアステカの宗教儀式や人身供儀からの連想によって自然と思い浮かんだ。この色は、アメリカ先住民たちが同じ目的で飲料に加えていた植物、アナトー（ベニノキ）を使えば簡単につけられる。本物の血液を混ぜる案は、まだ一般飲酒人口に受け入れられないだろうと判断した。同じ理由で、幻覚作用を持つマッシュルームにも手は出さないことにした。しかしながら古代アメリカでは、向精神作用のある植物が大いにもてはやされていたのである。

このビールは、ドイツのエール酵母で醸した。だが今にして思えば、アメリカの酵母を使うべきだったであろう。またタ・ヘンケットのときにピラミッド近くのデーツ果樹園でやったような、中米カカオ農園に棲む

「野生」酵母の入手はまだできていない。

名前はすぐに合意に至った。「テオブロマ」(「神の食物」の意)〔ラテン語〕という、全てを物語る名だ。運よくまだ商標登録されていなかったため、「モンテズマの祟り」(中南米旅行の初心者がよく見舞われる下痢)などと無理にこじつけたような名をつける羽目にならずに済んだ。だがこの一推しの名にも、昔を覚えている世代にはひとつ難点がある。かつて胃もたれに効くとして出回った胃酸中和薬「ブロモ・セルツァー」を連想させそうで、そんなイメージは、やはり御免こうむりたかった。

サムの用意したラベルには、多分また夢からヒントを得たと思しきアステカの乙女が描かれていた。チョコレート飲料作りの素晴らしい腕前を買われ、生贄を免れて一命を取り留めた娘に違いない。その周囲をぐるりと取り囲むのは世界の四方を司る神々だ。この乙女はトルコ石を埋め込んだ金の酒杯に指を浸しては口に運び、チョコレート飲料を味わっている。唇から溢れ出たチョコレートは、体へと滴り落ちていく。この物語の続きは、けだるそうにこちらを見つめる少女のつぶらな瞳が紡ぎ出してくれるかもしれない……。

実験醸造を何度か繰り返して、やっとボトル詰めする再現ビールとして相応しい材料のバランスを見つけた。だがそれでもまだ肝心な要素がひとつ足りなかった。泡立ちが不十分だったのである。本書掲載の自家醸造版レシピでは、発泡性を上げるためにタンパク質の多いオオムギのモルト(カラピルス)を加えて、かなり限定的な解決策にしている。しかし本来旧世界の穀類であるオオムギを、新世界飲料の解決策にするのはいかがなものか。また別の「起泡剤」として醸造家にはおなじみのものも、それが動物の胃に含まれる消化酵素ペプシンであれ、海藻から得られるアルギン酸であれ、古代アメリカ飲料に使うのはやはりどうかと思う。ニトロゲンや二酸化炭素の注入などはもってのほかだ。

それよりもっと古代の前例に従って、古のティーポットや筒型壺を複製し、上述した物理的対処法、つまり注ぎ口から息を吹き込んだり、器を振り回したり、かき混ぜたり、高い位置にある器から下に置いたもうひとつの器に注ぎ入れたりする案を全てやってみるか、どれか選んで実験しても良かったかもしれない。もしくは、スペイン年代記に記されていた謎のつる植物を探しに行き、そのやり方でいくのもありか。

だが一度泡を立ててしまうと、それをあとで飲めるようボトル詰めするのは至難の業だろう。ならば、イギリスの伝統的な樽内コンディショニングを経たビールへの回帰を提唱する「リアル・エール運動」〔大手ビール会社がエール製造で金属容器の使用や炭酸ガスの注入を始めたために廃れてしまったイギリスの伝統的なエールづくりを復興しようと一九七一年に始まった運動〕のやり方を試す手もある。この方法では、酵母の棲みついた古い木樽にエールを入れる。するとエールに残っている糖分で二次発酵が引き起こされ、ビールを注ぐときに新鮮で自然な二酸化炭素の泡を生み出すのだ。ガラス瓶でも似たような効果は得られるだろう。しかしそれでも泡の量はやはり古代メソアメリカの基準には満たないと思われる。

そんなことを考えつつも、我々は新世界の気質をうまくとらえた実に革新的な飲み物「テオブロマ」として、あり得る解釈のうちのひとつを蘇らせたのだ。アルコール度数は九%あり、ダーク・チョコレート独特の香りが真っ先に感じられる。その後に続くハチミツの芳香とアナトー由来のスモーキーさや土臭さが、匂いにメリハリをつけている。そしてアンチョ・チリのほんのりとした辛さが、飲んだ後口を引き締めてくれるのだ。

再現テオブロマに使った原材料それぞれの最終的な配合率は聞かされていなかった。ただ、初めて味わった時、ダーク・チョコレートの風味があまりにも控えめすぎだと感じた。そこでチョコレート全開にするようサムにしつこく頼み込んだのである。やはりテオブロマの名に恥じぬ発酵飲料を再現するなら、誰もがチョコレートの味と香りを感じられるようにしたいものだ。だが二〇一四年にようやくサムが私の要求をのんでチョコレート炸裂版を作った時、飲んだ途端にむせ返った。かくして私も、よりマイルドな解釈の再現支持派へ寝返ったのであった。

とはいえ、本来どれだけのダークチョコレートを入れるべきかについては、どちらの解釈にも擁護できる点がある。チョコレートを微かに感じさせる解釈の方は、現代の我々の文化でチョコレートが象徴的に示すような、愛の奥深さや言葉では言い尽くせない感じによく合う。だが古代アメリカの祖先たちは、愛に備わるもっと荒々しい側面や宇宙を司る制御不能な力を体現したような、かなり強烈なチョコレート飲料すらも厭わなかったのだ。

テオブロマの自家醸造用アレンジレシピ

作：ダグ・グリフィス
参考：McGovern, P.E. 2009/2010

材料	分量	必要になるタイミング
水	1.9L	煮沸開始前
デンプン糊化済みのトウモロコシ・フレーク	454g	煮沸開始前
硫酸カルシウム（石膏）	大さじ1	煮沸開始前
冷水	480cc	煮沸開始前
コーヒー・モルト	57g	煮沸開始前
カラピルス・モルト	227g	煮沸開始前
ブリュワーズ・モルト	454g	煮沸開始前
カカオニブ	227g	煮沸開始前
水	15L	煮沸開始前
ブリュー・バッグ（醸造用メッシュ・バッグ）	1	煮沸開始前
ドライモルト　ライト	2.25kg	煮沸終了 65 分前
シムコー・ホップ	14g	煮沸終了 60 分前
アイリッシュ・モス	小さじ1	煮沸終了 15 分前
乾燥アンチョ・チリ（トウガラシ）荒切りにする	28g	煮沸終了 15 分前
アナトー（ベニノキ）の種 砕く	14g	煮沸終了 15 分前
ハチミツ	1.4kg	煮沸終了 5 分前
ココア・パウダー	28g	煮沸終了 5 分前
酵母 Fermentis US-05（アメリカンエール） WLP001（カリフォルニアエール） Wyeast 1056（アメリカンエール） Wyeast 4134（清酒 #9）など	1袋	発酵
プライミング・シュガー	140g	瓶詰め
瓶詰め用ボトルと王冠		瓶詰め

初期比重：1・082
最終比重：1・015
最終的な目標アルコール度数：8・5％
国際苦味単位（IBU）：10
最終容量：19L

・・作り方・・

① 容量3・8L以上の鍋に、水1・9Lを入れて沸騰させる。トウモロコシ・フレークと硫酸カルシウムを加えてから火加減を弱め、20分間弱火で煮込む。頻繁にかき混ぜて、鍋底にトウモロコシがこびりついたり焦げついたりしないようにする。20分経ったら、鍋を火からおろす。煮込んだ液体は濃厚な粥状になる。

② ①の鍋に冷水480ccを加え、よくかき混ぜる。そこへモルトとカカオニブを加えて、再びよく混ぜる。液温を確認し、50℃より高ければ冷水〔分量外〕を加え、低ければ火にかけて、50℃になるよう調節する。液温を50℃に保ったまま10分間休ませる。

③ ②で10分間休ませたら、液温を60〜63℃に上げて、その温度を保ったまま、30分間休ませる。その間に、別の醸造鍋に水を15L入れて火にかけ、77℃に加熱する。

④ ③で混合液を30分間休ませたら、その液体と穀類全てが十分入る大きさの容器に、ブリュー・バッグを広げる。まだ熱い状態の鍋の中身を慎重にブリュー・バッグへ移し替える。そのブリュー・バッグを用意しておいた15Lのお湯入り醸造鍋に入れて、ティー・バッグのように5分間上げ下げし、穀類の糖分を湯に溶かし出す。そしてバッグを引き上げて水気を切る。この時バッグは搾らない。水気を切った後の穀類かすと袋は捨てる。

⑤ ④で移し替えた時に残った穀物エキスたっぷりの液体を、醸造鍋に注ぎ入れる。醸造鍋の火加減を強めて、沸騰させる。

⑥ 沸騰し始めたら、鍋を火から下ろす。

⑦ ドライモルトを加える。鍋底で固まったり焦げついたりしないようによくかき混ぜて、鍋を再び火にかける。

⑧ 沸騰し始めてから5分間沸騰させ続けた後、苦味づけのシムコー・ホップを投入する。

⑨ このホップ投入時点から、1時間の煮沸に入る。吹きこぼれを防ぐ消泡剤を使う場合、泡が上がってきたら同梱の説明書通りに添加する。

⑩ 45分経過時点で、アイリッシュ・モス、刻んだアンチョ・チリ、砕いたアナトーの種を投入する。

⑪ 煮沸終了5分前に、ハチミツとココア・パウダーを入れてよくかき混ぜる。

⑫ 5分経ったら、鍋を火から下ろす。

⑬ 鍋の中身をかき回してワールプール（渦）を作り、15分間休ませる。

⑭ ワートを21℃まで冷ましてから、発酵槽に移し替える。固形物は出来るだけ鍋側に残す。発酵槽の19Lの目盛りまで、水〔分量外〕でワートをかさ増しする。

⑮ 冷めたワートに酵母を投入し、21℃で発酵させ、7〜10日間程度、発酵が完了するまで待つ。

⑯ 二次発酵槽へ澱引きし、1〜2週間、あるいは望ましい清澄度になるまで置く。

⑰ 瓶詰め前に、瓶と王冠を洗って殺菌する。

⑱ 沸騰させた湯240cc〔分量外〕にプライミング・シュガーを溶かして、プライミング溶液を作っておく。

⑲ 殺菌した瓶詰め用バケツに、サイフォンを使ってビールを移し替える。

⑳ ⑱のプライミング溶液を加え、そっとかき混ぜる。

㉑ ビールを瓶詰めし、王冠で蓋をする。

㉒ 約2週間で飲みごろになる。

テオブロマとのペアリング料理

ダック・モーレ（鴨のチョコレートソースがけ）

作：ケビン・ダウニングとザック・ディック

材料（6 人分）	分量	準備
ピーナツオイル（未精製が望ましい）	大さじ 3（もしくは必要なだけ多く）	肉のソテー用とソース用に分けて使う
鴨もも肉（皮なし、骨なし）	2.25kg	
塩コショウ	適量	
市販か自家醸造版のテオブロマ	480cc	
プリックリー・ペア	4 つ	生の実を搾る
ピーナツ	75g	薄切りにする
トマティーヨ（食用ホオズキ）	570g	薄切りにする
チレ・パシージャ（トウガラシ）	113g	茎と種を取り除く。2.5cm にちぎって洗う
チレ・ムラート（トウガラシ）	28g	茎と種を取り除く。2.5cm にちぎって洗う
オールスパイス	小さじ 4	すりつぶす
メキシカン・オレガノ〔西洋のオレガノとは別物〕	小さじ 5	
乾燥エルダーベリー（ニワトコの実）	28g	
メキシカン・チョコレート〔砕いたカカオニブに砂糖とシナモンなどのスパイスを混ぜた、主に料理に使うチョコレート〕	85g	刻む
小麦もしくはトウモロコシのトルティーヤ	6 枚	
コリアンダー（生）		刻む

・・作り方・・

①厚手で重い大鍋を強めの中火にかけ、ピーナツオイル大さじ1杯を入れて加熱する。

②鴨もも肉の両面に塩コショウをふる。

③鴨肉を数回分に分け、片面約3分ずつ、軽く焼き色がつくまで焼いていく。必要に応じてピーナツオイルを大さじ1杯ずつ追加する。焼けた鴨肉は大きなボウルに移しておく。

④鴨肉を焼いた鍋に、市販もしくは自家醸造版のテオブロマ、そしてブリックリー・ペアの果汁を入れ、デグラッセする（鍋に付着した肉汁を溶かし出す）。そこへ水（分量外）を加えて沸騰させ、「鴨の出汁」を作る。

⑤鴨肉を鍋に戻す。火力を弱めの中火にし、蓋をして25分程度、鴨肉に完全に火が通って柔らかくなるまで煮込む。

⑥鴨肉を煮込む間、厚手の大きなソース鍋を強めの中火にかけ、ピーナツオイル大さじ2杯を入れて加熱する。ピーナツを加えて色がつくまで2分程度炒めたら、トマティーヨとチレ（トウガラシ類）を加え、時折混ぜながら焦げ目がつくまでさらに10分程度炒める。オールスパイスとオレガノを振る。

⑦⑤の鍋からトングを使って鴨肉を取り出し、大きなボウルに移す。鴨肉の出汁はトマティーヨとチレ（トウガラシ）を炒めた⑥のソース鍋に注ぎ入れる（鴨を煮込んだ鍋はそのまま置いておく）。

⑧ソース鍋にエルダーベリー（ニワトコの実）を加える。蓋をして、チレがかなり柔らかくなるまで約30分間、時折かき混ぜながら煮込む。

⑨ソース鍋を火から下ろし、チョコレートを加える。チョコレートが溶けてソースが少し冷めるまで、約15分間そのまま寝かせる。

⑩⑨のソースミックスを少量ずつ数回に分けてミキサーに移し、なめらかなピュレ状にして、鴨を煮込んだ鍋に戻す。塩コショウで味を整える。

⑪鴨肉を粗めに割いて⑩のソースに入れて混ぜ、ソースをからめる。

⑫温かいトルティーヤにのせて、刻んだコリアンダーを添える。

この料理は、３日以内に食べるなら事前に調理しておくことも可能。その場合は冷めるまで冷やしてから蓋をして冷蔵しておく。食べる前に弱火で温め直すこと。

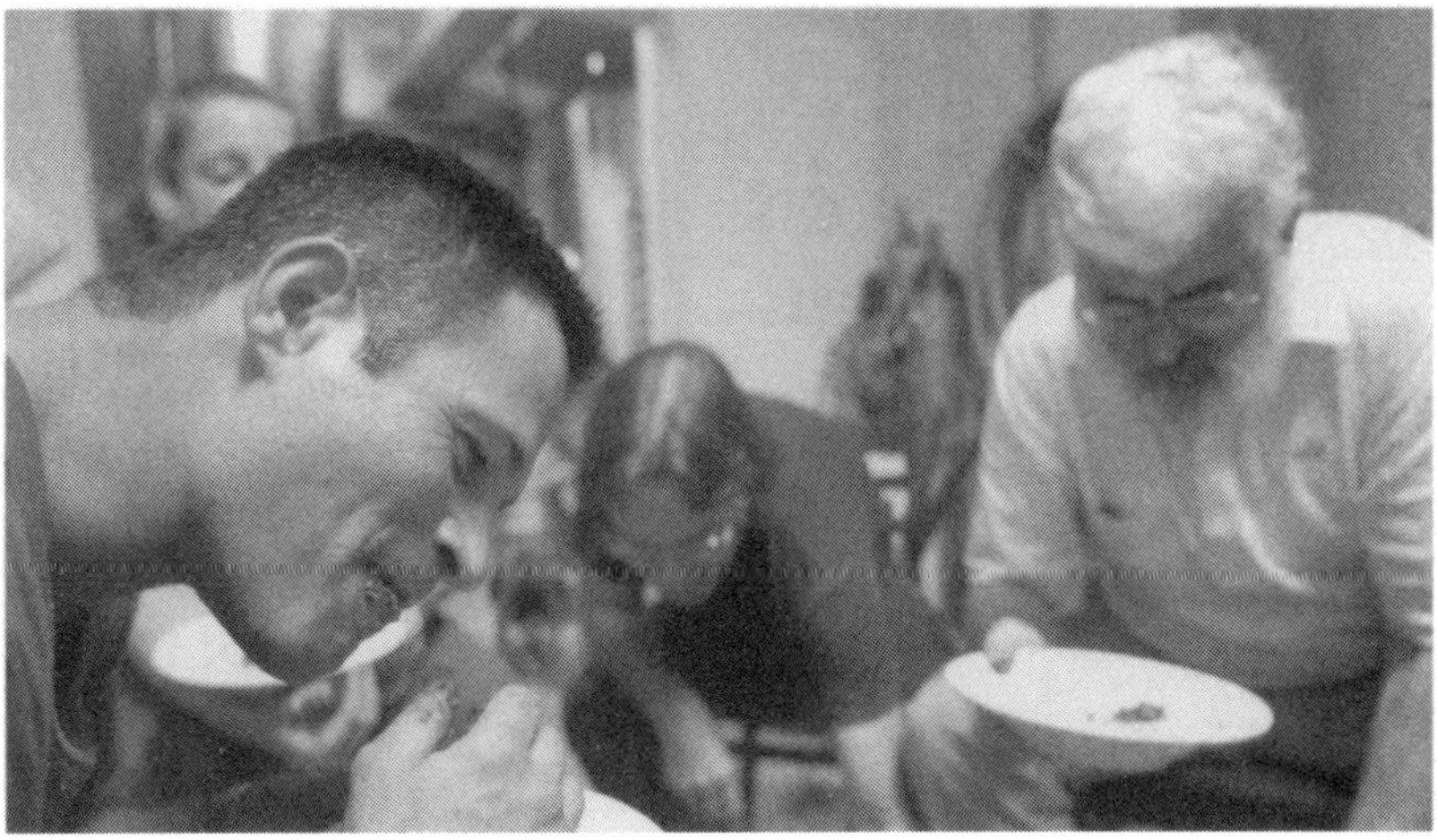

8章　チチャ

ひたすら噛んで手に入れる　栄光のコーン・ビール

サウスダコタ州
グレートソルト湖
ユタ州
メサ・ヴェルデ国立公園
ジェイク・ブラフ遺跡
クローヴィス遺跡
ソノラ砂漠
テキサス州
ペン博物館
［ペンシルベニア州フィラデルフィア］
ドッグフィッシュ・ヘッド
［デラウェア州リホボスビーチ］
TTB科学サービス研究所
［メリーランド州ベルツビル］
コアウイラ州
チワワ砂漠
メキシコ湾
タマウリパス州
タマウリパス山地
メキシコ中央高原
メキシコシティ
チョルーラ遺跡
コリマ州
バルサス川
ミチョアカン州
テワカン渓谷
チアパス州
アンデス山脈
インカ帝国
ウルバンバ川
オティシ国立公園
マヌー国立公園
マチュピチュ
ピスコ
イカ
コタバンバ
クスコ
セロ・バウル遺跡

我々哺乳類は、母親の子宮からこの世へ生まれ出てへその緒が切れるとすぐ、栄養を摂りそびれないよう備わっている本能が作動し、口に入るものを何でも吸おうとする。そうして初めて口にする栄養源は液体、つまり母乳だ。その後穀類でできた粥状の離乳食へと乳離れするうち、ほとんどの人はラクターゼ（母乳の主要エネルギー源である乳糖を分解する酵素）が不足してくる。同時に歯茎からは「乳」歯が生え始め、今度は噛もうとする本能が活発になる。明らかに、液体より固形物を食べ始めろと体が訴えているのだ。とはいえそれは、食事中に喉を潤してくれる液体を飲むなというわけではない。

こんな生物学的必然がある中で、かつて祖先を新世界へと誘《いざな》ったものは一体何だったのか、と疑問に思うかもしれない。考古学者たちは長い間その答えを、ケナガマンモスやマストドンといった氷河期の大型動物の肉と考えてきた。確かにそんな肉があれば、大勢の食料を賄えて寒い冬も乗り切れただろう。この主張で指摘されたのは、新世界で見つかったいくつもの狩猟跡だ。例えばオクラホマ州にあるジェイク・ブラフ遺跡では、およそ一万一〇〇〇年前に人類がバイソンの群れを峡谷の行き止まりに追い詰めて、峡谷の上から槍やナイフで殺した跡がある。混在する石製武器と動物の骨がそこで起きた出来事を物語っているのだ。こうした遺跡を裏付けにして、「クローヴィス・ファースト（アメリカ大陸にやってきた最初の人類はクローヴィス人）」として知られる仮説が提唱された。この呼び名は、大陸にやって来た新参者の手による特徴的な美しい輪郭の石製武器「クローヴィス尖頭器」が初めて見つかった米国ニューメキシコ州の遺跡名に因んでいる。

しかし我々の種族がアフリカに出現した時の話（1章）で見たように、祖先が追い求めていたのはおそらく肉だけではなかったはずだ。きっと新世界の豪勢で多様な植物資源に魅せられたのではないだろうか。これまで石や骨が発見されてきたのは、形をほとんど損なわない無機物だったためである。では分解されて影も形もなくなってしまう、もっと儚い有機遺物はどうなのか。はたして植物考古学の分析法（序章）が可能になってくると、最初のアメリカ人に関する新事実が浮かび上がってきた。例えばモンテ・ベルデのように、時にはクローヴィス文化の遺跡より何千年も古い遺跡から非常に保存状態の良い植物遺体が出土して、つじつまが合わなくなってしまったのである。どうやら人類には穏やかな一面もあったらしい。

ヒトの永久歯にある小臼歯や犬歯は本来植物（特に果物）を食べるのに適しているため、クローヴィス・ファースト説には最初から懐疑的であるべきだった。とはいえ草や穀類は少々処理しづらい。おまけに牛・ヤギ・羊のような反芻動物に備わる四つの胃などもないので、草や穀類といった自然の恵みがもたらす栄養分を最大限まで搾り取ることもかなわない。しかし人類も初めは草の生い茂るアフリカのサバンナ（草原地帯）を彷徨っていたのだから、そんな粗飼料にもいくらか対処せざるを得なかった。

その部分的解決策は、唾液に含まれるジアスターゼ酵素（プチアリン）で、これが炭水化物を糖に分解してくれる。そして腸内微生物が更なる処理を施すと、体細胞は適切な組み合わせの化合物を受け取って我々の生命を維持するとともに、死ぬまで何度も体を作り直すのだ。反芻動物のやり方はこの数段上を行く。まず初めに植物を嚙み砕き、口の中でヒトの唾《つばき》と似たような成分を含む唾液と一緒に混ぜ合わせたら、その唾液が一番目と二番目の胃の中で引き続き分解作業を続ける。そうして胃の中で形成された反芻食塊をまた口に戻して唾液の中でもう一度嚙んでから、ようやく飲み込むのだ。

我々人間には、こんなふうに繊維質植物の栄養分を余すことなく引き出せる反芻動物のような真似はできない。だがそうした生理的限界があったからこそ、古代の祖先たちにとって思いもよらぬ、ともすると非常に重大な副次的利益が得られた可能性もある。そもそも祖先が植物を嚙んだのは、植物の甘い汁を出来るだけ吸い取ろうとしたからだ。ひとしきり嚙んだら、それ以上嚙めない硬い筋などのかすを吐き出さねばならない。そうすると、かすの塊に染み込んだ甘い汁も一緒に口から出てしまうのに気づいたであろう。そこでその塊に残っていた汁を搾り、どうにかしてとっておこうとしたのではなかろうか。もし十分な量を集めて数日間放置したなら、たまたま通りがかかった昆虫が酵母を植え付けて、発酵飲料に変わったかもしれない。祖先たちは、それを一口飲んだ途端にすっかり虜になったはずだ。そして今度は噛むときにその甘い汁を飲み込まず、できるだけたくさん吐き出そうとしながら実験を繰り返したに違いない。

噛みかすだらけの洞窟

有機遺物で溢れる非常に古い時代の遺跡が、モンテ・ベルデ以外にも南北両アメリカ大陸で見つかり始めるのにそう時間はかからなかった。中でも有機物保存には最大の敵である風雨や温度変化から守られた洞窟は、有機物の出土率が最も高かったのである。考古学者たちはそんな洞窟をここ半世紀ほどのうちにいくつも発見しては発掘した。その範囲はメキシコ中央高原と、そこから北上した米国ニューメキシコ州・アリゾナ州南部とテキサス州西部に至るソノラ・チワワ砂漠の全域にわたり、さらに北のグレートソルト湖にまで及ぶ。そんな洞窟の中には風変わりな名で呼ばれるものもままあり、いくつか紹介すると米国ユタ州のデンジャー《危ない》洞窟にジュークボックス洞窟、テキサス州ラストラー・ヒルズのグラナード《手榴弾》洞窟、そして米国国境に近いメキシコにあるコアウイラ州のフライトフル《恐ろしい》洞窟などが挙げられる。もっと南のメキシコ湾岸沿いには、タマウリパス山地のディアブロ《悪魔》洞窟とインフェルニーロ（スペイン語、「小地獄」の意）洞窟群がある。こうした洞窟は、古いものでは一万年前からスペイン人の訪れる一五世紀まで、何千年も狩猟採集民に占有されていたのだ。

考古学者や研究者がやってきて発掘するまで洞窟に隠れていた有機遺物の解析は、祖先たちが大いに活用しつつ栽培化も始めていた新世界の豊かな植物抄録を紐解いていくかのようだった。カボチャ属のスクワッシュとペポカボチャ、ヒョウタン、チリペッパー（トウガラシ）、グアバ、プリックリー・ペア（ウチワサボテンの実）、リュウゼツラン科のユッカ（青年の木）とアガベ、ブルラッシュ、テリハタマゴノキ、メスキート（マメ科の常緑低木）のほか、まだまだたくさんの植物が勢揃いであった。そしてその最後に名を連ねる重要な植物は、その後やがて大人気となる発酵飲料のコーン・ビール「チチャ」の原料で、両アメリカ大陸における主要穀類、トウモロコシ（*Zea mays*）である。

洞窟にはトウモロコシの実である雌穂《めすほ》そのものだけでなく、包葉がついたままの雌穂、包葉、雄花、茎、葉など、この植物のほぼ全体にわたる部位が見つかった。メキシコのタマウリパス州、それからメキシコシティ南東に位置するプエブラ州テワカン渓谷の洞窟で出土したトウモロコシ遺物は数千にも及ぶ。中には便利な収穫法として近くに生えていたこの植物を丸ごと引き抜いてきたような、「未処理」に見える残骸も大量にあった。洞窟内で包葉つきの雌穂を剝いてゴミはその辺に落とし、糖度の高いとても貴重な粒をひとつ残らず拾い集めるつもりだったのだろうか。

いや、おそらく祖先たちにはもっと大きな目的があったと思われる。まず、見つかったトウモロコシ遺物の多くは互いに付着していた。明らかに執拗なほど咀嚼されたためである。さらに包葉・葉・茎を噛んだ塊（噛みかす）が、それぞれ部位別に分けられてもいた。まるで古代アメリカ人はそうやって時間をやり過ごしていたかのように見える。もしかすると常に危険や飢えと隣り合わせの中、現代人であればガムやタバコを噛むような感じで、気持ちを落ち着かせようとしたのかもしれない。それにしてもなぜそれぞれの部位を別々に噛んだのだろう？　この一見異様な行為に、何か理由はあるのだろうか？

実はトウモロコシ全体のうち、糖分が含まれているのは粒だけではない。この植物は成長に伴って瑞々しく甘い汁を主茎から全体に行き渡らせ、やがて粒に凝縮させていく。よって母親の乳房から出る母乳の如く、茎からもこの甘い汁を吸い出せるのだ。さらにたくさんの糖分を得るには、茎を吸った後にその茎も残りの部分も噛めばいい。そうすると我々の唾液に含まれる酵素のおかげで硬い炭水化物の一部が液状の甘い物質に変化し、いつでも発酵できる状態になる。こう考えると、あの「未処理」だったトウモロコシ遺物はたっぷりと蓄えられていた食料だったわけで、いつかその汁を吸い出され、噛みつぶされ、吐き出されて、コーン・ビールになる日をただ待っていただけなのだ。

我々の原始的本能が生んだ革命的結果

とはいえ、洞窟にいた人々がトウモロコシの汁や噛みかすでチチャを作っていたと証明できるほどの生体分子学的な決定的証拠は、まだ見つかっていない。メソアメリカでは今からおよそ四五〇〇年前になるまで土器は発明されなかったため、あの汎用性と耐久性に富む素材でできた容器を入手して検査、というわけにはいかないのだ。だが洞窟の出土品にはヒョウタンがあった。それで発酵飲料を作ったり保存したりそこから直接飲んだりと、様々な用途に使える万能容器となるのは今も昔も同じである。そのヒョウタンを検査して、トウモロコシやその他関連する植物のフィンガープリント化合物がないかどうかを探るのはまだこれからだ。

ともあれ祖先たちが生物学的な衝動に導かれて、トウモロコシのチチャを（そういう意味では先史時代のどんな発酵飲料でも）あみ出して堪能していたのではないか、と考える理由は充分にある（1章）。我々は発酵飲料作りに使うような原材料を、まず嗅いで、噛んで、必要なら吐き出すようプログラミングされている。赤ん坊の時からずっと、食べ物や飲み物が口に合うかどうか、栄養になるのかどうかを自然と試すようになっているのだ。

例えば毒のあるものや腐ったものは、苦味や腐敗臭で避けている。また古代の支配者たちはＦＤＡの代わりに最初の一口を試飲したり試食したりする侍従や献酌人（現代のソムリエのようなもの）を傍に置いていた。それ以前は、我々の種の誕生からずっと、皆自分だけが頼りだった。そうして自ら味見する以外の判断材料は、シャーマンや親、長老、語り部などからの言い伝えのみだ。しかしいろんな動植物を次々に試しては食べられるのか美味しいのかを見極めていくうちに、素晴らしい可能性の世界が目前に開けていったのである。

体に良いものと悪いものとの切り分けには慎重な判断が必要とされる。ここで幸いにも、「酔いどれの猿説」（1章）の主要概念でもある「ホルミシス効果」の作用が、この実用的な実験のものさしとなってくれる。我々の体は、普通なら有害で死に至るかもしれない苦い物質であっても、控えめに摂取すれば逆に恩恵を受けるのだ。その典型的な例はチョコレートに含まれるテオブロミン（7章）で、これは強烈な生理作用を持つアルカロイドである。そうしたものの摂取量をじわじわと上げていき、ある時点で消化不良やもっと酷い症状などの激しい反応が出ればそれは量を減らせというメッセージで、それによってちょうど良い分量がわかるのだ。また、我々の味蕾や嗅覚の受容体もかつて不快な味や香りと感じたものすら楽しめるようになり、さらにその物質が神経回路に影響を与えると、最終的にはそれを欲しがるようにもなる。西洋文化における発酵アルコール飲料や匂いの強烈なチーズ、チョコレートにコーヒーといったものがその代表格だ。

現代医学は我々の種に備わるこうした生理的特性を利用して、最も効果的でベストセラーにもなった緩和剤や治療薬を生み出してきた。例えば既に紹介した万能鎮痛剤アスピリンはシラカバ〔おそらくはヤナギ〕の樹皮から得られる。またＡＣＥ（アンジオテンシン変換酵素）を阻害して血圧を下げる薬などはブラジルに生息する毒蛇の毒由来で、まさに適量なら好ましくても過剰に摂取すると命を落としかねない例のひとつだ。微生物界からの薬には、細菌感染を防ぐためのペニシリンや、悪玉コレステロールを減少させるスタチンなどがある。

私は個人的体験から、少なくともひとつの南米産植物がもたらす薬効を保証できる。あれは古代エジプト土器に関する本の執筆でオーストリアに滞在していた時だった。耐え難い歯痛に襲われてウィーン大学附属の歯科医院にかかったものの、一週間経っても痛みが治まらない。そこで民間の歯科医に駆け込むと、ペルー産という以外何なのかは不明な木の樹液を処方され、その薬のおかげで一時間後にはすっかり笑顔を取り戻したのである。

いろんなものを味わって試してみたいと思う人間生来の欲求と、新世界の夢のような植物が組み合わさると、新薬のみならず、ありとあらゆる発酵飲料発見にはうってつけの状況になる。そうして出来上がった発酵飲料のひとつには、おそらくある地味な山草の茎から採れる甘い汁で作ったものも含まれていたのだろう。その植物とは野草だったトウモロコシの祖先、テオシンテ（*Tripsacum* 属）だ。今やアメリカ大陸で最も広く栽培される穀物の前身だったこの草は、徹底的なＤＮＡ調査の結果、メキシコ南西部を流れるバルサス川中流域が原産だったと判明した。前述した、トウモロコシの噛みかすのあった古代洞窟群からそう遠くない場所である。

人類の文化に関する研究に生涯を捧げてきた私から見ても、古代アメリカ人はなぜ周りの環境に紛れてひっそり生えていたこのちっぽけな植物に固執したのかと、未だ驚きを禁じ得ない。長さ三センチの「穂」に、わずか五〜一二粒程度の小さな実が封じ込められているだけのテオシンテは、その将来の姿を微かに匂わせる程度のものでしかなかった。なにしろ現在のスイートコーンは、長さ二〇センチの雌穂に五〇〇以上の粒がなり、そのひと粒にはテオシンテの穂一本分の糖分が含まれている。

サウスダコタ州にある実家の農園で何度となく夏を過ごしていた若かりし頃は、トウモロコシの最初の姿がこんなに地味だったとは夢にも思わなかった。何も知らない私は、北米のど真ん中に広がる見渡す限りのトウモロコシ畑を前に、てっきり何千年もの間ずっとこんな風景だったのだろうと思っていたのだ。今日トウモロコシは世界中のどの穀物より多く生産されている。コムギやコメの年間生産量が約六〇〇〇億トンなのに対し、トウモロコシは一兆トンに手が届きそうなほどだ。一体どうやってここまでになったのか?

きっとチャレンジ精神旺盛で甘党だった誰かが、テオシンテからたくさん伸びている細い枝の汁を初めて吸ってみたのに違いない。そして小さな雌穂がいくつかついたままの茎を何本か当時のねぐらなり洞穴なりに持ち帰って、他の皆にも噛んでみろと促したのではないだろうか。しかし繊維質の多いテオシンテの外皮を噛むのは結構大変であった。最初は四苦八苦しながら汁を飲みつつも、消化できない外皮と共に吐き出された汁もいくらかあったはずで、その液体を搾るか濾すかして、器に使ったヒョウタンに溜めたのかもしれない。そしてしばらくすると、テオシンテの甘い汁とでんぷん質たっぷりの外皮から「ビールとワイン」を混ぜたような発酵飲料が生まれた、というわけだ。多分その後何度も味見を繰り返した後、この植物は栽培する価値がある、またはより一般的な言い方だと、もっといっぱい作ろう、と仲間うちで最終的に結論づけたとも考えられる。

世界にあるその他多くの主要穀類(オオムギ・コムギ・ミレットやキビ・ソルガムやタカキビ・コメ)と同じく、アルコール飲料に対する飽くなき需要が、発酵に必要な糖分をできるだけ多く生みだせる植物にテオシンテを作り変えようとする強力な原動力だったに違いない。これもまた、文化人類学界に未だ残る長年の疑問、「パンとビールはどちらが先か?」に関連したひとつの見解である。そしてその問いには現代のみならず、おそらく古来ずっと、ほとんどの人はほぼ反論の余地なくこう即答するはずだ。「どちらか選べるなら、もちろんビールだろう!」

発酵アルコール飲料には、パンと違って意識を変性させる不思議な力があるため、最初はアフリカ、その後は人類の旅したほぼすべての場所で社会や宗教の要となった。さらにかつてのビール作りはパン作りほど繁雑でもなかった。穀物を挽いて粉にし、ふるいにかけて外皮などのごみを取り除き、生地をこねて窯で焼く、といった作業は必要ない。ただ茎や雌穂を噛んで唾液を含ませ、吐き出した塊と液体をなんらかの容器に集めて外に出しておくだけで、あっという間に魔法の秘薬のできあがりだ。

この植物を栽培に適した植物へと改良するにあたっても、遺伝子工学など必要なかった（あれば近道ではあったろう）。むしろ、現在のＤＮＡや植物考古学的証拠（種子などの大型植物遺体・植物珪酸体・花粉・デンプン粒）によると、祖先は望ましい植物同士を交配させてはその種子を集めてまた植える、という根気のいる作業を今から約七〇〇〇年前に始めて、それから三〇〇〇年くらい前まで何度も繰り返していたようだ。そうしてできたのが、テオシンテの硬すぎる外皮を持たず、大きな粒揃いの大ぶりな穂を実らす植物である。がっしりとした一本の茎は、糖分たっぷりの汁液を確実に粒へと導き凝縮していく。かくして我々は、ずっしりとしたトウモロコシの実を手に入れた。それを両手で持ち、粒を一列ずつ歯で外しながら、ハーモニカを吹くように食べることだってできるのだ。だがこの改良の過程で、トウモロコシは種をまいてアメリカ大陸にある別の場所（サウスダコタとか）へ繁殖していく作業を、全て人間に頼るようになってしまった。

格段に噛みやすくもなった雌穂は、チチャ作りに必要な糖分を最大限まで引き出すには最適であった。ただし、祖先たちは植物の品種改良で「限界に挑戦」していたのとは対照的に、社会的・宗教的な根強い伝統に支えられたこの魅惑的で栄養価も高い発酵飲料の作り方に関しては、実績ある方法をそう簡単には手放さなかった。洞窟に残された遺物が雄弁に物語っている通り、何千年もの間ずっと噛み続けていたのである。そしてスペインの年代記作家たちがペンと紙を携えてやってきた頃になっても、まだしつこく頑張っていたのだ。

スペインから来たこうした作家たちの観察によると、コーン・チチャ造りの方法として好んで使われていたのは両アメリカ大陸各地でほぼ例外なく、「噛んで吐き出す」、或いはより行儀良く言うなら「咀嚼して唾液と混ぜる」やり方であった。祖先たちはおそらくトウモロコシの粒がすぐ発芽するのに気づいていて、より少ない労力で「もっと衛生的な」モルト（発芽トウモロコシ）を作れると知っていた可能性が高いにもかかわらず、この嗜好は執拗に続いたのである。

コーン・チチャは、メソアメリカ上流階級の間で飲まれていたカカオに唯一凌駕されながらも、一五世紀までには中南米両地域で重要な発酵飲料としての地位を確立していた。この飲みものは社会的・政治的・宗教的生活のあらゆる側面にまで浸透していたのである。旧世界でも、その地域に自生する穀物で作った大量の発酵飲料がエジプトのピラミッドを含む巨大な石造物の建設を推進したように、新世界ではコーン・ビールが大規模な水利施設や歴史的建造物を作り上げる原動力となったのだ。

まさに、トウモロコシの神は宇宙の安定に欠かせない存在であった。この神が死んだ日は悲しみに包まれた。数千年前にヒエログリフ（象形文字）で書かれた『ポポル・ヴフ（民衆の書）』〔マヤ系先住民キチェ族に伝わるマヤの神話と歴史を記した書〕の原書はもう失われているものの、スペイン年代記作家による復刻版のうちひとつに記されたマヤ物語によると、この神は切り落とされた自分の頭を統治者の娘に晒し、それによって身籠った娘はヒーロー・ツインズ《双子の英雄》を産み、その双子がこの神を蘇らせた、とある。物語ではその後さらにトウモロコシ・甘い果物・カカオという、いずれも良き発酵飲料となる大事な材料から人間も創造されている。

マチュピチュに登って……

トウモロコシが新たな作物へ生まれ変わり、新石器時代なりの農業革命をメキシコ南部で巻き起こしたと思う間もなく、この植物は中南米にも移植され始めた。その結果コーン・チチャは、今からおよそ三〇〇〇年前までには中南米の文化や宗教にしっかりと根付いていたのである。

チチャのアメリカ大陸席巻をなぞらえるのに、ペルーのインカ帝国ほどふさわしい例はないであろう。もともとインカは、ケチュア語を話す表向き些末そうな人々が、アルティプラノ（スペイン語、「高地」の意）と呼ばれるアンデス高原で一二世紀に興した小さな国だった。それが一四三八年以降一転して周囲の部族を次々に征服し始めた。海抜三四〇〇メートルに位置するクスコを拠点に、西は太平洋岸、北と南は果てしなく続くかのごとき山々や砂漠の奥深く、東はアマゾンの低地へと、四方八方に攻め込んだのである。最盛期の領地は現在のコロンビアからチリやボリビアにまで広がり、南米大陸全長の約三分の二にあたるほぼ五〇〇〇キロに及んだ。

だがインカの覇権は短命であった。攻勢からほんの一〇〇年程度という一五三三年、スペインのコンキスタドール（征服者）フランシスコ・ピサロとその騎兵隊がクスコに進軍し、街を奪ったのである。その時インカ帝国は既にヨーロッパから持ち込まれた大然痘と内戦によって弱体化していた。

それでもマチュピチュ（ケチュア語、「古い峰」の意）のような難攻不落の要塞だけは侵略を免れたかもしれないにもかかわらず、インカは謎の理由でマチュピチュを放棄し、スペイン人の手間を省いたのであった。その後一九世紀から二〇世紀にかけて先住民に案内されてやって来たハイラム・ビンガムなどの外国人冒険家や考古学者により、再び表舞台に舞い戻ったのである。ペルーの真っ青な空へとそびえ立つ雪深いアンデス山脈の険しい峰々に囲まれたその壮観な姿は、まさに見る者の目を奪う。マチュピチュが考古学のロマンを呼び覚ます象徴となったのもなんら不思議ではない。

二〇〇九年二月、私は発酵飲料を探す調査旅行でペルーへと向かい、その時飛行機の窓から、きれいに刈り揃えられた緑鮮やかな芝生に際立つ花崗岩建造物のマチュピチュを初めて目にした。その一週間後には、荒々しくも絵画さながらに美しいウルバンバ川に沿って走る列車に乗り、インカの聖なる谷を抜けて飛行機から見たその場所にたどり着き、マチュピチュのシンボル的なワイナピチュの頂上に昇る太陽を拝んだのである。この時はちょうどオフシーズンだったため、私は遺跡全体をほぼ独り占めできたのだった。

しかしこの旅の目的は、インカ文明の創意溢れる感動的な建造物の数々を眺めて考古学的な喜びに酔いしれることではない。とはいいつつも、峡谷の真ん中で列車に乗るまでそんな時間もそれなりに持てた。情熱的でとても博識なガイドのファン・カルデナスによる案内のもと、まず見学したのはピサックの石組みだ。この城塞はデコボコした巨大な岩が、複雑なジグソーパズルのようにピッタリ組み合わされていた。次にケンコーで丘に切り込んでいく迷路のような通路を辿るとチチャの洞窟があり、大切な飲み物であるチチャとリャマの血と湧き水を神に捧げるために岩を削って作った「杯」が設けられていた。トウモロコシの穂の形に計画整備された地と言われるオリャンタイタンボでは、急勾配の階段状に造られた要塞を登っていった。その時に、おそらくアリバロス土器（インカでチチャ用に使った装飾豊かなデカンタ壺）の一部と思われる黒と赤の彩色付き土器破片をそこで発見した。だが未来の考古学者のために、そっとその場に残しておいた。谷を通り抜ける古代の道沿いにあるプカ・プカラのようなインカ時代の小さな宿場町にもいくつか立ち寄った。そんなふうに、マチュピチュまでの道のりすべてを歩こうと思えば歩けたものの、我々には早急に向き合うべき案件があったのである。それは、古代インカ帝国が辿った運命の旅路において人々を支えていた飲み物はどんなもので、どうやってそれを作っていたのか？　という疑問の解明だった。

その答えを出すべく、道中あちこちで「チチェリア（チチャ酒場）」に立ち寄った。商業的なチェーンであれ家族経営の店であれ、チチェリアは容易に見つかる。色とりどりの旗や花綱、あるいはビニール袋（よくあるのは鮮やかな赤や緑）すらも使って店先を飾っているからだ。小枝の束やほうきを用いる場合もある。これは中欧や北欧で、できたばかりの発酵飲料があると知らせる伝統的なやり方と同じだ。そしてここペルーでは、できたてのコーン・チチャが味わえるのである。そんなお誘いはもちろん喜んでお受けした。足を踏み入れた場所が、まるで村中の人が集まって皆で噂話に花を咲かせて楽しんでいるかのような民家だったりすると尚更だ。この地球上にあるあまたの場所と同じく、酒場は究極の集いの場なのである。

黄色みを帯びてやや酸味のあるこの微発泡酒を飲みつつ、我々は造り手を質問攻めにした。チチャ造りを担うのはもっぱら女性である。そうでなくてはインカの「アプス」（ケチュア語、「山の精霊」の意）やトウモロコシの女神「ママ・ザラ」（ケチュア語、「トウモロコシの母」の意）の機嫌を損ねてしまう。そして、現在ではもう口嚙みは時代遅れなのだと知った。今はトウモロコシを発芽させてモルトにするほうがあまり「汚く」ないと考えられているらしい。しかし中には今でも咀嚼の「儀式」をこっそりと、夫や他の男性に見つからぬよう気をつけて行なっていると打ち明ける人もいた。

トウモロコシのモルトを作るには、クスコ地方で主流の黄色いトウモロコシ（ケチュア語では「チャミンゴ」、スペイン語では「マイース・アマリーヨ」）の粒を麻袋に入れて、まず一日水に浸し、次にビニールシート（近代的社会の侵略の証しだ）を被せて一週間湿った状態を保ち、芽が一二センチ程度に伸びるまで待つ。こうなった状態のトウモロコシが、「チチャ・デ・ホラ」（スペイン語、「発芽した」の意）〔より正確には、チチャ用に発芽させたトウモロコシ「ホラ」のチチャ〕造りに必要な、旨みのたっぷり詰まった汁気を一番多く含んでいると言われる。こうしてできたモルトを乾燥させて破砕したら、お湯を張った土器の甕（ケチュア語では「ラキ」）に入れ、三〇分から数時間煮込んでマッシュ（ケチュア語では「ウピ」）を作る。チチャのグレイン・ビルは、通常六キロ程度のトウモロコシ・モルトに四リットルの水だ。完全に糖化させるため、二度マッシングすることもあるらしい。

ウピを一日かけて冷ましたら、かす（スペイン語では「ボラ」）を避けて液体だけを取り出す。やり方はいくつかある。まず、かすのいくらかは重力で自然に沈殿するため、上澄みを慎重に注ぎ取るだけでもいい。もしくはもう少し手間をかけて、何らかの漉し器で液体を濾し取る方法もある。ある店では、プラスチックのザルを使う女性を見かけた。また別の店では、ケチュアで伝統的に使われる藁の籠（ケチュア語では「イサンカ」）にアンデス地方の草を敷いて濾していた。

最終工程では、ウピを大きな発酵用土器壺（ケチュア語では「マカス」）に移す。このマカスは、しばしば土間に設けた穴にはめ込まれ、その状態で一晩から数日、壺の口を木の板で覆って置いておかれる。飲み頃になると、伝統的にその家の女主人がスクワッシュ（カボチャ属の実）をくり抜いて作ったひしゃく（ケチュア語では「ワンゴ」）を使い、できたてのチチャを集まった客や常連に振る舞うのだ。そのとき、まずはその飲み物を大地に少しだけ注ぎ、「パチャママ」（ケチュア語、「大地の母」の意）、「サンタ・ティエラ」（スペイン語、「聖なる大地」の意）という伝統的な文句を唱えて神々や祖先に敬意を表してから、最初の一杯を女主人自らが飲む。そうして飲んだ後のグラスの底に残った残滓は、マカスから取り出したかすに加えるのである。

ラキ（煮沸用の土器甕）とマカス（発酵用の土器壺）から取ったかすは、どちらも大切なものだ。ラキのかすはよく動物の飼料にされる一方で、ヒトの咳や肺炎、或いは前立腺がんすらも予防できると考えられている。また、ラキのかすで二回目のマッシングを行ない、その液でウピの希釈もできる。片やマカスのかすは、以前作ったチチャの残滓も加えてスターター酵母にするのだ。最高の酵母は、村の女性たちの間で共有される。そして何度も同じマカスを使って発酵させれば、同じ酵母が活躍し続けてくれるのである。

クスコへ戻り……

旅の拠点であるクスコに戻ってから、中毒性のないコカ茶〔コカインの原料ともなる南米の低木コカの葉茶。南米では高山病予防に用いられる〕を何杯も飲み続けたおかげで元気が出て、標高の高い環境にも慣れた。時折飲むピスコ・サワー〔ペルーの代表的なカクテル〕も助けとなった。ピスコ・サワーの主原料ピスコはブドウのブランデーである。スペイン人がインカ侵略後まもなくピスコにある港から栽培化されたブドウの木を持ち込み、まずはクスコで、その後ピスコ付近に位置するイカ峡谷でブドウ畑を作ったため、ピスコと呼ばれるようになったのだ。そして南米の人々がアルコール度数の高い蒸溜酒を初めて知ったのもこの時であった。ちなみに次章では、インカより北に位置するメキシコのいとことも言えそうな人々が、蒸溜酒に関してはスペイン人の一歩先を進んでいた可能性がある話を紹介する。

ガイドのファンと私は、かつてインカの首都だったクスコでもチチェリアを探し歩き、チチャを味見しつつ、さらなる情報を得るべく地元民への聞き込みを続けた。その場所で数多くの培養酵母《カルチャー》が発酵作業に勤しみ、様々な人間文化《カルチャー》も飲み物を求めて交錯したからなのか、「カルチャー通り」というなんともおあつらえ向きな名の目抜き通りにほとんどのチチェリアが集中していたのは我々にとって好都合であった。店ではモルモットが足元をすり抜け、ほろ酔い気分の客はカエルやカメの甲羅を模した置物に瓶の王冠を投げ入れようとしている。それはもしかすると、旧世界・新世界の両領域でそんな生き物たちが象徴的な重要性を担っていた時代（3章と7章）への回帰なのかもしれない。などと考えているうちに、トレー代わりの木板に載せたチチャの大きなピッチャーとグラスが運ばれてきた。そこで堪能したセコ・デ・コルデロ（スペイン語、「ラム肉《仔羊》のシチュー」の意）の、スパイスを効かせたチチャで煮込んだ柔らかいラム肉は、ミダスの晩餐（2章）を彷彿とさせた。

我々の知る限り、現在クスコで作られているのは発芽トウモロコシを使うチチャ・デ・ホラのみだ。泡立ちをよくするために少しコムギを混ぜたりもする。発酵時間を長くするほどにアルコール度数は上がり、五%にもなるという。

我々は、「ラ・ワリー」という名のピカンテリア（小料理屋）でチチャ・デ・ホラ造りに挑戦してみた。営業時間外に厨房を占領し、ほとんど女性ばかりのチチャ醸造のプロから指導を受けたのである。それが終わると、今度はふたつの磨石（スペイン語では「バタン」）を使って昔ながらの手作業で発芽トウモロコシを破砕する作業場を見学した。そこでは六キロの発芽トウモロコシが三〇分ほどで処理される。だが疲れたときのために電動式破砕機も傍に置かれていた。

クスコで味わった最高のチチャは果物をベースにしたもの（スペイン語では「フルティジャーダ」）で、野イチゴやコショウボク（*Schinus molle*）の実（ピンクペッパー）を使ったものが多かった。新鮮なフルーツは、古くなったチチャの味の劣化を補ってくれる。時には南米に育つオプンティア属のウチワサボテン類の実「プリックリー・ペア」（*Opuntia soehrensii*）を加えて、フルティジャーダの赤みがかった色を強調したりもする。それはチョコレート飲料に加えられていたベニノキの種子（アナトー色素）のように、象徴的な血液の意味合いを含ませるのが目的かどうかは定かでない。また最近イチゴで作られているものには、イチゴの実を丸ごとひとつと、旧世界の植物であるコリアンダーの葉がトッピングされている。

コショウボクの実で作る「チチャ・デ・モイエ」の作り方は、クスコの南に位置するコタバンバという町で、ニロ・メンドーサとアナクレタ・アビレス夫妻より特別指導を受けた。クスコ一帯は、二月になると熟したコショウボクの強烈に赤い核果〔中心に大きな種子がひとつ入った果実〕で燃え上がったようになる。この実を集めてまずは二～三週間天日干しにする。こうすると、薄い渋皮は手で簡単に取り除ける。今度はその実を冷たい水に浸して一晩、できれば丸一日おく。そうしている間に果実の甘みが徐々に増し、コショウのような香りも出てくるのだ。そこへさらに、果実一・五キロに対し一〇リットルまで水を足す。そのままでは自然発酵しないため、チチャ・デ・ホラをいくらか、通常は二キロ程度加える。それから一日半ほどで、アルコール度数やさしめの爽やかな飲み物が出来上がるのだ。このチチャは、土着の飲み物を「悪魔の仕業」だと警告していたはずのスペインの年代記作家でさえ堪能したという。

ニロとアナクレタは、他にもいろいろとペルーの発酵飲料作りに関する雑学を教えてくれた。クスコ北西部では今もトウモロコシの茎を噛んで甘い汁をとり、チチャ・フイロ（ケチュア語、「茎」の意）と呼ばれるトウモロコシ茎製の「ビールでありワインでもあるもの」を作っているらしい。そしてアナクレタもいまだに同様の方式を実践しており、チチャ・デ・ホラを加えずとも「噛んだ」汁が数日でアルコール度数一〜二％程度に発酵させるのだと打ち明けてくれたのである。するとアナクレタの夫が、その口噛み汁はやはり煮沸しなくてはいけない点を強調していた。

ファンと私はペルー高地を遍歴する中で、ペルーの発酵飲料にまつわるさらに多くの言い伝えもちらほら小耳に挟んだ。この地ではありとあらゆる自然産物が栽培化され、アルコール飲料にされてきたのである。その多くには、古来の前例があった。ごく平凡なジャガイモ（*Solanum tuberosum*）ひとつを例にとっても、人類が初めて南米に到着したときからもう磨り潰され、噛み砕かれ、酒に変えられてきたのである。およそ七〇〇〇年前にはもうアンデス山脈南部で栽培されていた可能性が高い。ペルーには何千というジャガイモの品種があり、その数は世界のどこよりも多い。高山の村々ではジャガイモを麦わらにくるんでマイナス二〇℃で凍結乾燥させる。そうすると皮が黒っぽくなるものの、そのイモでチチャ・チューニョ〔スペイン語、「凍結乾燥させたジャガイモ」の意〕を作る前に、色は山脈に流れる川の急流で簡単に洗い流せるのだ。

ここでは濃い紫色をした、まるで血液のようにも見えるチチャがよく好まれている。紫ジャガイモや紫トウモロコシの汁で作る「チチャ・モラーダ」は、今日パイナップルとクローブとシナモン（後二者は旧世界から伝わったもの）を混ぜたノンアルコール飲料としてよく提供される。この紫のジャガイモは「アンデスの宝石」と呼ばれ、かつては皇帝専用とされたものだ。「チチャ・デ・アニョ」はサツマイモ（一般的な *Ipomoea batatas* か、より稀少な *Oxalis tuberosa*）を原料とし、古来の製法で作られている。イモをまず天日干しして甘みを凝縮させてから、地下で発酵させる独特な製法の飲み物なのだ。

……そしてアマゾンのジャングル奥深くへ

ペルー高地産の発酵可能な自然産物リストはどんどん長くなっていく。賑やかな市場をひとつまたひとつと訪ね歩いて試した多種多様なチチャの原料には、カボチャ、キヌア、ピーナツ、ヤシの樹液、メスキートの豆のさや、プランテン（調理用バナナ）、バナナ、そして外来種のサトウキビ（テオシンテやトウモロコシの仲間で、この茎からも糖分たっぷりの汁がにじみ出ている）などがあった。

最後にもうひとつ立ち寄るべき場所があった。ジャングルである。我々は公共バス（ちなみにすぐ故障する）とタクシーを乗り継ぎ、泥だらけの危険な山道を抜けて熱帯雨林の奥深くへと下りていった。そして今も茅葺きの小屋に住む先住民の集落を訪ねると、そこはこれまで見たこともない異国情緒たっぷりな果樹や花で溢れかえっていたのである。もちろんカカオの木も生い茂っており、その実を潰して濾過し、喉を潤すノンアルコールのソフトドリンクにする様子も見学できた。それを数日間発酵させればアルコール飲料になる。ビターチョコレートを作るなら、カカオ豆を炒めてからお湯を加えてペースト状にし、型に入れて乾燥させればいい。そうやってあらかじめ計量されている塊を、必要なだけ沸騰させた牛乳や水に溶かせばココアになる。

ジャングル内のオティシ国立公園で我々が訪問したチチャ造りに携わる女性、スサナ・ピニャレアルの小屋周辺には、マニオク、別名キャッサバ（ユカやアロールートの名でも知られる *Manihot esculenta*）などの根菜類が育ち、中には西洋科学の分類ではまだ名前のついていないものもあった。このジャングルの楽園は、バードウォッチャーが極彩色のコンゴウインコやオウムの群れを観察して大喜びするマヌー国立公園からそう遠くない。実際この地域には、ペルーで確認されている一九〇〇種の鳥のうち一〇〇〇を超える種が生息しているという。遺跡や発酵飲料に関する知識のみならず、鳥を見つける能力にも長けていたファンのおかげで、私はフィラデルフィア州の鳥類標識調査員〔渡り鳥のルート調査で鳥に足輪をつける人〕でありデータ編集員でもある妻に、自分の見た鳥を逐一報告できたのであった。

スサナと仲間の女性たちは、ほとんどの植物資源を皆同じように処理していた。いずれも乾燥され、砕かれ、すり潰され、時には茹でられ、それから通常噛み潰されて、幾多ものチチャとなっていたのである。その中でも副原料を使わずアルコールのしっかり効いた紫色のチチャ・モラーダが、スサナたちにとってお気に入りのコーン・チチャであった。

だがこのジャングルで作られる一番人気の飲み物は、マニオク（キャッサバ）のチチャだった。ただしマニオクは未処理だと根に含まれる青酸配糖体が胃の中で分解されて致死性シアン化合物（青酸）になるため、特別な下準備を必要とする。まず、この塊茎の皮を取り除いてから切って茹でねばならない。こうすると、配糖体が気体のシアン化水素（青酸ガス）に変わって空気中に逃げていく（ただしその蒸気に頭を突っ込んだり、狭い場所で茹でたりしないように！）。果肉を指でつついて茹で具合を確認し、十分柔らかくなっていたらもう咀嚼して、受け側の容器に吐き出しても大丈夫だ。そうして集めた汁にチチャ・デ・ホラをいくらか加えて発酵を促す。するとほどなくして、タピオカのような甘みをもつマニオクのチチャ（通称マサト）ができあがるのである。

それ以外のジャングルの飲み物もいろいろ試してみた。ジャガイモ風味がするもうひとつの「根菜《ルート》ビール《ビア》」（マカト）は、現地で「ウンクチャ」と呼ばれるアメリカサトイモで作られている。幸いこれにはシアン化合物は含まれていない。またジャングルのサツマイモ（ケチュア語では「マチョティオ」）を使ったものも、ペルー高地の紫芋で作ったような、紫色の飲み物になる。これはかなりアルコール度数が高いため、三〜四杯でもう醸造小屋の床にひれ伏す羽目になることうけあいだ。

他にも、特にサンペドロサボテン（幻覚サボテン）やコカインが一役買っているようなハーブ系・幻覚剤系の飲み物など、面白くて珍しい発酵飲料物語はまだまだたくさんある。ひとつ言わせてもらうなら、ペルーへの旅では料理・考古学・鳥類学・アルコール飲料に関して比類なき貴重な体験ができるのはもう間違いない。ペルーにはなるべく早く行ったほうがいい。アンハイザー・ブッシュ・インベブやＳＡＢミラー〔後者は二〇一六年に前者に買収された〕みたいな世界的巨大ビール会社に乗っ取られて、ペルー土着の飲み物の面影が消えてなくなる前に。

インカ帝国には不可欠だった発酵アルコール飲料、コーン・チチャ

ほんの少しでもクスコを訪れると、ペルーでは今も昔もコーン・チチャが生活の中心に置かれているのだと心底納得できるだろう。まず、インカ帝国の首都だったこの地の真ん中には、最高神殿であるコリカンチャ（ケチュア語、「黄金の囲い」の意）がある。太陽神インティに捧げるその神殿の壁はかつて純金で、山の澄んだ日差しを受けて眩《まばゆ》く光り輝いた。そこにあった金銀の立像や捧げ物用の容器などは、スペイン人によると

「想像を絶する素晴らしさ」だったという。

今は複雑な石細工の外壁が少し残るのみで、昔の面影はほとんどない。スペイン人が金銀をすべて持ち去り、神殿を破壊してサント・ドミンゴ教会と修道院に建て替えたからだ。だがかつて存在した神殿の中央には、宇宙のへそと「インティの食道」を表す巨大な黄金製ボウルが置かれていた（現在は金メッキの複製品が中央広場に設置されている）。皇帝がそのボウルに大量のコーン・チチャを供物として注ぎ、インティの桁外れな喉の渇きを癒したのである。それでも足りなければ、大規模な祭りで生贄と王族のミイラと祖先たちがチチャのかすに「浴され」た。そこへ大量にチチャを飲んで勢いづいた民衆も派手な衣装を身に纏い、音楽や踊りとともに祭りの輪に加わったという。今日ペルーでは、合計すると一年のうち一カ月分になるほど数多くの祭りや宗教的な祭典が行なわれ、そこでは太陽神への生贄にされる心配はもうない点を除いて、そんな昔が蘇るのである。

皇帝と宮中の人々は、最高のコーン・チチャを確実に入手するためなら金に糸目をつけなかった。宮殿を建てて王国で最も美しい女性たち（ママコナ）専用にし、ママコナはその宮殿で純潔のまま、チチャの需要を満たすためだけにただひたすら口嚙みを続けたと年代記には書かれている。そうやってママコナが唾液を含ませたトウモロコシ粉の塊は、貴金属でできた器にだけ入れられたのかどうかは定かでないものの、最高の仕上がりを保証しようとしたのなら、その可能性もなくはない。皇帝が金や銀の酒杯や吸管《ストロー》を使ってチチャを飲んでいたのは確かなのだ。

ペルー各地で行なわれた考古発掘調査では、メソアメリカ最古のものより古い、五〇〇〇年前頃に遡る土器が大量に出土した。我がペン博物館で南米コレクションのアソシエイト・キュレーター（博物館で特定部門の展示企画・運営を担う副責任者）を務めるクラーク・エリクソンをはじめ、この分野における専門家のほとんどは、こうした土器形状の多くがコーン・チチャを作り、保存し、提供し、飲むためのものだと断言している。

ただしこの土器形状を説明するチチャ仮説唯一の問題は、それがまだ化学的に証明されていない点だ。そこで、私の学生のひとりであるジョシュ・ヘンキンに頼んで、博物館収蔵庫にある土器から分析対象になりそうなものを見つけ出す任務についてもらった。だが残念ながら、残留物を僅かに匂わせる程度しか検出できなかったばかりか、多くの器はひと昔前に行なわれた発掘調査で出土した品だったため、我々はその出自や出土後の取り扱い、そして長年収蔵庫に置かれていた間の汚染を疑ったのである。実はここのところ、収蔵庫に保管されていた容器から得たチョコレートの同定結果が疑問視されている。博物館の職員やボランティア（時に「ミイラ守り」などと呼ばれる）が朝のコーヒーや紅茶を入れたりチョコレートを食べたりしたときに、現代のカフェインやテオブロミンにさらされた可能性があるためだ。もうひとつの問題は、最近になるまで手袋がほとんど使われなかった事実である。分析に時間とお金を費やす前に、検査に最適な試料が入手できているとの確信を持てねばならない。

より良い試料はないかと目を光らせつつ、熱心な自家製ビール醸造家でもあるクラークは、コーン・チチャ仮説への確信が揺るがない。私もどちらかといえばこの仮説支持派で、それは発酵飲料が人間の生物学的・文化的発展のほとんどに関わっていると考える私の根本的な信念と合致するためでもある。ひとたびアルコール飲料が社会の文化、特に宗教と固く結びつくと、そこからもう何千年と受け継がれていったりするのだ。人類は新たな飲み物を発見し、その原料となる植物を例え一見不可能に思えても栽培し（テオシンテがいい例だ）、その酒を作って飲んで祝う方法を考案することにかけては革新的な才能を発揮する場合が多い。だが同時にその酒を作ったり飲んだり神や祖先へ捧げたりする方法については、「実績ある」伝統のやり方を容易に手放さない頑固さもある。

理由はどうあれ（宗教的な命令とか特別な風味づけとかだろうか）、ペルー社会及び南米全体では、口噛みをして唾液を混入させるのは女性という認識がすっかり染み付いているようだ。さもなくばこんなにも労力を要する秘密の醸造法が、今日チチャ造りに携わる女性たちの間で今なお存続している事実をどう説明できるというのか？　さらに現在使われているコーン・チチャ用土器の多くは、古代同じ用途で使われた土器と形や装飾がほぼ同じであり、きっと何世代にもわたって受け継がれてきたに違いない。しかし時折マニオク（キャッサバ）やサツマイモ、コショウボク、あるいはサンペドロサボテンのチチャに使われた器が存在する可能性も否定できない。時と分析が、いずれその答えを出してくれるだろう。

我々の生物的・文化的・歯的根《ルーツ》に立ち返る

人類は、植物を咀嚼し唾液を混入させて最初のアルコール飲料を作るようお膳立てされていた、と私は長い間主張してきた。そのためサムは、二〇〇六年に我々が化学的に証明した最古の酒「シャトー・ジアフー」を再現するとき、その通りのやり方でいく気満々だった。あの時はサムを説得して思い止まらせたものだった。だが二〇〇九年のチチャ醸造で、今こそ覚悟を決めて挑戦してみる時が来たのだ。

古代の器に入っていたコーン・チチャの科学的な証拠はまだないかもしれない。しかし昔ながらの方法でチチャを作ろうと思うなら、真剣に口を動かさねばならないのはわかっていた。トウモロコシを発芽させてモルトにしてごまかすわけにはいかないのだ。サムと私は、この任務遂行に足る咀嚼能力（早口で鍛えた顎と健全な唾液腺）を備えている。そしてこの挑戦により、少なくとも実際の口噛みはどんなふうで、成果物はどんな味になるのかがわかるはずだ。

まず手始めに、ペルー旅行で得た経験を活用した。どう進めていくのがベストなのか、クラークをはじめとするチチャ識者からできる限りのアドバイスをもらったのである。特にクスコから家路につく道すがら、リマのレストランでチチャ・フォンデュを食べた時に初めて知り合った植物考古学研究者のデイビッド・ゴールドスタインは、実にたくさんの情報をくれた。デイビッドはペルー南部にある山頂要塞セロ・バウル遺跡（通称「アンデスのマサダ」）〔マサダはイスラエルにある岩山の要塞遺跡〕を発掘したチームの一員なのである。遠い昔その地に住んでいたワリ族は、敵対するティワナク族を抑えきれなくなり、西暦一〇〇〇年頃にそこで最後の別れの宴を開いた後、自らの城塞（神殿、宮殿、そして何より大切な醸造所）を全て焼き払ってセロ・バウルを放棄したのだ。辺りには四方八方に散らばるチチャの酒杯と給仕用の壺が残されていた。

セロ・バウルの「醸造所」が主に造っていたのは、コーン・チチャよりもむしろコショウボクの実（ピンクペッパー）を主原料にしたとみられるワイン（チチャ・デ・モイエ）であった。トウモロコシはほとんど出土しなかった一方、何万というピンクペッパーの核果の種子や柄が見つかったのである。その多くは、一度に約一八〇〇リットルもの飲み物を作るための下準備・加熱・発酵作業が可能な複数の部屋をもつ建物から出土した。そしてそこにショール（大判の肩掛け）を留める特徴的なピンが多数残されていたことから、醸造所での作業はママコナの前身である女性たちが担当していたと見られている。

デイビッドは地元のチチャ醸造者より指南を受けつつ、ペルー現地で採れたての新鮮な果実を使ったチチャの再現実験を独自に行なった。発掘調査で見つかったカマド穴や灰の層から推測される通りに、液体は煮沸したという。だがいくらか創作も加えている。情報提供者の助言に基づいて煮沸鍋に入れたシナモンとクローブ、さらに確実に発酵させようと加えた大さじ二杯のサトウキビ糖は、どれもワリ族には入手しえない旧世界の植物だ。また、煮沸すると果実に付着している酵母は死んでしまうため、どうやって発酵させたのか想像もつかない。デイビッドの使った発酵容器は固く密閉されていたので、煮沸後に酵母が偶然天井の垂木からワート（煮沸後の甘い穀類汁）の中に落ちてくるとか、虫に運ばれてくるなどの可能性もなかった。もし古代のチチャの作り手が、糖化させる液体をただ温めるのではなく煮沸させるのにこだわったとしたら、ニロやアナクレタのようにチチャ・デ・ホラを加えたか、もっとあり得そうなのは、トウモロコシを口嚙みしてそのまま外に出しておき、酵母を着床させてから液体に加えたのではなかろうか。

サムと当時ブリューマスター《醸造責任者》だったブライアン・セルダース、そしてクラークとデイビッドと私は、現在までに見つかっている植物考古学的証拠とクスコ地域の伝統的方策に見合う古来のチチャを再現するべく、デイビッドの例とはまた別のやり方を考案しようと、可能な選択肢を吟味した。そして最終的に、南米から輸入したパープル・コーン（紫トウモロコシ）とコショウボクの実（ピンクペッパー）、そこへ北米で採れた「野生の」イチゴを組み合わせる案に落ち着いた。予定では、まずパープル・コーン二・三キロ分を口嚙みする。そしてグレイン・ビルには糊化済みイエロー・コーンのフレークと、政府機関を満足させるためのオオムギ麦芽を入れておく。ホップも気持ちばかり加えた。コメの籾殻も少しあれば、糖化液を濾過するのに役立つだろう。

レホボス・ビーチの醸造所で六バレル（七〇五リットル）分の古めかしい醸造設備を使って実験醸造する日は、二〇〇九年九月九日と決まった。そうすれば一〇月八日にペン博物館で行なわれる私の新刊『*Uncorking the Past*』出版記念イベントにちょうど間に合う。そうしてチチャ作りをするとなったら、サムはいつもの突飛さでニューヨーク・タイムズ紙の記者に連絡し、事の次第を記録するよう依頼したのである。クラークとデイビッドも招待された。口嚙み人は多ければ多い方がいい。クラークは早速このチャンスに飛びついた。だがデイビッドは残念ながらペルーに行っていて不在だった。

ひっくり返したピクルス缶の上に座り、それぞれが最初の「ひと嚙み分」を口に含み、口の中であちこち動かしつつ噛んで唾液をしっかりと馴染ませた。最後にそれを吐き出して一晩乾燥させ、その間唾液中の酵素に働いてもらったのである。もっと生々しい詳細を知りたければ、ニューヨーク・タイムズ紙の記事がその時の苦難と喜びをしっかり捉えてくれている。簡潔にお伝えすると、我々は八時間かけてペルーのパープル・コーンを噛み続け、しまいには歯茎に擦り傷ができて顎が痛くなった。中盤に差しかかった頃、古代インカ人のようにまずトウモロコシをすり潰せばやりやすいのかもしれないと考えた。だが石製のバタン〔チチャ用トウモロコシを粉砕する磨石〕など手近にはないため、近くの店まで電動グラインダーを買いに行かせた。それでももう力尽きそうになった時、ブリュー・パブでウェイトレスをしていた女性陣が救世主として現れ、無事任務を完了できたのである。

その翌日、口噛みで唾液を含んだパープル・コーンの塊を、ピンクペッパーと野生のストロベリーのピュレ入りマッシュ・タン（糖化槽）に落とし入れる見世物を披露した。その混合物は確実に煮沸して、一般人に毒を盛ったと非難されないようにしておく。それを今度はアメリカの標準的なエール酵母で発酵させる。その後幾ばくかのコンディショニングを経て、出版記念イベントでこのビールをお披露目する準備が万事整った。

唾液混じりなどどこ吹く風、と我々のチチャは二〇〇九年のグレート・アメリカン・ビア・フェスティバルで熱烈に受け入れられた。このチチャやまた別の古代エールを味わおうとする人の長い列で、自分たちのブースに来る人が阻まれているとアンハイザー・ブッシュやミラーといった大手ビール会社から苦情が出たほどだ。あのとき飲む度胸を持ち合わせていた人々は、深紅色をしたこの刺激的な飲み物を堪能したのである。後に作ったバージョンでは、中米原産の果物であるサワーソップを使った。トゲのあるアボカドのようなこの果実は、現代の南米で作られるチチャ・モラーダの解釈と同じ、パイナップルやストロベリーに似た味がした。

サムは、自分や一部の学者たちだけで楽しむ必要はないんじゃないのか？　と考えた。そこでドッグフィッシュの社員にも、仕事の合間に机で口噛みする任務を与えたのである。その結果、インカ人は正しかったと判明した。女性のほうが炭水化物を分解するのに優れた酵素を持っていたのだ。そうしてドッグフィッシュ一丸となって作った無濾過の濁りある液体は、二〇一四年一一月九日、レホボスにあるブリューパブ開催の古代エールの夕べで提供された。ベルギーのホワイトビールやピルスナーのような味わいで、アヒマグロとコルビナとチリペッパー（トウガラシ）を使ったペルー式セビーチェ〔魚介類のマリネの一種〕とよく合った。アルコール分五・五％のこのチチャは、飲んでも酔いすぎないばかりか、真のアメリカン・コーン・ビールの味と飲み心地そのものだったのである。自家醸造家たちの蔑む、巨大ビール会社による添加物だらけのコーン・ビールなどとは段違いであった。

チチャの自家醸造用アレンジレシピ

作：タグ・グリフィス
参考：McGovern, P.E. 2009/2010

材料	分量	必要になるタイミング
パープル・コーン	454g	作り方参照
イチゴ　生もしくは冷凍 （オプション 1）	454g	醸造日
ペクチン分解酵素（オプション 1）	小さじ 1	醸造日
水	3.8L	煮沸前
硫酸カルシウム（石膏）	大さじ 2	煮沸前
デンプン糊化済みの トウモロコシ・フレーク	454g	煮沸前
冷水	480cc	煮沸前のマッシュ
ブリュワーズ・モルト （ひきわり）	454g	煮沸前のマッシュ
カラピルス・モルト（ひきわり）	227g	煮沸前のマッシュ
水	11.4L	煮沸前のマッシュ
ブリュー・バッグ （醸造用メッシュ・バッグ）	1 袋	煮沸前のマッシュ
ドライモルト（粉末）のライト	1.4kg	煮沸終了 60 分前
アイリッシュ・モス	小さじ 1	煮沸終了 10 分前
ダーク・コーンシロップ	1.4kg	煮沸終了 10 分前
ピンクペッパー （またはオールスパイス）	小さじ 1/4	煮沸の最後
酵母 Lallemand Belle Saison （ベルギーセゾン） White Labs WLP566 （ベルギーセゾン） Wyeast 3711（フレンチセゾン） など	1 袋	発酵
プライミング・シュガー	140g	瓶詰め
濃縮イチゴ果汁（オプション 2）	120cc	瓶詰め
瓶詰め用ボトルと王冠		瓶詰め

初期比重：1・069
最終比重：1・012
最終的な目標アルコール度数：6・5％
国際苦味単位（IBU）：0
最終容量：19L

・・作り方・・

◉やり方その1：伝統的手順

①　醸造日の3日前、ボウルにパープル・コーンを入れ、粒全体がしっかり被る量の水〔分量外〕に浸けて一晩置き、柔らかくしておく。

②　醸造日の2日前、友人を何人か集めてビールを用意し、皆でパープル・コーンを噛む。吐き出したコーンは48時間寝かせる。

③　生もしくは冷凍の苺を使う場合（オプション1）、醸造日にそのイチゴをピュレ状にする。ペクチン分解酵素を加えて24時間寝かせる。その翌日、発酵槽に加える（やり方その2の⑮参照）。

④　醸造鍋に水を3・8L入れ、硫酸カルシウムを加えて沸騰させる。

⑤　④の鍋にトウモロコシ・フレークを加えてよくかき混ぜ、再び沸騰させる。沸騰し始めたら弱火にして煮込む。かき混ぜて、鍋底にトウモロコシがこびりついたり焦げついたりしないようにする。30分煮込み続ける。煮込んだ液体は濃厚な粥状になる。

⑥　鍋を火から下ろし、噛んだパープル・コーンを加える。

⑦　やり方その2の⑤へ続く。

◉やり方その2：現代的変更手順

①　醸造日：生もしくは冷凍のイチゴを使う場合、ピュレ状にしてペクチン分解酵素を加えて24時間寝かせる。その翌日、発酵槽に加える（⑮参照）。

②　醸造鍋に水3・8Lを入れ、硫酸カルシウムを加えて沸騰させる。

③　②の鍋にトウモロコシ・フレークと咀嚼していない粉砕パープル・コーン粒を加えてよくかき混ぜ、再び沸騰させる。沸騰し始めたら火加減を弱め、30分間煮込む。かき混ぜて、鍋底にトウモロコシ

がこびりついたり焦げついたりしないようにする。

④　鍋を火から下ろし、冷水４８０㏄を加え、よくかき混ぜる。

⑤　ひきわりモルトを加えて、再びよくかき混ぜる。液温をチェックし、50℃より高ければ冷水〔分量外〕を加え、低ければ火にかけて、50℃になるよう調節する。液温を50℃に保ったまま10分間休ませる（プロテイン・レスト）〔タンパク質分解酵素を活性化させ、タンパク質をアミノ酸に分解して酵母の栄養分を作り、ビールの透明度を上げるためのプロセス〕。

⑥　プロテイン・レスト後、液温を60～63℃に上げて、その温度を30分保つ（デンプンの糖転換）〔別名サッカリフィケーション・レスト〕。こうしてトウモロコシとモルトの混合液を休ませている間に、別の醸造鍋に水を11・４Ｌ入れて火にかけ、77℃に加熱する。

⑦　⑥で混合液を30分間休ませたら、その熱い液体と穀類全てが十分入る大きさの容器にブリュー・バッグを広げる。まだ熱い状態の鍋の中身を慎重にブリュー・バッグへ移し替える。穀類の入ったブリュー・バッグと濾し取った熱い液体を、用意しておいた11・４Ｌのお湯入り醸造鍋に入れる。ブリュー・バッグをティーバッグのように５分間上げ下げし、穀類の糖分を湯に溶かしだす。そして鍋の上にバッグを引き上げてそのまま保ち、水気を切る。この時、バッグは搾らない。水気を切った後の穀類かすと袋は捨てる。

⑧　醸造鍋の火加減を強めて沸騰させる。

⑨　鍋を火から下ろしてドライモルトを投入する。溶けるまでよくかき混ぜる。

⑩　⑨の鍋を再び火にかけて再沸騰させ、60分の煮沸に入る。その間にピンクペッパーを砕いておく。

⑪　煮沸終了10分前にアイリッシュ・モスを加え、かき混ぜながらダーク・コーンシロップをゆっくり加える。

⑫　60分の煮沸が終了したら鍋を火から下ろし、砕いたピンクペッパーを加えてよく混ぜる。そのまま15分置く。

⑬　ワートを21℃まで冷まして、発酵槽に移し替える。

固形物は出来るだけ鍋側に残す。発酵槽の19Lの目盛りまで水（分量外）を加える。

⑭ 冷めたワートに酵母を投入し、21〜24℃で発酵させ、7〜10日間程度、発酵が完了するまで待つ。

⑮ その翌日、発酵が始まった（表面に泡が立つ）ビールへ、ピュレ状にしたイチゴを加える。甘味づけされたイチゴの場合は、（余分な糖分に対する酵母の反応で）泡が立ちすぎないよう、ゆっくりと加えること。

⑯ 二次発酵槽へ澱引きし、1〜2週間、あるいは望ましい清澄度になるまで置く。

⑰ 瓶詰め前に、瓶と王冠を洗って殺菌する。

⑱ 沸騰させた湯240cc（分量外）にプライミング・シュガーを溶かして、プライミング溶液を作っておく。

⑲ 殺菌した瓶詰め用バケツに、サイフォンを使ってビールを移し替える。

⑳ まだ熱い⑱のプライミング溶液を加える。お好みで、オプション2の濃縮イチゴジュースを加える。そっとかき混ぜる。

㉑ ビールを瓶詰めし、王冠で蓋をする。

㉒ 約2週間で飲みごろになる。

「チチャ」とのペアリング料理

ペルー式セビーチェ

作：ケビン・タウニングとザック・ディック

材料（6人分）	分量	準備
白身魚（コルビナやホワイトシーバスなど、非常に新鮮なもの）	680g	
ニンニク	4片	潰しておく
ライム汁（搾りたて）	120cc	
市販か自家醸造版のチチャ（代替はライムの搾り汁かビターオレンジ果汁を上記ライム汁とは別に120cc）	120cc	
セラーノ・ペッパー〔メキシコの青トウガラシ。ハラペーニョより辛く、ハバネロよりマイルド〕	2本	みじん切り
赤パプリカ	1個	種をとり小さめの角切り
赤タマネギ	1個	薄切り
コリアンダー（パクチー）	大さじ2杯分	刻む
アボカド	1個	小さめの角切り
エクストラ・バージン・オリーブオイル	大さじ1	
塩	小さじ1/2	
付け合わせ		
レタス		
カンチャ（チュルペコーン）〔ペルーのトウモロコシの一種〕		油で炒める
生トウモロコシ		茹でるか電子レンジで加熱
サツマイモ		薄切りにして揚げるか焼くかしてチップスにする。または厚い輪切りにして茹でる
チフレ（プラタノと呼ばれる青バナナのチップス）		
チリペッパーのスライス		

・・**作り方**・・

①魚を1・5㎝角に切り、食材に反応しないボウルに入れる。

②潰したニンニクを加え、ライムの搾り汁と市販もしくは自家醸造版のチチャをかけて浸す。

③蓋をして冷蔵庫で3～4時間寝かせる。

④セラーノ・ペッパー、パプリカ、タマネギ、コリアンダーを加え、冷蔵庫でもう30分漬け込む。

⑤アボカド、オイル、塩を加えて味を調える。

⑥付け合わせを添えて出来上がり。

9章

お次は？
新世界のカクテルなどいかが？

サムと私が「ミダス・タッチ」で古代の発酵飲料を再現する冒険を始めてから、もう一五年以上になる。我々はあれ以来ずっと、タイムマシンに乗って世界各地を旅してきたのだ。しかしまだ先は長い。インド、オーストラリア、インドネシア、サハラ砂漠より南のアフリカ地域、北極そして南極が我々を呼んでいる。例えば、ホッキョクグマの脂肪で発酵飲料が作れるらしい（ただし、それがアルコール発酵するかどうかはまた別の話だ）。地表の七〇％以上を占める海の底に祖先もろとも沈んでいった発酵飲料も、さらなる開拓が期待される領域で、その探求はまだ始まったばかりである（5章）。私はウルブルンで発見された地中海最古の難破船積載ワインについて説明し、人類が何千年も昔に渡ったオーストラリアや、それより後に旅したアメリカ大陸西海岸沿いなど、祖先たちがいかに陸海両方の通路を駆使して世界中に広がっていったのかについて仮説を立てた。そしてヨーロッパの研究者たちは、バルト海で見つかった難破船に積まれていた一九世紀のシャンパン・ボトルを分析してその内容を詳細に組み立て直し、解析の可能性を示してくれたのである（1章）。

新たな発見の機会はいつ訪れるともしれない。何の前触れもなく、どこかの考古学者や醸造家が満面の笑みをたたえて我が研究室にひょっこり現れるとか、思いがけないメールが受信箱に届く可能性もある。もう何もかもわかったと思った途端に、予期せぬ出来事で心地よい眠りから突然揺さぶり起こされるのだ。

異なる知識と専門性の融合

人類が恐らくその起源から何百万年以上ずっと抱き続けている発酵飲料への情熱を探求する旅で、サム以上の相棒はいなかったであろう。サムは間違いなく、ビール作りにホップとオオムギ麦芽と水のみを使うよう義務付けた一五～一六世紀のバイエルン法「ラインハイツゲボット《ビール純粋令》」にしばられる人物ではなかった。自家農園で採れたメープル・シロップをワートに混ぜてみようなどとニューヨークのアパートで思い立った時、既になり型破りだったのだ。その後はもうご存じの通りで、ドッグフィッシュ・ヘッドを立ち上げて、突拍子もないビールを次々に生み出したのである。

だがサムの大胆な醸造実験にはちゃんとした道理があった。既存の枠を探り、その限界まで攻めて、ビール醸造とは何なのかをとことん突き詰めようとしていたのである。また、そうしてできた成果品を「味わう人々」にも似たような姿勢を期待した。ビールを飲む者は大手ビール会社のビール純粋令にとらわれず「無節操」にビールを選ぶべし、とどこかで書いている。「いつものお決まりのビールから浮気して」、ビール界が提供するあらゆるビールを隅から隅まで試すべきだという。私からもひとつ付け加えるなら、ホップはビール純粋令に含まれてはいるものの、実は比較的新参者だ。ホップに備わる誘眠成分は感覚を鈍らせるため、それがプロテスタントの改革派には魅力だったのかもしれない。しかし中世の古き良き「グルート」に使われたハーブには催淫作用や幻覚作用すら起こすものもあり、もっとたくさんの可能性を秘めていたのである（6章）。

この観点からすると、ビール界はサム（加えて今ではさらに多くのクラフトビール醸造家たちも）が古代の醸造家たちにはずっと当たり前だったある事実に気付き始めた時、大きな飛躍を遂げた。つまり、おいしさに加えてしばしば薬効もあり、確実に酔わせてくれるビールを作るべく身の周りの環境から集められる材料は（世界各地で内容は常に異なるとはいえ）、ほぼ際限なく存在するのだ。そうしてできた超絶・ハイブリッド・異種混合などといかようにも呼べるこの発酵飲料は、世界中どこを見ても、悠久の時の中で存続し続けたのである。

サムが創造の可能性を余すところなく模索していたのと同じ頃、考古生化学の時代がやってきた。あらゆる種類の器（金属、ガラス、樹皮を編んだもの、草、布、そして何よりも土器）から見つかった有機残渣に含まれる遥か昔の分子を、高感度の化学分析機器で分離して同定できるようになったのである。遠い昔に古代の家屋・宮殿・神殿などで床にこぼれた液体の蒸発残留物も採取して検査可能だ。祖先の骨や体組織にすら、生前何を飲んでいたのかを教えてくれるような痕跡が残っているかもしれない。

人間らしさの意味についてこれまでと全く異なる物語を展開するだろうと期待されていたこの新たな分野横断的学問で、ペン博物館の我が研究室は当時最先端を走っていた。そのためイランで見つかった古代ワインやビールの試料が初めて私のもとに届き、そこから人類の歴史における発酵飲料の重要性に私が気づき始めるのは、もはや時間の問題だったのである。

一九九〇年代後半に我々が分析して内容物を明らかにしたミダス・タッチ（2章）は、二〇〇〇年にペン博物館でミダス葬宴を再演する流れに繋がり、私にとっては古の発酵飲料に対する新たな見方を受け入れる転機となった。化学的な証拠のみを頼りに古代の食事と飲み物を解明して再現する初の試みだったこの研究が、その重要な点を明確にしてくれたのである。ビールとワインとミード《ハチミツ酒》を全部一緒に混ぜ合わせたもの、という体のミダス・タッチは、私が想像していたものとはまったく異なっていた。そんな飲み物は市場にも出回っていなかった。だがその後もさらに数多くの遺跡出土品を分析し、ドッグフィッシュとも関わっていくにつれ、その考えは確固たるものとなっていった。つまり、ほとんどの古代発酵飲料は単純なワイン・ビール・ミードではなく、通常いろんなものが複雑に混ざり合った飲み物だったのだ。まさにドッグフィッシュが理念として掲げている、「型破りな人々のための型破りなビール」そのものだ。

紛れもなく、サムと私は互いに力を合わせて古代エールを次々と生み出す相棒としてぴったりであった。私の役目は、新たな分析試料を探し出して考古学的記録と照らし合わせ、未だ化学的に証明されていない発酵飲料を見つけ出すこと。そしてサムの役目は、醸造の専門知識と冒険的味覚を発揮して、できる限り本格的な古の「レシピ」を再現することなのだ。

現在進行中のプロジェクトは？

テイスティングなどのイベントでよく質問されるのは、当前のごとく「今取り組んでいるものはなんですか？」である。商売人であるサムは素早くこう切り返す。「それは秘密です」

学術系の人間はこの質問にどう答えるべきかもっと迷う。我々は常により多くを学びたいと考え、共同作業が前進の鍵になる場合も多いからだ。サムは他のクラフトビール醸造家と共同醸造する利点を経験しているため、この考え方をよく理解している。相手が実力ある専門家で、単なる好奇心や詮索からの質問でなければ私はしっかり話を聞く。もしかすると現在進めている調査の化学的・考古学的な不明点の解明につながるかもしれない。機器メーカーのエンジニアであれば、もっと感度を上げる新しい使い方を知っている可能性もある。自家醸造家や競合する醸造家で自分の技能に精通している人物ならば、実用的な情報の宝庫となり得る。そんなふうに専門家の知恵を拝借しながらも、現在進行中の調査や再現の可能性が露見しないようにギリギリの線を歩かねばならない時もあるのだ。

というわけで、手の内をあまり明かし過ぎないようにしつつ、サムと私がどのように古代発酵飲料の再現に取り組むのかについて、重要な考え方をここにいくつかまとめておく。続いて、まだ商業化に踏み切ってはいないものの、現在取りかかっている具体的な案件を紹介しよう。それ以後の将来的な計画については、熱心な読者諸君自身が考古学者の役割を担い、私の出版した本の数々を「掘り起こして」考案していかねばならない。

既におわかりのとおり、我々は「入手可能な証拠」に基づいて再現を行なう。通常どの再現飲料に関しても、古代にその再現とまったく同じ方法や材料で作っていた、という確たる論拠があるわけではない。どんな場合であれ一〇〇％確かな化学的根拠などあり得ず、それを再現の拠り所にしているわけではないのだ（序章）。だからこそ化学分析結果の他にも何か手掛かりや裏付けとなる植物考古学などの科学的証拠はないかと、その試料にまつわる全体的な考古学的背景情報も検証する。また、当時その飲み物を作り、保管し、提供し、飲んでいる様子を文字や絵で残した描写や現代の民族誌学的観察が重要な鍵になったりもする（8章のチチャが良い例だ）。

最終的に目指しているのは、十分に検証された謎解きの鍵をできるだけ多く集めて、その醸造酒に入れた材料とその醸造法として一番あり得そうなものの仮説を立てて、それを研究室やドッグフィッシュ・ヘッドで実際に再現してみることだ。しかし時には我々の裁量で現代的な設備を使ったり、その土地にはない材料や酵母で代用したり、想定される古代でのレベルよりも炭酸を強くして提供したり、その時代にそぐわないガラス瓶と王冠（例えコルクにしても大差はない）で市場にお披露目したりもする。

弁明させてもらうなら、一回の実験で試せる内容は限られている。よって考えうる可能性のすべてを考慮するよりも、そのうちいくらかだけに絞った方がより管理の行き届いた実験になる。我々にとって何よりも大事なのは、（古代人の感覚器官は現代の我々とさほど違わないと仮定して）特定の材料同士がうまく調和して美味しい飲み物になるのかどうかだ。しかし常に必要なものを輸入できるわけではない（ほとんどの再現で、米国版とは別のバージョンをもとの残渣が発見された地域で作ったのはそのせいでもある）。また、古代の酵母が何だったのかはわからない場合も多く、現地で「野生酵母」を採取して本場の味を保証する手だてもない（その点ではタ・ヘンケットとエトルスカは多少例外だ）。醸造に関わるほとんどの部分で現代的な設備や技術を使っている点については、エトルスカの再現で古代土器と青銅器と樫樽を使ったり、チチャ醸造でひたすら噛み続けて見事完成に至らせたりした実績もある。

新世界での冒険ふたたび

ここまでに紹介したチョコレート飲料やトウモロコシ飲料を含む数多のアルコール飲料程度では、南北両アメリカ大陸の豊かな恵みをまだ享受しきれていないとでも言うかのごとく、我々は次なる最新調査で再びこの古代超絶発酵飲料のゆりかごに焦点を当てた。

一連の思いがけない出来事に導かれた私は、メキシコで夫婦共同して植物を研究しているダニエル・ジズンボ＝ビリャレアル&パトリシア・コルンガ＝ガルシアマリン夫妻に連絡を取った。このふたりは、メキシコで意図的に育てられて栽培化された最古植物に関する革新的研究を行なったのである。研究は著名な科学史家ジョセフ・ニーダムによる説に基づき、早くて紀元前一五〇〇年のカパチャ時代と呼ばれる頃、現在のコリマ州にあたるメキシコ中西部高地に住んでいた人々が、栽培した植物を単に発酵させて発酵飲料にしただけでなく、それを蒸溜もして「スピリッツ《蒸溜酒》」を作っていたと論じている。スペイン人がヨーロッパ製の蒸溜器をこの地へ持ちこんでラム酒などの蒸溜酒を作ったのはそれよりさらに三〇〇〇年後になるため、これは従来の考えを覆す発想であった。

ダニエルとパトリシアはこの説を検証するべく、メキシコ国立人類学・歴史学研究所の考古学者で現地コリマ州在住のラウラ・アルメンドロス＝ロペスとフェルナンド・ゴンザレス＝ゾザヤと協働し、実験考古学を実施した。まず、コリマでラウラとフェルナンドが発掘したばかりの古代カパチャ双胴土器壺を地元の粘土で複製した。次に、メキシコで古くから栽培されてきた植物のひとつであるアガベ（リュウゼツランやマゲイ、あるいはセンチュリープラントとも呼ばれる）をその複製壺で見事に蒸溜し、アルコール度数二二・五％にまで上げたのである。これは同じアガベを原料とする現代の蒸溜酒テキーラや、テキーラより古くから作られ続けているメスカルの四五〜五五％には及ばないものの、アガベを普通に発酵させただけの飲み物（伝統的なプルケなど）が持つアルコール分二〜八％を上回る。

だがこの研究はそこで行き詰まり、先へ進めるには我々の化学情報が必要となった。出土した古代壺や発掘現場のどこからもアガベの植物遺体は見つからなかったため、我が研究所の分析で、古代壺に潜むアガベのバイオマーカーを探らねばならなかったのである。古代壺には実験をした複製壺と同じ化合物が存在するはずだ。世界最古の蒸溜酒発見なるか、と期待に胸を膨らませたものの、ダニエルとパトリシアには資金がなく、この協働プロジェクトは数年間宙に浮いたままであった。

するとある日、私の地元フィラデルフィアでレストランを経営してテキーラ製造にも携わっているデイビッド・スーロ＝ピニェラが支援を名乗り出た。デイビッドが二〇一三年一二月に主催するテキーラ交流プロジェクトの一環で私のメキシコ渡航費用を負担すれば、私が古代壺と複製壺両方のサンプルを手荷物にしてアメリカへ持ち帰れるわけだ。まだ何も知らぬに等しい古代蒸溜酒にすっかり魅せられていた私は、この申し出を受け入れた。そして研究所の皆も私も、より多くを解明するためなら自分の時間も労力も、研究所の設備や備品すらも全てなげうつ所存だったのである。

実験考古学もまた少し

分析を進めつつ、私はこう考えた。アガベをはじめとするメキシコ原産の植物を発酵させて蒸溜する実践的な知識は、長い目で見ると役に立つかもしれない。実験考古学を実施する装置は既に準備されているのだし、サムとドッグフィッシュの仲間たちは、可能性を探る旅で担ういつもの役割を務める出番はないかと手ぐすね引いて待っている。それに二〇一五年のワールド・サイエンス・フェスティバルには、例年通り何か新たな再現飲料を用意しておきたかったのだ。

二〇一四年一一月、私はドッグフィッシュの醸造担当及び蒸溜担当の面々と顔を合わせて計画を練った。まずは確実にわかっている話の概要を伝えた。最初に説明したのはメソアメリカ物語の始まりである「噛みかすだらけの洞窟」(8章)からだ。今から一万年前より永きにわたってメソアメリカのあちこちに存在したこうした洞窟は、古代アメリカ人が新大陸のもたらす豊かな植物の恵みをいちはやく活用していた様子を示唆している。アガベもそんな植物のひとつに過ぎず、他にもテリハタマゴノキ、メスキート、トウモロコシ、グアバ、プリックリー・ペアなど、後に栽培化されてメキシコ料理の中心的役割を担うようになった植物が数多く残されていた。そして新大陸にやってきた新参者はおそらくそうした植物を噛んで吐きだす方法で発酵飲料作りをしていた、と示す一連の確固たる植物考古学的証拠もそこにあるのだ。私は引き続きそれからの展開、特にアステカのプルケについて言及してから、もし必要な化学的証拠が出揃えば過去最高に劇的な発見となるかもしれない例の案件を説明した。スペイン人到来以前の蒸溜酒である。

サムと私は長年の協働作業からもう知っていたとおり、実験考古学は発酵飲料作成技術に関する根拠のない仮説を確かめる良い方法になる場合が多いのだと、今回パトリシアとダニエルは発見した。しかもその飲み物が美味しいかどうかも現実的に評価できる。

伝統的なプルケやメスカルを再現するのに最適な方法を検証する実験としてひとつ考えられたのは、木製カヌーの中で材料を初期発酵させる方法であった。この昔ながらのやり方は、未だ解決していない例の蒸溜の件とは異なり、紛れもなくスペイン人到来前から行なわれていたのである。スペイン人がこの地へやってきた時、中をくり抜いた丸太やカヌーで上流階級用のチョコレート飲料や一風変わったバルチェ（樹皮を使ったミード。現代メキシコのチアパス州に住むマヤ系ラカンドン族は今もこの方法で作っている）など、様々な発酵飲料を醸していた様子が観察されているのだ。この伝統がこんなにも広く深く根付いているのは、遥か昔を起源とする証しであろう。

このカヌー実験案に、サムの創造力は俄然掻き立てられた。私は民族誌的な文献の数々をさらに詳しく紐解き、周りの研究者たちにも質問して回った。そして、現在でも二種類の特定の木を使ったカヌーが作られ、アガベを発酵させるために使われているとわかったのである。ひとつは「悪魔の耳の木」とも呼ばれるパロタ（*Enterolobium cyclocarpum*）、もうひとつは「聖なるモミの木」の別称を持つオヤメル（*Abies religiosa*）であった。オヤメルは、渡りをする蝶「オオカバマダラ」が、越冬地であるメキシコのミチョアカン州（コリマ州より東）で好む木だ。フェルナンドはコリマ地方で古い発酵用カヌーを何艘か探し出したものの、どれも小さすぎるか今にも崩れそうだったのに加え、通関や輸送にかかる費用も法外であった。サムは、米国でパロタの樽板を入手して独自の超特大「樽」を蓋なしで（要はカヌーとして）作ってはどうか、と提案してきた。だがそこまでする代わりに、別の選択肢を取ることにした。

「先史時代にアガベ蒸溜酒があった説」に対する決定的な化学情報はまだ得られていないため、洞窟に残された噛みかすという十分検証済みの植物考古学的証拠に従うべきだ、と私は提言した。問題は、どんな材料・装置・発酵の微生物を組み合わせて使うかだ。装置については、当然これまでの古代エール作りで活躍したリホボスのブリュー・パブにある小さな実験用醸造施設に頼り、そこでまず発酵させてアステカ風プルケを造ると決めた。次にその発酵液をパブの二階にある「原始的な」蒸溜装置、通称「フランケン・スチル」〔スチルは英語で「蒸溜器」の意）で蒸溜してメスカルに仕上げ、我々にとって初の古代スピリッツ《蒸溜酒》を造るのだ。最後のステップの根拠は、科学的にも歴史的にも未だ曖昧ではあるものの、我々は蒸溜によって味わいの特徴にどんな影響が生まれるのかを知りたかったのである。

この「古代カクテル」に使う材料は、考慮し得る数多くの候補について議論を重ね、さらに入手可能かどうか確認した結果、以下の内容で落ち着いた。まずはもちろんアガベで、シロップ状のアガベ汁液（スペイン語では「アグアミエル」、「蜜水」の意）を使う。そしてメスキートの木を燃やす煙で風味付けしたハラペーニョ・チリ（別名チポトレ）、新鮮なプリックリー・ペアとグアバの実、ついでにチョコレートの風味を持つメスキートのさやを豆ごと粉末にしたメスキート・パウダーも加える。発酵の微生物は、アガベを発酵させ得る高選択性〔反応条件が非常に限定的な〕細菌として知られる「ザイモモナス・モビリス」を入手できなかったため、デラウェア州の「野生」酵母でいくことにした。そして仕上げに、上記全てを混ぜ合わせた液体へ我々の噛んだパープル・コーンの塊を加えて完了だ。

アステカのエリクサー《妙薬》「トゥー・ラビット・プルケ」

先史時代のメスカル《アガベ蒸溜酒》に関する化学的な答えは未だ出ていなくとも、アガベを普通に発酵させたプルケについては、スペインの年代記から既に多くのことがわかっている。特にベルナルディーノ・デ・サアグンは、『ヌエバ・エスパーニャ全史』の中でまたしても有益な情報をたっぷりと提供してくれている。アステカ人は巨大な桶で四日かけてプルケを作り、その桶は泡で溢れかえっていた（7章のカカオ飲料とは対照的だ）とか、どんなふうに葦のストローと大小様々な大きさや形の土器でプルケを飲んだのか、またハチミツや何らかの植物

（未だ何かはわからない根・ハーブ・木）をどう使って発酵を促したり風味や薬効を加えたりしたのか、さらにいかに様々な種類のプルケ（青プルケに白プルケ、そして五重のプルケと呼ばれる神聖なプルケ）を作っていたのかなどを書き記しているのだ。

これほど発酵飲料生産の盛んだった場所ならば、アステカ人が一般庶民の飲酒を厳しく規制したのも無理はない。軍隊にまで飲酒を禁じていたのはおそらく戦闘体制を整えるためか、宗教上の理由、あるいは政治的な思想誘導だったのだろう。だが高齢者だけはこうした規則を免れ、プルケの至福に満たされた余生を過ごしたという。

とはいえアステカの人々がプルケ飲酒に対してもっと自由奔放に振る舞う姿を描いた年代記編纂者も存在し（本章扉に掲載したマリアベッキアーノ絵文書の図に見られる通りだ）、アステカで行使された禁酒法の効力は北米における我々の禁酒法とそう大差なかったと示唆している。男女問わず、プルケの泡を舐めたり、口から溢れるに任せたり、手で拭ったり、酒杯で飲んだりストローで飲んだり、互いに酒杯を交わしたりと、誰もがこの「生命力を与える」秘薬を謳歌している。アステカの神々もこの飲み物に魅了されていたようで、サアグンは、燦然と輝く「羽毛を持つ蛇」ケツァルコアトルがストローでプルケを飲む様子を描写しているのだ。

マリアベッキアーノ絵文書に見られるような酒宴の図は、アステカ以前にも存在した。最も壮大なものは「酔っぱらいたち」といういかにもな名で呼ばれている西暦二〇〇年頃に描かれた長さ五〇メートルの壁画で、メキシコシティから南東に位置するチョルーラ遺跡で見つかったメソアメリカ最大の人工ピラミッド内にある。若い男女のみならず年輩者たちや猿一匹も交えた総勢一一〇人〔一六四人とも言われる〕が、マリアベッキアーノ絵文書で描かれ現在でも使われている器と似たような酒杯や小さな酒碗を大壺に浸す様子が描かれているのだ。皆その飲み物を飲むのに夢中で、中には器から溢れんばかりの泡を飲む者もいる。多くの人物は裸で、慎む様子もないばかりか、別世界の生き物のような見開いた目をしており、酩酊状態なのを物語っている。しかし決定的な化学的・植物考古学的証拠なくしては、飲まれているものが本当にプルケなのかどうかは確証できない。コーン・チチャやメスカル、あるいは幻覚作用成分のサイロシビンを含むキノコで作った飲み物などのいずれもが、可能性としてあり得る。

ともあれプルケはやがてアステカ人の間で神話級の重要性を担うようになり、神事に関わる飲み物に好んで使われ、宗教的な物語や礼拝には欠かせないものとなった。プルケの守護神は「オメトチトリ」(ナワトル語、「二のウサギ」の意)で、複雑な神話の中で無数の酩酊状態を司る「四〇〇羽のウサギ」のうちの一羽である。神話では、ウサギ同士が戦って心臓をちぎり取っては湖に投げ込んでいくうち、そのひとつが魔法の如く島となり、そこへアステカの首都テノチティトランが築かれたという。また、「二のウサギ」の母であり、アガベとプルケの女神であるマヤウェルも、一連の神話の中で重要な存在だ。マヤウェルはしばしばアガベを擬人化した姿で描かれ、片手には泡立つプルケの入った酒碗を持っている。そんなプルケはアステカの日常生活における媚薬であり、精力を増強させて子孫繁栄を促し、生理痛をも緩和してくれるものだったのだ。

今日メキシコシティでは、メキシコに残るアステカのルーツを辿ってその功績を(人身供儀は除いて)誇りに思う人々の間でプルケが急速に人気の飲み物となり始めている。もはや低級な飲み物とは見なされていない。都市部や郊外で、あちこちの通り沿いに昔ながらの素朴なプルケリア(プルケ酒場)や洒落たこだわりのプルケリアが軒を連ねている。おがくずを敷いた床は最初のひと口を「大地の母」へ捧げるためで、チチャを飲む際のペルーの習慣と同じだ。店では多種多様なプルケが提供され、中には「クラド」(スペイン語、「治った」の意)と呼ばれるものもある(別の食材を加えて白く酸味のあるプルケに別の色と味が加わり「治った」ための呼び名とも言われる)。これは思いつく食材を何でも混ぜ込むかのようなプルケで、特によく使われるのはその土地で古くから栽培されているテリハタマゴノキやプリックリー・ペア、グアバ、メスキート、チリトウガラシなど、地元で採れる旬の植物や果物である。いわば、ちょっと変わった「カクテル」なのだ。

いざ作業開始

我らがプルケの実験醸造日だった二〇一五年四月のある日曜日、私はサムのパブにいた。この実験には何としても参加したかったのだ！　サムと私が果物を切ったり赤々と燃えるグリルでチリトウガラシを燻煙したりする傍らで、醸造責任者のティム・ホーンがマッシュ・タン（糖化槽）に火を入れた。残りの作業も順調に進み、私は家に帰って出来上がりの知らせを待った。

プルケ醸造後の蒸溜作業には立ち会っていない。だが蒸溜責任者グラハム・ハンブレットから、すべて計画通りに進んだとの確かな情報を得た。単式蒸溜にかけた我々のプルケはアルコール度数五〇％になり、それを水で三二・五％まで薄めてメスカルにした。さらに蒸溜後の液体に果実を三日間漬け込んでできたふたつ目のメスカルは、より荒っぽい味が前面に押し出されていた。このメスカルに比べると、現代のテキーラのみならず、伝統的なメスカルでさえ、もっと特殊で洗練された蒸溜酒と言えるだろう。

もともとその土地に自生し、後に栽培化された果物などの天然作物は、先史時代の発酵飲料に当然使われたはずだ。そうした植物のもたらす甘みや特別な味わいは、今より原始的であまりコントロールされていなかった蒸溜による荒っぽい味を和らげたであろう。現代のメキシコでも果物を加えたり、メスカル・ペチュガ（スペイン語、「胸」の意）作りで蒸溜器に充満する蒸気中にアルマジロや鶏の胸肉を吊るしたりして、蒸溜酒へ何らかのアクセントをつけるやり方がますます人気になっている。もしかすると、それは遠い昔でも同じだったのかもしれない。

我らが再現酒への命名、そしてお披露目

古代ビールであれ古代蒸溜酒であれ、再現の最終ステップであるお披露目の前にやる作業は名づけだ。これまでの章で説明したように、その飲み物にピッタリで覚えやすく、且つまだ商標登録されていない名前を思いつくため、いろんな案を延々と考える羽目になったりもする。

今回私は最初に、プルケの守護神オメトチトリと、プルケの女神マヤウェルの名を使ってはどうかと提案した。だがこうした名前は英語を母国語とする者には難しすぎるかもしれない。一方「トゥー・ラビット（二のウサギ）」という呼び名であれば、それなりに謎めいていて覚えやすく、且つ好奇心や興味をそそるだろう。もうひとつ私が思いついた候補は「Ms-cal《ミズ・カル》」だった。この名はアガベのアグアミエル発見につながったマヤウェルの女性的役割に因んだもので、そのアグアミエルはマヤウェルの血液とも見なされている。しかしサムが自分の祖母のニックネームと同じだから、とこの案を却下した。

結局、以下三つの直球勝負な名前で行くことにした。「トゥー・ラビット・プルケ」と「トゥー・ラビット・メスカル」そして「トゥー・ラビット・メスカル・フルタ」である。スペイン語をあまり知らずとも、「*fruta*《フルタ》」はフルーツだとすぐにわかるだろう。

たとえこの飲み物は商業ラインに乗せないとしても（この時そのつもりはなかった）、アルコールを嗜む一般人の感想は欲しかった。また、我々の液状タイムカプセルは、ペン博物館でデビューした最初の再現酒「ミダス・タッチ」を除き、いつもニューヨークのどこかにある会場とデラウェア州レホボスのブリューパブで同

時に世に送り出している。この「トゥー・ラビット」もまた同じ道を歩んだ。これまでの四年間、我々はワールド・サイエンス・フェスティバルに合わせて新しい飲料を発表している。フェスティバルの会場は毎年異なる人気スポットがニューヨークのマンハッタンやブルックリンから選ばれるのに加え、我々のセッションは毎回熱気に満ちて飲む気も満々の聴衆で満員御礼間違いなしなのだ。

「トゥー・ラビット」のお披露目をした二〇一五年の会場は、マンハッタンの西二九丁目にあるエースホテルだった。まずは「ミダス・タッチ」「シャトー・ジアフー」「クヴァシル」を提供して中東・中国・北欧のちょっとした味見ツアーで会場の雰囲気を和らげ、その間我々は一連の古代ビールや古代蒸溜酒がどのように生まれてきたのかについて、掛け合い問答を繰り広げた。

我々が古代蒸溜酒を造るなど今までにない試みだったため、聴衆はきっと不意を突かれただろう。そして幸いにも、蒸溜担当のグラハムと醸造担当のティムはそれぞれの役割を見事に果たしてくれた。まず「トゥー・ラビット・プルケ」は、かなり風変わりではありながら、果実の香りと味わいが非常に魅惑的だった。全体的にほのかなスモーキーさが感じられ、そこへチリのピリッとした辛みがいつも通り後味を引き締めている。ふたつ目の「トゥー・ラビット・メスカル」は、ひとつ目のプルケに似た感じではありつつも、香りがもっと控えめだった。それは液中の揮発性化合物や溶解性化合物が失われやすい蒸溜酒にとって当然といえば当然である。蒸溜に関してもっと専門家であるグラハムがメールで書いていた表現を使うなら、蒸溜によって様々な材料が「溶け合い」、スモーキーさやチリの辛味はより「ほのかに」なっていた。最後の「トゥー・ラビット・フルタ」は、ほのかではなかったものの、非常に滑らかだった。

フルーツ、チリ、メスキート、そして噛んだトウモロコシ混じりのアガベ飲料を一種類ずつ味わうたびに、会場は熱烈な拍手に包まれた。そして皆でこの飲み物を夢中になって楽しむうち、この酒は果たしてどう分類すべきか、という疑問が湧き上がった。特徴が超絶的だからリキュールと呼ぶべきか、あるいはスピリッツ、はたまた原始的カクテルか？　「カクテル」はいろんなものを混ぜていると暗に示唆しており、この三つは間違いなくその通りだ。またカクテルといえば、テキーラやメスカルのような酒をベースにしたものは既にマルガリータやテキーラサンライズをはじめ枚挙にいとまがないとはいえ、このトゥー・ラビット・シリーズをそれぞれ別の材料として使ったまったく新しいカクテルの創作も可能であろう。

「トゥー・ラビット」初公開イベントで生まれたもうひとつの喜ばしい結果は、後に私の編集者となる人物と私の出版エージェントが会場の最前列に座ったことだ。ふたりは最新の再現蒸溜酒を味わっただけでなく、一連の古代ビールと古代蒸溜酒の成り立ちも理解してくれた。そして老いも若きも皆どれほど熱心にこうした古代酒のことをもっと知りたがって（そして味わいたがって）いるのかを、身を以て体験したのである。本書は、そんな人々の望みを叶えるためのさらなる一歩なのだ。

未来は過去である

サムと私がまた新たな超絶発酵飲料作りの冒険を心待ちにしているのは言うまでもない。そして私の見る夢は、我々がこれからタイムマシンで向かおうとする先の「スピリット《酒の精霊》」をとらえるのに役立つ。まずは奇妙で素晴らしい過去のイメージが目前に広がる。それはちょうど、長い間忘れ去られていた異国の万能薬や珍しい小物がいっぱいに詰まった屋根裏部屋、あるいは薬棚みたいな感じだ。私の一番大切な記憶やとりとめのない思考、これまでの人生で蓄積されてきた残骸などを「まるで鏡に映して見るようにおぼろげに」（聖書：コリント人への第一の手紙一三章一二節からの引用）見ているため、遠い昔にこの世を去ったはずなのにまるで生きているかのような人々の白黒映画が目の前をちらついていく。それは私の体にあるＤＮＡや脳、周囲の環境や文化の中でかつて物理的に表現されていたものだ。だがそうした古いものから、これまでにない新しいアイディアは湧き上がってくる。誰かのふとした表情や心に傷を残した出来事、あるいは夢の中で「たまたま捉えた」劇的な瞬間といったものが、そんなアイディアを呼び起こす。私はそこへ何かを付け足してみたり、いろいろ遊んでみたりする。潜在意識の夢から生まれたものを、顕在意識で自在に操ろうとするわけだ。

考古学はそんな私の夢に似ている。だが夢より遥かに大きな舞台で繰り広げられる。考古学とは、たくさんの人々自身と、各人が人生の中で身の回りに置いたもの（他の生物や家、着ていた服なども含めて）のかけらを集めたものだからだ。我々は過去の遺物を拾い集め、最高の科学ツールを適用して、かつてそこにいた人々は誰だったのかを解明していくのである。

我々の超絶発酵飲料の再現は、まさにこのプロセスそのものだ。過去の扉を開いて、その過去を取り戻していくのだから。また、こうした飲み物は顕在意識による思考の限界を打ち壊し、夢の世界へも（大切なワインやビールをしまってある蔵のように）入り込んで、過去を蘇らせてもくれるのだ。

ホップやベルギー・サワーの信奉者たちよ、気をつけたまえ。君たちはあらゆる発酵飲料の金の鉱脈を掘り当てたと思っているかもしれない。だがそこからまだ先は長いのだ。未だ発見されていない味覚や斬新な醸造法はまだまだたくさん存在し、その多くはこの惑星に我々人類が数千年滞在してきた間の遺物に潜んでいる。本書に載せた自家醸造用のビールレシピは、そんな過去の歴史と、我々を待ち受ける素晴らしい未来とに繋がっているのだ。

乾杯！

トゥー・ラビット・プルケの自家醸造用アレンジレシピ

作：ダグ・グリフィス（P・E・マクガヴァンとドッグフィッシュ・ヘッドとの会話を元にしたレシピ）

材料	分量	必要になるタイミング
パープル・コーン	454g	作り方参照
乾燥グアバ	227g	醸造日 2 日前
生のプリックリー・ペア（入手できれば）	227g	醸造日前日
ペクチン分解酵素	小さじ 1	醸造日前日
生のハラペーニョ（青トウガラシ）（代わりに乾燥ハラペーニョ、別名チポトレを使う場合は 4g）	3 本	醸造日
硫酸カルシウム（石膏）	大さじ 2	煮沸前のマッシュ
ブリュワーズ・モルト（ひきわり）	454g	煮沸前のマッシュ
カラピルス・モルト（ひきわり）薄色（ロビボンド 40 ／ EBC79）	113g	煮沸前のマッシュ
チェリー・スモーク・モルト（桜のチップで燻煙したモルト）（ひきわり）	340g	煮沸前のマッシュ
ブリュー・バッグ（醸造用メッシュ・バッグ）	1 袋	煮沸前のマッシュ
アガベ・シロップ	2.5kg	煮沸終了 30 分前
ダーク・コーンシロップ	680g	煮沸終了 5 分前
メスキート・パウダー	28g	煮沸終了 5 分前
酵母 Lallemand Belle Saison（ベルギーセゾン） White Labs WLP566（ベルギーセゾン） Wyeast 3711（フレンチセゾン） など	1 袋	発酵
プライミング・シュガー	140g	瓶詰め
瓶詰め用ボトルと王冠		瓶詰め

初期比重：1・080
最終比重：1・015
最終的な目標アルコール度数：8・5％
国際苦味単位（IBU）：10
最終容量：19L

・・作り方・・

◉やり方その1：伝統的手順

① 醸造日の3日前、ボウルにパープル・コーンを入れ、3・8Lの水〔分量外〕に浸けて一晩置き、柔らかくしておく。

② 醸造日の2日前、友人を何人か集めてビールを用意し、皆でパープル・コーンを噛む。吐き出したコーンは48時間寝かせる。乾燥グアバを500ccの水に浸けてもどす。

③ 醸造日の前日、プリックリー・ペアとグアバをピュレ状にする。ペクチン分解酵素を説明書に従って加え、24時間寝かせる。

④ 醸造当日、生のハラペーニョを使う場合は、網焼きして全体に焦げ目をつけてから、みじん切りにする。

⑤ 醸造鍋に水を13・2L〔分量外〕入れて火にかけ、湯温を67℃まで上げる。

⑥ 硫酸カルシウム、ひきわりモルト、噛んだトウモロコシをブリュー・バッグに入れて⑤の醸造鍋に加える。液温を67℃に保って穀類を糖化させ、30分間その状態を保つ。

⑦ 鍋の火を強める。液温が77℃になったら、ブリュー・バッグを取り出す。

⑧ そのまま熱し続けて沸騰し始めたら、鍋を火から下ろす。

⑨ やり方その2の⑨へ続く。

◉やり方その2：現代的変更手順

① 醸造日の2日前、乾燥グアバをボウルに入れ、500ccの水〔分量外〕に浸けてもどす。

② 醸造日の前日、プリックリー・ペアとグアバをピュレ状にする。ペクチン分解酵素を説明書に従って加え、24時間寝かせる。

③ 生のハラペーニョを使う場合は、醸造作業開始前

に網焼きして全体に焦げ目をつけてから、みじん切りにする。

④ 容量3・8L以上の鍋に、1・9Lの水〔分量外〕を入れて沸騰させる。咀嚼していない粉砕パープル・コーン粒と硫酸カルシウムを加えてから火加減を弱め、20分間弱火で煮込む。頻繁にかき混ぜて、鍋底にトウモロコシがこびりついたり焦げついたりしないようにする。20分経ったら、鍋を火から下ろす。煮込んだ液体は濃厚な粥状になる。

⑤ ④の鍋に冷水を480cc〔分量外〕加え、よくかき混ぜる。次にひきわりモルトを加えて、再びよくかき混ぜる。液温を確認し、50℃より高ければ冷水〔分量外〕を加え、低ければ火にかけて、50℃になるよう調節する。液温を50℃に保ったまま10分間休ませる（プロテイン・レスト）。

⑥ プロテイン・レスト後、液温を60〜63℃に上げて、その温度を30分間保つ（デンプンの糖転換）。こうしてトウモロコシとモルトの混合液を休ませている間に、別の醸造鍋に水を15L〔分量外〕入れて火にかけ、77℃に加熱する。

⑦ ⑥で混合液を30分間休ませたら、その液体と穀類全てが十分入る大きさの容器にブリュー・バッグを広げる。まだ熱い状態の鍋の内身を、慎重にブリュー・バッグへ移し替える。そのブリュー・バッグと濾し取った熱い液体を、用意しておいた15Lのお湯入り醸造鍋に入れて、ブリュー・バッグをティーバッグのように5分間上げ下げし、穀類の糖分を湯に溶かし出す。そしてバッグを引き上げて、水気を切る。この時バッグは搾らない。水気を切った後の穀類かすと袋は捨てる。

⑧ 醸造鍋の火加減を強める。沸騰し始めたら、鍋を火から下ろす。

⑨ アガベ・シロップを加えて沸騰させる。25分間煮沸を続ける。

⑩ 25分経ったら、ダーク・コーンシロップ、ピュレ状にしたプリックリー・ペアとグアバ、網焼きしたハラペーニョもしくはチポトレ、メスキートパウダーを加える。よくかき混ぜて再沸騰させ、もう5分間煮沸を続ける。

⑪ ワートを24℃まで冷まして、発酵槽に移し替える。固形物はできるだけ鍋側に残す。発酵槽の19Lの目盛りまで水〔分量外〕を足す。

⑫ 冷めたワートに酵母を投入し、21〜24℃で発酵させ、7〜10日間程度、発酵が完了するまで待つ。

⑬ 二次発酵槽へ澱引きし、1〜2週間、あるいは望ましい清澄度になるまで置く。

⑭ 瓶詰め前に、瓶と王冠を洗って殺菌する。

⑮ 沸騰させた湯240cc〔分量外〕にプライミング・シュガーを溶かして、プライミング溶液を作っておく。

⑯ 殺菌した瓶詰め用バケツに、サイフォンを使ってビールを移し替える。

⑰ ⑮のプライミング溶液を加え、そっとかき混ぜる。

⑱ ビールを瓶詰めし、王冠で蓋をする。

⑲ 約2週間で飲みごろになる。

「トゥー・ラビット・プルケ」とのペアリング料理
ウサギのシチュー

作：ケビン・ダウニングとザック・ディックとクリストファー・オットセン

・・作り方・・

① 厚手の大きな鍋に油を入れて強火にかける。

② ウサギ肉に塩コショウを振る。

③ ウサギ肉を鍋に入れて約10分間炒め、全面に焼き色をつける。

④ ③の鍋にニンニクとタマネギを入れ、しんなり柔らかく透明になるまで炒める。

⑤ カボチャを加え、カラメル化する（茶色く色づき甘味が増す）まで炒める。

⑥ 自家醸造版トゥー・ラビット・プルケでデグラッセする（鍋に付着した肉汁を溶かし出す）。

⑦ トマト、トマティーヨ、焼いたポブラノ、ブイヨンを加える。

⑧ 沸騰させて、鍋底に付着した肉汁をこそぎ取る。

材料（6人分）	分量	準備
オリーブオイル	大さじ3	
冷凍ウサギ肉	1.5kg	解凍して8部位にさばき、塩コショウする
塩　コショウ	適量	
ニンニク	5片	みじん切り
黄タマネギ	1個	みじん切り
カボチャ	450g	種をとりきれいに洗って角切り
自家醸造版のトゥー・ラビット・プルケ	120cc	
トマト	227g	刻んで種と汁も使う
トマティーヨ（オオブドウホオズキ）	227g	殻を取り除いて刻む
ポブラノ〔メキシコのマイルドなトウガラシ〕	3個	オーブンで焼いて皮と種をとり、小さ目の角切り
チキンまたは野菜ブイヨン	240cc	
エパソーテ（アリタソウとも呼ばれるハーブ）	小さじ1	
オールスパイス	小さじ1	
アンチョ・チリ（もしくは別のチリ・トウガラシ）パウダー	小さじ1/2	
生のメキシカン・オレガノ	大さじ2	刻む
プリックリー・ペアもしくはグアバの果汁（できれば生の実を絞る）	60cc	
ペピータ（ペポカボチャの種）		軽く焦がして付け合わせにする
ズッキーニの花		付け合わせにする

⑨ 中火にして蓋をし、ウサギ肉にしっかり火が通るまで約30分間煮込む。

⑩ トングを使ってウサギ肉を皿に移す。

⑪ 鍋に残ったソースに、ハーブとスパイス、それからプリックリー・ペアまたはグアバの果汁を加える。

⑫ 5分くらい煮込み、ソースが少し煮詰まったらウサギ肉を鍋に戻す。

⑬ 肉がしっかり温まるまで、約3分かき混ぜる。

⑭ 塩コショウで味を調え、ペピータとズッキーニの花を添えて食卓に出す。

訳者あとがき

「人類は遥か昔からずっと発酵飲料を作って飲んできた」という持論のもと、我々の祖先たちが堪能していたと思しき発酵飲料の痕跡を辿って世界各地の古代飲料を研究する著者「パット博士」は、「古代発酵飲料のインディ・ジョーンズ」とも呼ばれている。博士は米国ペンシルベニア大学考古学人類学博物館の考古生化学者であり、様々な地で発見された古代飲料の残渣を化学分析し、その結果と多岐にわたる分野からの裏付け証拠をもとに材料と作り方を推定して、古代飲料を現代で現実の飲料として蘇らせてきたのである。本書では、博士が再現に関わった飲料八つを各章でひとつずつ取り上げ、それぞれの飲料にまつわる歴史や文化などのいろんな背景情報をたっぷりと交えながら、再現の過程とお披露目に至るまでのドラマをパット博士の視点で紹介している。本書は、二〇一七年にAmerican Society of Overseas Research（米国国際研究学会）より、学者のみならず広く一般の人々にも考古学的事実を伝える総合的学術図書に贈られるナンシー・ラップ大衆図書賞を受賞した。まさに、一般の人が読んで思わず誰かに語りたくなる興味深い話でいっぱいの本なのだ。

本書で取り上げる八つの再現飲料を実現化したのは、「型破りな人のための型破りなビール」作りを理念に掲げて米国で独創的なクラフトビールを生み出し続けるドッグフィッシュ・ヘッド醸造所だ。現在はドッグフィッシュ・ヘッドのように変わった材料でビールを作る醸造所も少なくないが、一九九五年の創業当初はまだ珍しい存在で批判も多く受け、当時の醸造日の平均的な醸造量は約九〇リットル程度だったという。それが2章のミダス・タッチを機に一気に認知度を上げ、二〇一〇年には4章にも登場するテレビ番組『ブリュー・マスターズ』シリーズが放映されるなど、今や米国では名の知れた醸造所となり、二〇二一年には最大約二二七キロリットル醸造する日もあったと同醸造所のウェブサイトに載っている。本書でパット博士の相棒として登場する創業者のサム・カラジョーネは、二〇一七年に米国料理界のアカデミー賞と称されるジェームズ・ビアード賞の優秀ワイン・スピリッツ・ビール・プロフェッショナル賞を受賞している。

物語は、各章で取り上げる古代飲料に関連する時代と地球上の様々な地域を旅する形で進んでいく。そのため、舞台となる時間も場所も目まぐるしく移動する。私は翻訳しながら年表と地図を作成して情報を整理していた。そんな中、編集者より本書に地図を入れないかと打診され、それなら年表も、と原書にはないオリジナルの地図と年表を特別に作成して本書に組んでいただいた。特に地図は、物語に登場する主要な場所に絞り、本書を読みながらパット博士と一緒に旅していけるものに仕上げてもらった。何度も細かな修正に対応くださったデザイナー氏に感謝申し上げたい。祖先とパット博士の旅路、そして時空を越えて存在する発酵飲料を視覚的に感じていただければと思う。

言語好きだという本人の言葉通り、この著者は舞台となる国や地域の言葉を物語の端々で紹介していく。3章の中国においても同様で、もともと英語表記がほぼ中国語の発音通りの地名・人名はともかく、書物などの様々なものの名称も披露してくれる。そんな著者の言語愛と旅の雰囲気を味わうため、著者が中国名を示しているものはカタカナでルビを振り、日本語で通常使われる読み方をひらがなで表記した。著者による中国名記載のないものは、必要に応じてひらがなで日本語読みのみを示している。

また、本書で使用している外国語のカタカナ表記は、いろんな書き方や考え方があるのを理解し、様々な要素を考慮した上で選んでいった。例えばトウモロコシの前身teoshinteは、発音通りにあえてテオシンテとしている。一方で、ドッグフィッシュ・ヘッド創設者サムの名字は発音通りならカラジオーニだが、ビア検定にカラジョーネの名で記載されていると知ってカラジョーネに揃えた。そして醸造関連のbrewは色のblueと区別するためブリューで統一している。

言語に関しては著者の熱意にすぐさま共感できたものの、考古生化学者である著者の説明する化学や考古学の話は私にとって非常に難解なものが多く、全体的にかなりのリサーチが必要であった。そしてインターネットでそんな概念や用語を検索すると、かなりの頻度で中学・高校生向け受験対策サイトに当たり、これは中学・高校で学ぶレベルの内容なのかと何度も驚かされた。

2章以降、再現ビールの自家醸造レシピとペアリング料理レシピが掲載されている。ビール醸造や料理に関してパット博士はもっぱら飲む・食べる専門のようで、本書掲載のビール・料理レシピはどれもパット博士と交流のある別の人物によるものだ。

自家醸造ビールレシピは、ドッグフィッシュ・ヘッドが再現した商業レベルの本格的レシピではなく、あくまで趣味範囲で自家醸造する人に向けてアレンジされている。2章のミダス・タッチは入門編なのか、かなり簡略化されており、そこからだんだんと難度が上がっていくようだ。だが世界の多くの国では自家醸造をそんなふうに趣味として気軽に行なえる一方、日本ではあいにく酒税法により、酒造免許を持たない一般人が度数一％以上のアルコールを作ることは禁じられている。ではこんなレシピがあっても日本では無駄かというと、そうとも言えない。酒造免許を持たない者が、免許を所持するブリュワーの設備と指導のもとで合法的に醸造体験できるＢＯＰ（Brewing On Premise）という仕組みが日本でも使えるらしい。また、既に免許を取得して本格的な醸造を実践している人々には、何かのヒントになるやり方や材料もあるかもしれない。

料理レシピは、各再現ビールとのペアリング案として掲載されている。しかし現在ドッグフィッシュ・ヘッドは本書掲載ビールのいずれも醸造しておらず、おまけに日本では自家醸造もできないとあっては、「この飲み物に合う料理」と言われても試しようがない、と不満の声が上がりそうだ。それにそもそも入手困難な材料も多く、ただ作るだけでも難しい。しかし掲載レシピの多くは再現ビールの元になった地域の代表的料理で、レシピ内容を見るだけでも旅行気分が味わえる。また3章のペアリング料理レシピに含まれている大根の漬物レシピなどは、日本では単に塩漬けにするところで、いかにもビール醸造に携わる人らしいレシピ材料や作り方が面白い。さらに、とりあえず入手可能な食材のみでスパイシー豆腐を作ってみたところ、シナモンの量が半端なく、日本や中国の麻婆豆腐ともまた違う不思議な味がした。どんな素材を使ったどんな料理があるのか覗いてみて、物語の一部として楽しんでいただきたい。

本書を翻訳するまで私が好んで飲んだのはワインと日本酒で、ビールはほとんど飲まなかった。ビールはどれもただ苦いだけの飲み物だと思っていたのだ。しかしこの翻訳を機に「リサーチ」と称して、風変わりな食材を使った世界各地のクラフトビールを見つけるたびに片っ端から試飲してみた。そして、わりとよく見かける柑橘系などの一般的な果実を使ったもののほか、山椒や栗、桜の葉などを副原料に使ったり、アップル・クランブルやクッキーなどの菓子風味に仕上げたりといった数々の個性的なビールとの出会いを経て、ワインや日本酒と同様に、いろんな味わいが存在するクラフトビールも俄然面白くなってきた。実はミダス・タッチもアメリカ在住の友人を通じて入手して飲んでみた。本書を初めて読んだとき、ビールとミードとワインを混ぜたような飲み物なんて想像もつかなかったが、ミダス・タッチはこれまでに飲んだどのビールとも違う美味しさで、こんなビールがあるのかと驚愕した（現在ドッグフィッシュ・ヘッドではもう醸造していないのがとても残念だ）。3章で著者は日本酒が「精米、単一酵母、そしてきめ細かくコントロールされた醸造工程に従って造られる」と述べている。だが日本酒も画一化された飲み物では決してなく、使う米（素材）・酵母・水・温度・醸造法の違いによって様々な味わいの異なりを楽しめる。そしてそれはきっとどんなアルコール飲料でも同じ話なのだ、と今は思う。

世界には実に様々なアルコール飲料があり、それでいて国や文化を越えて楽しまれる。音楽と同じく、まるで世界共通言語だ。様々な物語が詰まったこの本も、アルコール飲料を作る人・飲む人・飲まない人のいずれにも楽しんでもらえれば幸いである。

最後に、出版が当初の予定より大幅に遅れてしまったにもかかわらず辛抱強く待ってくださった築地書館の土井二郎社長、それから、長きにわたる翻訳作業の伴走と地図・年表・レシピなど書籍の形にしていく上で多大なる助力をいただいた編集者の黒田智美氏に心よりお礼申し上げます。そして、この本を手に取って下さった皆さまにも感謝を込めて。ありがとうございました。

きはらちあき

紀元後～1000年	1～100年	スウェーデン　ゴットランドのハヴォール遺跡　北欧グロッグ残渣付き網ひしゃく	6章 クヴァシル
	200年	メキシコ　チョルーラ遺跡　壁画「酔っぱらいたち」	9章 トゥー・ラビット
	400年	ベリーズ　バッツァブ洞窟　マヤの「シャーマン」埋葬跡のカカオ豆	7章 テオブロマ
	500年	グアテマラ　リオ・アスール遺跡　カカオ飲料用ネジ式蓋付き土器	7章 テオブロマ
	1000年頃	カナダ　ニューファンドランド島　ヴァイキングがヨーロッパから上陸	6章 クヴァシル
		ペルー　セロ・バウル（アンデスのマサダ）　醸造所	8章 チチャ
1000～2000年	1300年頃	メキシコ　アステカ人によるカカオ飲料の普及	7章 テオブロマ
	1438年	ペルー　インカ帝国の覇権の始まり	8章 チチャ
	1487年	ドイツ　ラインハイツゲボット（ビール純粋令）の元となった規則の発布	1章
	1516年	ドイツ　ラインハイツゲボット（ビール純粋令）発布	
	1533年	ペルー　インカ帝国の終わり	8章 チチャ
	1841年	フィンランド自治領オーランド諸島　バルト海沖　沈没船のシャンパン	1章
	1957年	ミダス飲料残渣　ペン博物館へ	2章 ミダス・タッチ
	1980年代初め	パット博士、残存有機物分析の分野を考古学で開拓	序章
	1995年	ドッグフィッシュ・ヘッド創設	1章
	1997年	ミダス墳墓残渣の分析開始	2章 ミダス・タッチ
	2000年	ミダス・ダッチ　ミダス王の葬送の宴再現でデビュー	2章 ミダス・タッチ
2000年～	2006年	シャトー・ジアフー再現醸造開始	3章 シャトー・ジアフー
	2007年	テオブロマ再現醸造開始	7章 テオブロマ
	2009年	チチャ再現醸造開始	8章 チチャ
	2010年	タ・ヘンケット再現醸造開始	4章 タ・ヘンケット
	2012年	エトルスカ再現醸造開始	5章 エトルスカ
	2013年	クヴァシル再現醸造開始	6章 クヴァシル
	2015年	トゥー・ラビット・シリーズ再現醸造開始	9章 トゥー・ラビット

青銅器時代		ペルー　チチャ用とみられる大量の土器	8章 チチャ
青銅器時代	紀元前2450年	エジプト　ティの墳墓　パンとビール造りのレリーフ	4章 タ・ヘンケット
青銅器時代	紀元前2000年	レバノン　カナン壺（アンフォラ）を創案	5章 エトルスカ
青銅器時代	紀元前1700年	スコットランド　アッシュグローブ遺跡　戦士の墓のビーカー	6章 クヴァシル
青銅器時代	紀元前1500年	メキシコ　中西部高地（コリマ州）　蒸溜酒製造の可能性	9章 トゥー・ラビット
青銅器時代		メキシコ　ソコヌスコ及びオルメカ文明以前の中心地　カカオ飲料用土器片	7章 テオブロマ
青銅器時代	紀元前1500～前1300年	デンマーク　ナンドロプ　戦士の墓のミード入りバケツ	6章 クヴァシル
青銅器時代	紀元前1400～前1100年	ホンジュラス　プエルト・エスコンディド遺跡　カカオ飲料用カカオ型壺	7章 テオブロマ
青銅器時代	紀元前1390～前1370年	デンマーク　エクトヴィズ　巫女の墓の北欧グロッグ入りシラカババケツ	6章 クヴァシル
青銅器時代	紀元前1300年	トルコ　ウルブルン沖　沈没船　テレビンノキ樹液とブドウの種	5章 エトルスカ
鉄器時代	紀元前1100～前500年	デンマーク　コストレーゼ　ワイン入り北欧グロッグ残渣付き青銅濾し網	6章 クヴァシル
鉄器時代	紀元前1100～後220年	中国　西安と周辺地域　液状のままの発酵アルコール飲料を収めた墓	3章 シャトー・ジアフー
鉄器時代	紀元前1000年	中南米　チチャが文化・宗教に根付く	8章 チチャ
鉄器時代	紀元前900～前200年	ホンジュラス　プエルト・エスコンディド遺跡　カカオ飲料用ティーポット	7章 テオブロマ
鉄器時代	紀元前8世紀後半	トルコ　ミダス王（とみられる人物）の墳墓　超絶発酵アルコール飲料入り葬宴酒器	2章 ミダス・タッチ
鉄器時代	紀元前8～前7世紀	イタリア　エトルリア遺跡の数々　エトルリアグロッグの痕跡	5章 エトルスカ
鉄器時代	紀元前600年	イタリア　エトルリアのワイン産業立ち上げ	6章 クヴァシル
鉄器時代	紀元前600年	ベリーズ北部　コルハ　カカオ飲料用ティーポット	7章 テオブロマ
鉄器時代	紀元前6～前5世紀	イタリア　ポンピア　酒碗とホップ	5章 エトルスカ
鉄器時代	紀元前5世紀	フランス　ロックペルテューズ遺跡　発芽室	6章 クヴァシル
鉄器時代	紀元前5～前4世紀	ドイツ　ホッホドルフ墳墓　ミード入り青銅の大釜	6章 クヴァシル
鉄器時代	紀元前5世紀後半～前4世紀	ドイツ　ホッホドルフ　ケルト人集落跡　モルト焙煎・燻煙用の溝	6章 クヴァシル
鉄器時代	紀元前200年	デンマーク　ユーリンゲ　北欧グロッグ入り青銅バケツ	6章 クヴァシル

酒にまつわる年表

本文中に年代が明記された主要項目のみをまとめています（ラインハイツゲボットを除く）。

西暦1000年まではおおよその推定年代です。時代区分は便宜的にヨーロッパのものを示しており、他地域（特に南北両アメリカ）には当てはまらないものもあります。

白亜紀	約1億4500万 ～6500万年前	S.セレビシエの進化・果樹や低木（発酵飲料原料）の出現・パンゲア分裂など革命的な時代	1章
旧石器時代	約10万年前	現生人類（ホモ・サピエンス） アジア大陸横断	3章 シャトー・ジアフー
	約5万年前	現生人類 オーストラリア到達	3章 シャトー・ジアフー
	約2万3000～ 1万9500年前	中国 山西省 柿子灘遺跡 イスラエル オハロII遺跡 穀類の収穫と利用の痕跡	3章 シャトー・ジアフー
	約2万～ 1万5000年前	氷床が溶け始めて人類が東アジアからアメリカ大陸へ渡る	7章 テオブロマ
	約1万8000年前	中国 土器が作られ始める	3章 シャトー・ジアフー
		エジプト ワディ・クッバニア遺跡 ドームヤシ、カモミールなどの植物遺体	4章 タ・ヘンケット
	約1万5000年前	チリ モンテベルデ遺跡 様々な植物の食塊	7章 テオブロマ
	約1万1000年前	米国 オクラホマ州 ジェイク・ブラフ遺跡 狩猟の痕跡	8章 チチャ
新石器時代	紀元前7000年	中国 賈湖遺跡 超絶発酵アルコール飲料	3章 シャトー・ジアフー
	紀元前6000年	近東地域 土器が作られ始める	3章 シャトー・ジアフー
		エジプト ナブタ・プラヤ遺跡 数万点に及ぶ植物考古学的遺物	4章 タ・ヘンケット
	紀元前5400～ 前5000年	イラン ハジ・フィールズ 最古のブドウ酒	1章
	紀元前5000年	アメリカ大陸 テオシンテからトウモロコシへ品種改良開始	8章 チチャ
	紀元前3500年	スコットランド オークニー諸島 花粉混じり残渣付き桶	6章 クヴァシル
	紀元前3400～ 前2900年	中国 米家崖遺跡 最古の醸造所 イラン ゴディン・テペ遺跡 大麦ビール用酒器	3章 シャトー・ジアフー
青銅器時代	紀元前3150年	エジプト 第0王朝 スコルピオンI世の墓 レバントワイン	4章 タ・ヘンケット
	紀元前3000年	エジプト 王朝のワイン醸造産業確立	4章 タ・ヘンケット
		スペイン ジェノ遺跡 エンマー小麦ビール	6章 クヴァシル

図版リスト

Mann, C. C. 2005. *1491: New Revelations of the Americas before Columbus*. New York: Knopf.

Moseley, M. E. 2001. *The Incas and Their Ancestors: The Archaeology of Peru*. New York: Thames & Hudson.

Moseley, M. E., et al. 2005. Burning down the brewery: establishing and evacuating an ancient imperial colony at Cerro Baúl, Peru. *Proceedings of the National Academy of Sciences USA* 102:17264-17271.

Smalley, J., and Blake, M. 2003. Sweet beginnings: stalk sugar and the domestication of maize. *Current Anthropology* 44:675-703.

Staller, J. E. 2016. *Maize Cobs and Cultures: History of* Zea mays. Berlin: Springer.

Staller, J. E., Tykot, R. H., and Benz, B. F., eds. 2006. *Histories of Maize: Multidisciplinary Approaches to the Prehistory, Linguistics, Biogeography, Domestication, and Evolution of Maize*. Amsterdam: Elsevier Academic.

Wilson, A. S., et al. 2013. Archaeological, radiological, and biological evidence offer insight into Inca child sacrifice. *Proceedings of the National Academy of Sciences USA* 110:13322-13327.

9章　お次は？　新世界のカクテルなどいかが？

Bruman, J. H. 2000. *Alcohol in Ancient Mexico*. Salt Lake City: University of Utah.

Byers, D. S., ed. 1967. *The Prehistory of the Tehuacan Valley. Vol. 1: Environment and Subsistence*. Austin: University of Texas.

Flannery, K. V., ed. 1986. *Guila Naquitz: Archaic Foraging and Early Agriculture in Oaxaca, Mexico*. Studies in Archaeology. Orlando, FL: Academic.

Lappe-Oliveras, P., et al. 2008. Yeasts associated with the production of Mexican alcoholic nondistilled and distilled Agave beverages. *FEMS Yeast Research* 8:1037-1052.

Needham, J. 1980. Science and Civilisation in China. Vol. 5: *Chemistry and Chemical Technology*, Part 4: *Spagyrical Discovery and Invention: Apparatus, Theories and Gifts*. Cambridge: Cambridge University.

Serra, M. C., and Lazcano Arce, C. 2010. The drink Mescal: its origin and ritual uses. In *Pre-Columbian Foodways: Interdisciplinary Approaches to Food, Culture and Markets in Ancient Mesoamerica Pre-Columbian Foodways*, eds. J. Staller and M. Carrasco, 137-156. New York: Springer.

Valenzuela-Zapata, A. G., et al. 2013. "Huichol" stills: a century of anthropology — technology transfer and innovation. *Crossroads* 8:157-191.

Zizumbo-Villarreal, D., et al. 2009. Distillation in western Mesoamerica before European contact. *Economic Botany* 63:413-426.

——. 2012. The archaic diet in Mesoamerica: incentive for *milpa* development and species domestication. *Economic Botany* 66:328-343.

110:10147-10152.

Nelson, M. 2005. *The Barbarian's Beverage: A History of Beer in Ancient Europe*. London: Routledge.

Nylén, E., Lund-Hansen, U., and Manneke, P., eds. 2005. *The Havor Hoard: The Gold, The Bronze, The Fort*. Kungliga Vitterhets, Historie och Antikvitets Akademiens Handlingar, Antikvariska 46. Stockholm: KVHAHA.

Stika, H.-P. 1996. Traces of a possible Celtic brewery in Eberdingen-Hochdorf, Kreis Ludwigsburg, southwest Germany. *Vegetation History and Archaeobotany* 5:81-88.

Strange, J., ed. 2015. *Tall al-Fukhar: Result of Excavations in 1990-93 and 2002*. Proceedings of the Danish Institute in Damascus 9. Aarhus, Denmark: Aarhus University.

Unger, R. W. 2007. *Beer in the Middle Ages and the Renaissance*. Philadelphia: University of Pennsylvania.

Zimmerman, J. 2015. *Make Mead Like a Viking: Traditional Techniques for Brewing Natural, Wild-Fermented, Honey-Based Wines and Beers*. White River Junction, VT: Chelsea Green.

7章　テオブロマ　ロマンスをかきたてる甘いブレンド

Bruman, J. H. 2000. *Alcohol in Ancient Mexico*. Salt Lake City: University of Utah.

Coe, S. D., and Coe, M. D. 1996. *The True History of Chocolate*. New York: Thames & Hudson.

Dillehay, T. D., and Rossen, J. 2002. Plant food and its implications for the peopling of the New World: a view from South America. In *The First Americans: The Pleistocene Colonization of the New World*, ed. N. G. Jablonski, 237-253. San Francisco: California Academy of Sciences.

Dillehay, T. D., et al. 2008. Monte Verde: seaweed, food, medicine, and the peopling of South America. *Science*. 320 (5877):784-786.

Erlandson, J. M. 2002. Anatomically modern humans, maritime voyaging, and the Pleistocene colonization of the Americas. In *The First Americans: The Pleistocene Colonization of the New World*, ed. N. G. Jablonski, 59-92. San Francisco: California Academy of Sciences.

Green, J. S. 2010. Feasting with foam: ceremonial drinks of cacao, maize, and pataxte cacao. In *Pre-Columbian Foodways: Interdisciplinary Approaches to Food, Culture and Markets in Ancient Mesoamerica*, eds. J. Staller and M. Carrasco, 315-343. New York: Springer.

Hall, G. D., et al. 1990. Cacao residues in ancient Maya vessels from Rio Azul, Guatemala. *American Antiquity* 55:138-143.

Henderson, J. S., and Joyce, R. A. 2006. In *Chocolate in Mesoamerica: A Cultural History of Cacao*, ed. C. L. McNeil, 140-153. Gainesville: University Press of Florida.

Henderson, J. S., et al. 2007. Chemical and archaeological evidence for the earliest cacao beverages. *Proceedings of the National Academy of Sciences USA* 104:18937-18940.

Hodges, G. 2015. The first American. *National Geographic* 227:124-137.

Hurst, W. J., et al. 1989. Authentication of cocoa in Maya vessels using high-performance liquid chromatographic techniques. *Journal of Chromatography* 466:279-289.

——. 2002. Archaeology: cacao usage by the earliest Maya civilization. *Nature* 418:289-290.

Jennings, J., et al. 2005. "Drinking beer in a blissful mood": alcohol production, operational chains, and feasting in the ancient world. *Current Anthropology* 46:275-304.

Joyce, R. A., and Henderson, J. S. 2010. Forming Mesoamerican taste: cacao consumption in Formative Period contexts. In *Pre-Columbian Foodways: Interdisciplinary Approaches to Food, Culture and Markets in Ancient Mesoamerica*, eds. J. Staller and M. Carrasco, 157-173. New York: Springer.

McNeil, C. L., ed. 2006. *Chocolate in Mesoamerica: A Cultural History of Cacao*. Gainesville: University Press of Florida.

Prufer, K. M., and Hurst, W. J. 2007. Chocolate in the underworld space of death: cacao seeds from an early Classic mortuary cave. *Ethnohistory* 54:273-301.

8章　チチャ　ひたすら噛んで手に入れる栄光のコーン・ビール

Blake, M. 2015. *Maize for the Gods: Unearthing the 9,000-Year History of Corn*. Berkeley: University of California.

Cutler, H. C., and Cardenas, M. 1947. Chicha, a native South American beer. *Botanical Museum Leaflet, Harvard University* 13:33-60.

Goldstein, D. J., and Coleman, R. C. 2004. *Schinus Molle* L. (Anacardiaceae) chicha production in the central Andes. *Economic Botany* 58:523-529.

Hastorf, C. A., and Johannessen, S. 1993. Pre-Hispanic political change and the role of maize in the central Andes of Peru. *American Anthropologist* 95:115-138.

232.

Dreyer, G.1999. *Umm el-Qaab I. Das prädynastische Königsgrab U-j und seine frühen Schriftzeugnisse*. Deutsches Archäologisches Institut, Abteilung Kairo, Archäologische Veröffentlichungen 86. Mainz: P. von Zabern.

Hartung, U. 2001. *Importkeramik aus dem dem Friedhof U in Abydos (Umm el-Qaab) und die Beziehungen ägyptens zu Vorderasien im 4. Jahrtausend v. Chr.* Deutsches Archäologisches Institut, Abteilung Kairo, Archäologische Veröffentlichungen 92. Mainz: P. von Zabern.

Hillman, G. C. 1989. Late Palaeolithic plant foods from Wadi Kubbaniya in Upper Egypt: dietary diversity, infant weaning, and seasonality in a riverine environment. In *Foraging and Farming: The Evolution of Plant Exploitation*, eds. D. R. Harris and G. C. Hillman, 207-235. One World Archaeology 13. London: Unwin Hyman.

Malville, J. M., et al. 1998. Megaliths and Neolithic astronomy in southern Egypt. *Nature* 392:488-491; doi: 10.1038/33131.

Manniche, L.1989. *An Ancient Egyptian Herbal*. Austin: University of Texas.

McGovern, P. E. 1997. Wine of Egypt's golden age: an archaeochemical perspective. *Journal of Egyptian Archaeology* 83:69-108.

——. 1998. Wine for eternity. *Archaeology* 5:28-34.

McGovern, P. E., Mirzoian, A., and Hall, G. R. 2009. Ancient Egyptian herbal wines. *Proceedings of the National Academy of Sciences USA* 106:7361-7366.

McGovern, P. E. et al. 1997. The beginnings of winemaking and viniculture in the ancient Near East and Egypt. *Expedition* 39/1:3-21.

Wendorf, F., and Schild, R. 1986. *The Prehistory of Wadi Kubbaniya*. Dallas: Southern Methodist University.

Wendorf, F., et al. 2001. *Holocene Settlement of the Egyptian Sahara*. New York: Kluwer Academic/Plenum.

5章　エトルスカ　ワイン来襲前のヨーロッパに「グロッグ」ありき

Dietler, M. 2015. *Archaeologies of Colonialism: Consumption, Entanglement, and Violence in Ancient Mediterranean France*. Berkeley: University of California.

McGovern, P. E. 2012. The archaeological and chemical hunt for the origins of viticulture in the Near East and Etruria. In *Archeologia della vite e del vino in Toscano e nel Lazio: Dalle tecniche dell' indagine archeologica alle prospettive della biologia molecolare*, eds. A. Ciacci, P. Rendini, and A. Zifferero, 141-152. Borgo San Lorenzo: All' Insegna del Giglio.

McGovern, P. E., and Hall, G. R. 2015. Charting a future course for organic residue analysis in archaeology. *Journal of Archaeological Method and Theory*; doi: 10.1007/s10816-015-9253-z.

Ridgway, D. 1997. Nestor's cup and the Etruscans. *Oxford Journal of Archaeology* 16:325-344.

Sebastiani, F., et al. 2002. Crosses between *Saccharomyces cerevisiae* and *Saccharomyces bayanus* generate fertile hybrids. *Research in Microbiology* 153:53-58.

Stern, B., et al. 2008. New investigations into the Uluburun resin cargo. *Journal of Archaeological Science* 35:2188-2203.

Turfa, J. T., ed. 2013. *The Etruscan World*. Routledge Worlds. London: Routledge.

Tzedakis, Y., and Martlew, H., eds., 1999. *Minoans and Mycenaeans: Flavours of Their Time*. Athens: Greek Ministry of Culture and National Archaeological Museum.

6章　クヴァシル　凍える夜に沁みる熱き北欧グロッグ

Bouby, L., Boissinot, P., and Marinval, P. 2011. Never mind the bottle: archaeobotanical evidence of beer-brewing in Mediterranean France and the consumption of alcoholic beverages during the 5th century B.C. *Human Ecology* 39:351-360.

Dickson, J. H. 1978. Bronze Age mead. *Antiquity* 52:108-113.

Dineley, M. 2004. *Barley, Malt and Ale in the Neolithic*. Oxford: Archaeopress.

Koch, E. 2003. Mead, chiefs and feasts in later prehistoric Europe. In *Food, Culture and Identity in the Neolithic and Early Bronze Age*, ed. M. P. Pearson, 125-143. BAR International Series 1117. Oxford: Archaeopress.

Madej, T., et al. 2014. Juniper beer in Poland: the story of the revival of a traditional beverage. *Journal of Ethnobiology* 34:84-103.

McGovern, P. E. 1986. *The Late Bronze and Early Iron Ages of Central Transjordan: The Baq'ah Valley Project, 1977-1981*. University of Pennsylvania Museum Monograph 65. Philadelphia: University of Pennsylvania Museum.

McGovern, P. E., Hall, G. R., and Mirzoian, A. 2013. A biomolecular archaeological approach to "Nordic grog". *Danish Journal of Archaeology* 2112-2131.

McGoverp, P. E., et al. 2013. The beginning of viniculture in France. *Proceedings of the National Academy of Sciences USA*:

seeds at the late Upper Paleolithic Shizitan Locality 9 site. *The Holocene* 24:261-265.

Dodson, J. R., et al. 2013. Origin and spread of wheat in China. *Quaternary Science Reviews* 72:108-111.

Efferth, T. 2007. Willmar Schwabe Award 2006: antiplasmiodial and antitumor activity of artemisinin--from bench to bedside. *Planta Medica* 73:299-309.

Grosman, L., Munro, N. D., and Belfer-Cohen, A. 2008. A 12,000-year-old shaman burial from the southern Levant (Israel). *Proceedings of the National Academy of Sciences USA* 105:17665-17669; doi: 10.1073/pnas.0806030105.

Gross, B. L., and Zhao, Z. 2014. Archaeological and genetic insights into the origins of domesticated rice. *Proceedings of the National Academy of Sciences USA* 111:6190-6197; doi: 10.1073/pnas.1308942110.

Harper, D. 1998. *Early Chinese Medical Literature: The Mawangdui Medical Transcripts*. London: Kegan Paul International.

Henan Provincial Institute of Cultural Relics and Archaeology. 1999. *Wuyang Jiahu (The Site of Jiahu in Wuyang County)*. Beijing: Science Press.

——. 2000. *Luyi Taiqinggong Changzikou mu (Taiqinggong Changzikou Tomb in Luyi)*. Zhengzhou: Zhongzhou Classical Texts.

Hsu, H.-Y., and Peacher, W. G., eds. 1982. *Chinese Herb Medicine and Therapy*. New Canaan, CT: Keats.

Huang, H. T. 2000. *Biology and Biological Technology, Part V: Fermentation and Food Science = Science and Civilisation in China* by J. Needham, vol. 6. Cambridge: Cambridge University.

Juzhong, Z., and Kuen, L. Y. 2005. The magic flutes. *Natural History* 114:42-47·

Lee, G.-A., et al. 2011. Archaeological soybean (*Glycine max*) in East Asia: does size matter? *PLoS ONE* 6(11):e26720. doi: 10.1371/journal.pone.0026720.

Li, X., et al. 2003. The earliest writing? Sign use in the seventh millennium B.C. at Jiahu, Henan Province, China. *Antiquity* 77:31-44.

Liu, L., and Chen, X. 2012. *The Archaeology of China: From the Late Paleolithic to the Early Bronze Age*. Cambridge World Archaeology. Cambridge: Cambridge University.

Lu, H., et al. 2005. Culinary archaeology: millet noodles in late Neolithic China. *Nature* 437:967-968.

McGovern, P. E., et al. 2004. Fermented beverages of pre- and proto-historic China. *Proceedings of the National Academy of Sciences USA* 101:17593-17598.

——. 2005. Chemical identification and cultural implications of a mixed fermented beverage from late prehistoric China. *Asian Perspectives* 44:249-275.

——. 2010. Anticancer activity of botanical compounds in ancient fermented beverages (Review). *International Journal of Oncology* 37:5-14.

Michel, R. H., McGovern, P. E., and Badler, V. R. 1992. Chemical evidence for ancient beer. *Nature* 360:24.

Morwood, M., and Van Oosterzee, P. 2007. *A New Human: The Startling Discovery and Strange Story of the "Hobbits" of Flares, Indonesia*. Washington, DC: Smithsonian.

Nadel, D., et al. 2012. New evidence for the processing of wild cereal grains at Ohalo II, a 23,000-year-old campsite on the shore of the Sea of Galilee, Israel. *Antiquity* 86:990-1003.

Paper, J. D. 1995. *The Spirits Are Drunk: Comparative Approaches to Chinese Religion*. Albany, NY: State University of New York.

Piperno, D. R., et al. 2004. Starch grains on a ground stone implement document Upper Paleolithic wild cereal processing at Ohalo II, Israel. *Nature* 430:670-671.

Tadić, V. M., et al. 2008. Anti-inflammatory, gastroprotective, free-radical-scavenging, and antimicrobial activities of hawthorn berries ethanol extract. *Journal of Agricultural and Food Chemistry* 56:7700-7709; doi: 10.1021/jf801668c.

Underhill, A. P., ed. 2013. *A Companion to Chinese Archaeology*. Hoboken, NJ: Wiley-Blackwell.

Wang, J., et al. 2016. Revealing a 5,000-year-old beer recipe in China. *Proceedings of the National Academy of Sciences USA* 113 (23) 6444-6448; doi: 10.1073/pnas.1601465113.

Wu, X., et al. 2012. Early pottery at 20,000 years ago in Xianrendong Cave, China. *Science* 336:1696-1700.

Xu, Q, et al. 2013. The draft genome of sweet orange (*Citrus sinensis*). *Nature Genetics* 45:59-66; doi: 10.1038/ng.2472.

Yan, M. 1998. *Martin Yan's Feast: The Best of Yan Can Cook*. San Francisco: KQED Press.

4章　タ・ヘンケット　陽気なアフリカの祖先にぴったりなハーブ炸裂ビール

Barnard, H., et al. 2011. Chemical evidence for wine production around 4000 BCE in the Late Chalcolithic Near Eastern highlands. *Journal of Archaeological Science* 38: 977-984.

Cavalieri, D., et al. 2003. Evidence for *S. cerevisiae* fermentation in ancient wine. *Journal of Molecular Evolution* 57:S226-

Henry, A. G. 2012. The diet of *Australopithecus sediba*. *Nature* 487:90-93.

Hockings, K. J., et al. 2015. Tools to tipple: ethanol ingestion by wild chimpanzees using leaf-sponges. *Royal Society Open Science*; doi: 10.1098/ rsos.150150.

Jeandet, P., et al. 2015. Chemical messages in 170-year-old champagne bottles from the Baltic Sea: revealing tastes from the past. *Proceedings of the National Academy of Sciences USA* 112: 5893-5898; doi: 10.1073/pnas.1500783112.

Johns, T. 1990. *With Bitter Herbs They Shall Eat It: Chemical Ecology and the Origins of Human Diet and Medicine*. Tucson: University of Arizona.

Lewis-Williams, J. D. 2005. *Inside the Neolithic Mind: Consciousness, Cosmos and the Realm of the Gods*. London: Thames & Hudson.

Majno, G. 1975. *The Healing Hand: Man and Wound in the Ancient World*. Cambridge: Harvard University.

Olson, C. R., et al. 2014. Drinking songs: alcohol effects on learned song of zebra finches. *PloS One* 9(12): e115427.

Smith, K. E., et al. 2014. Investigation of pyridine carboxylic acids in CM2 carbonaceous chondrites: potential precursor molecules for ancient coenzymes. *Geochimica et Cosmochimica Acta* 136:1-12.

Spitaels, F., et al. 2014. The microbial diversity of traditional spontaneously fermented lambic beer. *PloS One* 9(4):e95384.

Tattershall, I., DeSalle, R., and Wynne, P. J. 2015. *A Natural History of Wine*. New Haven: Yale University.

Thomson, J. M., et al. 2005. Resurrecting ancestral alcohol dehydrogenases from yeast. *Nature Genetics* 6: 630-635.

Turner, B. E., and Apponi, A. J. 2001. Microwave detection of interstellar vinyl alcohol, CH2=CHOH. *Astrophysical Journal* 56:L207-L210.

Wiens, F., et al. 2008. Chronic intake of fermented floral nectar by wild treeshrews. *Proceedings of the National Academy of Sciences USA* 105:10426-10431.

Wrangham, R. 2009. *Catching Fire: How Cooking Made Us Human*. New York: Basic Books. 〔『火の賜物——ヒトは料理で進化した』依田卓巳訳、NTT 出版〕

Wright, I. P., et al. 2015. CHO-bearing organic compounds at the surface of 67P/Churyumov-Gerasimenko revealed by Ptolemy. *Science* 349 (6247); doi: 10.1126/science.aab0673.

2章　ミダス・タッチ　中東の王にふさわしきエリクサー

Crane, E. 1999. *The World History of Beekeeping and Honey Hunting*. New York: Routledge.

Department of the Treasury, Alcohol and Tobacco Tax and Trade Bureau 2014. *The Beverage Alcohol Manual (BAM): A Practical Guide*. Vol. 2: *Basic Mandatory Labeling Information for Distilled Spirits*. N.p.: CreateSpace Independent Publishing Platform; http://www.ttb.gov/beer/bam/chapter4.pdf.

Dietler, M., and Hayden, B., eds. 2001. *Feasts: Archaeological and Ethnographic Perspectives on Food, Politics, and Power*. Washington, DC: Smithsonian.

The Golden Age of King Midas 2015. Special issue devoted to Midas and the Phrygians. *Expedition* 57(3).

Gordion 2009. Special issue devoted to the site. *Expedition* 51(2).

McGovern, P. E. 2000. The funerary banquet of "King Midas." *Expedition* 42:21-29.

——. 2001. Meal for mourners. *Archaeology* 54:28-29.

McGovern, P.E., et al. 1999. A feast fit for King Midas. *Nature* 402:863-864. Meussdoerffer, F., and Zarnkow, M. 2014. *Das Bier: Eine Geschichte von Hopfen und Malz*. Munich: C. H. Beck.

Roller, L.1984. The legend of Midas. *Classical Antiquity* 2:256-271.

Rose, C. B. 2013. *The Archaeology of Phrygian Gordion, Royal City of Midas*. Gordion Special Studies 7 (University Museum Monograph). Philadelphia: University of Pennsylvania Museum of Archaeology and Anthropology.

Sams, G. K. 1977. Beer in the city of Midas. *Archaeology* 30:108-115.

Simpson, E. 2011. *The Gordion Wooden Objects. Vol. 1: The Furniture from Tumulus MM*. Culture and History of the Ancient Near East. Leiden: Brill.

Young, R. S. 1981. *Three Great Early Tumuli*. University Museum Monograph 43. Philadelphia: University of Pennsylvania Museum.

Zarnkow, M., Otto, A., and Einwag, B. 2013. Interdisciplinary investigations into the brewing technology of the ancient Near East and the potential of the cold mashing process. In *Liquid Bread: Beer and Brewing in Cross-Cultural Perspective*, eds. W. Schiefenhövel and H. Macbeth, 47-54. Anthropology of Food and Nutrition, Book 7. Brooklyn: Berghahn Books.

3章　シャトー・ジアフー（賈湖城）　中国でずっと酔いしれていたい新石器時代ビール

Bestel, S., et al. 2014. The evolution of millet domestication, Middle Yellow River Region, North China: evidence from charred

参考文献

このリストは参考にした文献を全て網羅するつもりでまとめたものではない。より深く掘り下げてみたい場合は、私の別の著書や論文を参照いただきたい。特に有用なのは、本書の文章に合わせて地図やイラストなどを参照できるこの本である：McGovern, P. E. 2009/2010. *Uncorking the Past: The Quest for Wine, Beer, and Other Alcoholic Beverages.* University of Carifornia〔『酒の起源——最古のワイン、ビール、アルコール飲料を探す旅』藤原多伽夫訳、白揚社〕

全般

Buhner, S. H. 1998. *Sacred and Herbal Healing Beers: The Secrets of Ancient Fermentation*. Boulder, CO: Siris.

Calagione, S. 2012a. *Extreme Brewing, A Deluxe Edition with 14 New Homebrew Recipes: An Introduction to Brewing Craft Beer at Home*. Gloucester, MA: Quarry Books.

——. 2012b. *Brewing Up a Business: Adventures in Beer from the Founder of Dogfish Head Craft Brewery*. 2nd ed. Hoboken, NJ: Wiley.

——. 2016. *Off-Centered Leadership: The Dogfish Head Guide to Motivation, Collaboration and Smart Growth*. Hoboken, NJ: Wiley.

Hornsey, I. S. 2012. *Alcohol and Its Role in the Evolution of Human Society*. London: Royal Society of Chemistry.

Katz, S. 2014. *The Art of Fermentation*. White River Junction, VT: Chelsea Green.

McGovern, P. E. 2003/2007. *Ancient Wine: The Search for the Origins of Viniculture*. Princeton: Princeton University.

McGovern, P. E., and Hall, G. R. 2015. Charting a future course for organic residue analysis in archaeology. *Journal of Archaeological Method and Theory*; doi: 10.1007/s10816-015-9253-z.

McQuaid, J. 2015. *Tasty: The Art and Science of What We Eat*. New York: Scribner.

Mosher, R. 2004. *Radical Brewing: Recipes, Tales and World-Altering Meditations in a Glass*. Boulder, CO: Brewers Publications.

Schultes, R. E., Hofmann, A., and Rätsch, C. 1992. *Plants of the Gods: Their Sacred, Healing, and Hallucinogenic Powers*. Rochester, VT: Healing Arts.

Shepherd, G. M. 2011. *Neurogastronomy: How the Brain Creates Flavor and Why It Matters*. New York: Columbia University.

Siegel, R. K. 2005. *Intoxication: The Universal Drive for Mind-altering Substances*. Rochester, VT: Park Street.

Stewart, A. 2013. *The Drunken Botanist*. Chapel Hill, NC: Algonquin Books.

Walton, S. 2003. *Out of It: A Cultural History of Intoxication*. New York: Harmony Books.

1章　超絶発酵アルコール飲料の聖杯

Almeida, P., et al., 2014. A Gondwanan imprint on global diversity and domestication of wine and cider yeast *Saccharomyces uvarum*. *Nature Communications*, article no. 4044; doi: 10.1038/ncomms5044.

Arce, H. G., et al. 2008. Complex molecules in the L1157 molecular outflow. *Astrophysical Journal* 681:L21-L24.

Biver, N., et al. 2015. Ethyl alcohol and sugar in comet C/2014 Q2 (Lovejoy). *Science Advances* 1(9); doi: 10.1126/sciadv.1500863.

Bozic, J., Abramson, C. I., and Bedencic, M., 2006. Reduced ability of ethanol drinkers for social communication in honeybees (*Apis mellifera carnica* Poll.). *Alcohol* 38:179-183.

Carrigan, M. A., et al. 2014. Hominids adapted to metabolize ethanol long before human-directed fermentation. *Proceedings of the National Academy of Sciences USA* 112:458-463.

Dudley, R. 2004. Ethanol, fruit ripening, and the historical origins of human alcoholism in primate frugivory. *Integrative and Comparative Biology* 44:315-323.

——. 2014. *The Drunken Monkey: Why We Drink and Abuse Alcohol*. Berkeley: University of California.

Ghislain, W. E. E., and Yamagiwa, J. 2014. Use of tool sets by chimpanzees for multiple purposes in Moukalaba-Doudou National Park, Gabon. *Primates* 55:467-472.

Gochman, S. R., Brown, M. B., and Dominy, N. J. 2016. Alcohol discrimination and preferences in two species of nectar-feeding primate. *Royal Society Open Science* 3: 160217; doi: 10.1098/rsos.160217.

Goesmann, F., et al. 2015. Organic compounds on comet 67P/Churyumov-Gerasimenko revealed by COSAC mass spectrometry. Science 349(6247); doi: 10.1126/science.aab0689.

【ま行】

【や行】

【ら行】

【わ行】

索引

太字は地図ページを指す。

著者紹介

パトリック・E・マクガヴァン（Patrick E. McGovern）

ペンシルベニア大学考古学人類学博物館の「料理・発酵飲料・健康に関する考古生化学プロジェクト」の科学ディレクターで、人類学部の非常勤教授。本書では、ドッグフィッシュ・ヘッド醸造所の創設者であるサム・カラジョーネとともに、古代ビールやスピリッツの再現に乗り出す。

著書に *Ancient Wine: The Search for the Origins of Viniculture* や *Uncorking the Past: The Quest for Wine, Beer, and Other Alcoholic Beverages*（邦訳書『酒の起源』、白揚社）などがある。

訳者紹介

きはらちあき

オーストラリアの大学に交換留学、アメリカの大学で日本語を教えながら外国語教育学修士号取得。帰国後エンジニアリング系の社内通訳翻訳者として働いたのち、ヨガ・鉄道系の通訳・翻訳を中心にフリーランスとして幅広く活動。訳書に『天然発酵の世界』（築地書館）がある。

もともと日本酒・ワイン好きで、本書翻訳によりクラフトビールも守備範囲となる。いろんな国を訪れて地元の人と語り、歴史や文化、そして美味しい食べ物や飲み物を知るのが趣味。

再現！　古代ビールの考古学
化学×考古学×現代クラフトビールが醸しだす世界古代ビールを辿る旅

2024年 6月14日　初版発行

著者　パトリック・E・マクガヴァン
訳者　きはらちあき
発行者　土井二郎
発行所　築地書館株式会社
〒104-0045 東京都中央区築地 7-4-4-201
TEL.03-3542-3731　FAX.03-3541-5799
http://www.tsukiji-shokan.co.jp/
振替 00110-5-19057
印刷・製本　中央精版印刷株式会社
装丁・装画
地図作成　秋山香代子

ⓒ 2024 Printed in Japan
ISBN978-4-8067-1663-1

・本書の複写、複製、上映、譲渡、公衆送信（送信可能化を含む）の各権利は築地書館株式会社が管理の委託を受けています。
・JCOPY〈出版者著作権管理機構 委託出版物〉
本書の無断複製は著作権法上での例外を除き禁じられています。複製される場合は、そのつど事前に、出版者著作権管理機構（TEL.03-5244-5088、FAX.03-5244-5089、e-mail: info@jcopy.or.jp）の許諾を得てください。

くわしい内容はホームページで。URL=https://www.tsukiji-shokan.co.jp/

●築地書館の本

天然発酵の世界

サンダー・E・キャッツ［著］　きはらちあき［訳］

二四〇〇円＋税

農耕を始める前から、人類はさまざまなものを自分たちで発酵させてきた。一〇〇種近い世界各地の発酵食と作り方を紹介しながら、その奥深さと味わいを楽しむ。全米ロングセラーの発酵食バイブル。

食卓を変えた植物学者

世界くだものハンティングの旅

ダニエル・ストーン［著］　三木直子［訳］　二九〇〇円＋税

第一次世界大戦前のアメリカで、自国の農業と食文化発展のために、新たな農作物を求めて世界中を旅してまわった植物学者がいた。苦労と驚きに満ちた旅を繰り広げ、エキゾチックな果物を世界に紹介した男の一代記。

◎総合図書目録進呈。ご請求は左記宛先まで。

〒一〇四—〇〇四五　東京都中央区築地七—四—四—二〇一　築地書館営業部

チョコレートを滅ぼしたカビ・キノコの話

ニコラス・マネー［著］　小川真［訳］　二八〇〇円＋税

ジャガイモ、トウモロコシ、コーヒー、チョコレート（カカオ）、ゴムの生産に大きな影響力をもち、クリやニレなど都市景観を形成する樹木を大量枯死に追いやる。生物兵器から恐竜の絶滅まで、地球の歴史・人類の歴史の中で、大きな力をふるってきた生物界の影の王者、カビ・キノコの、知られざる生態を描く。

昆虫食と文明　昆虫の新たな役割を考える

デイビッド・ウォルトナー＝テーブズ［著］　片岡夏実［訳］

二七〇〇円＋税

昆虫食は、人口が増え続ける現代において、われわれ人類が安全な食料供給を確保するための重要な手段である。人類の昆虫利用の歴史から、人の食料や飼料としての昆虫生産の現状と持続可能性を深く探求する。